普通高等教育经济管理类专业系列教材

运筹学学习指导及习题集

主　编　吴祈宗
副主编　韩润春　王二威
参　编　廖爱红　兰淑娟

机械工业出版社

本书是与机械工业出版社出版的《运筹学》第3版（吴祈宗主编）教材相配套的学习指导及习题集，内容包括《运筹学》教材中各章节的学习要点及思考题、课后习题参考解答、补充练习题及解答等。安排这些内容的主要目的是帮助读者更好地学习《运筹学》教材，消化教材中的知识，提高学习效果。本书是编者多年教学经验的总结，在内容安排上重视阐述基本思想、理论与方法，力求做到深入浅出、通俗易懂、适于自学。

本书主要供高等院校经济管理类专业的本科生使用，也可作为其他专业本科生、研究生的参考书。

图书在版编目（CIP）数据

运筹学学习指导及习题集/吴祈宗主编．—3版．—北京：机械工业出版社，2022.10

普通高等教育经济管理类专业系列教材

ISBN 978-7-111-71357-9

Ⅰ.①运…　Ⅱ.①吴…　Ⅲ.①运筹学－高等学校－教学参考资料　Ⅳ.①O22

中国版本图书馆CIP数据核字（2022）第138771号

机械工业出版社（北京市百万庄大街22号　邮政编码100037）
策划编辑：曹俊玲　　　　责任编辑：曹俊玲
责任校对：郑　婕　张　薇　封面设计：张　静
责任印制：刘　媛
北京盛通商印快线网络科技有限公司印刷
2022年10月第3版第1次印刷
184mm×260mm·16印张·395千字
标准书号：ISBN 978-7-111-71357-9
定价：52.80元

电话服务	网络服务
客服电话：010-88361066	机　工　官　网：www.cmpbook.com
010-88379833	机　工　官　博：weibo.com/cmp1952
010-68326294	金　书　网：www.golden-book.com
封底无防伪标均为盗版	机工教育服务网：www.cmpedu.com

前言

《运筹学》教材出版发行后，许多读者提出建议，希望出版配套学习指导及习题集。我们一直有顾虑：由于运筹学本身的应用学科特点，许多问题有多种解题途径和思路，需要一定的创新思维，如果不慎，极易给读者造成误导。提出要求的人多了，使得我们进一步思考，并且看到读者中有相当一部分人是以自学为主的，他们学习运筹学比较困难，因此提供解答给这些读者以参考还是有益的。为此，我们编写了这本《运筹学学习指导及习题集》。对各章内容的学习指导融入了我们多年的教学经验，能够给读者的学习提供一定的帮助。在这里，需要提醒读者的是，本书中提出的解题方法和过程不是唯一的。

《运筹学学习指导及习题集》出版以来，受到众多读者的关爱和支持。作者与出版社收到许多教师、学生和其他读者的宝贵意见和建议，我们对广大读者提出的意见和建议进行了认真的分析和研究，在第 2 版的基础上做了进一步的修订。

本次修订没有在结构上进行大的改变。考虑到运筹学的内容很多，涉及的领域很宽，在教学中不容易把握内容的深浅程度，我们在本次修订中，根据每一章的内容特点给出了各章的学习思路建议，这也是我们长期教学积累起来的经验，在这里贡献出来，与大家共享。

本书由吴祈宗担任主编，韩润春、王二威担任副主编，廖爱红、兰淑娟参与编写。我们在修订过程中参考了大量的国内外有关文献，它们对本书的成文起了重要作用。在此对所有给予我们支持和帮助的朋友、同事以及参考文献的作者一并表示衷心的感谢。

限于我们的水平，书中仍难免有不当或失误之处，敬请广大读者批评指正。

吴祈宗

目 录

第二部分　运筹学习题集

第一部分

运筹学学习指导

第一章

绪论学习要点

第一节　运筹学及其应用、发展

（1）运筹学的英文通用名称为 Operations Research，简称 OR，按照原意应译为运作研究或作战研究，是一门基础性的应用学科。运筹学主要研究系统最优化的问题，通过对建立的模型求解，为决策者进行决策提供科学依据。

（2）运筹学在早期主要应用于军事领域，第二次世界大战后运筹学的应用转向民用。经过几十年的发展，运筹学的应用已经深入到社会、政治、经济、军事、科学、技术等各个领域，并发挥了巨大作用。

（3）运筹学的应用越来越广泛和深入。美国前运筹学会主席邦特（S. Bonder）认为，运筹学应在三个领域发展：运筹学应用、运筹科学和运筹数学，并强调发展前两者，三个领域应从整体上协调发展。

目前运筹学工作者面临的大量新问题是：经济、技术、社会、生态和政治等因素交叉在一起的复杂系统。因此，早在 20 世纪 70 年代末 80 年代初就有不少运筹学家提出：要注意研究大系统，注意运筹学与系统分析相结合。

目前，运筹学领域的工作者的共识是运筹学的发展应注重以下三个方面：理念更新、实践为本、学科交融。

第二节　运筹学的内容及特点

一、运筹学的分支

运筹学的三个来源：军事、管理和经济。

运筹学的三个组成部分：运用分析理论、竞争理论和随机服务系统理论。

运筹数学的飞快发展，促使并形成了许多运筹学的分支。通常提到的有：线性规划、非线性规则、整数规划、目标规划、动态规划、随机规划、模糊规划等，人们常常把以上分支统称为数学规划。此外还有：图论与网络、排队论（随机服务系统理论）、存储论、对策论、决策论、搜索论、维修更新理论、排序与统筹方法等。

二、运筹学的定义

运筹学的几个较有影响的提法：

（1）为决策机构在对其控制下的业务活动进行决策时，提供以数量化为基础的科学方法（P. M. Morse & G. E. Kimball）。

（2）运筹学是一门应用科学，它广泛应用现有的科学技术知识和数学方法，解决实际中提出的专门问题，为决策者选择最优决策提供定量依据。

（3）运筹学是一种对问题给出坏的答案的艺术，否则的话问题的结果会更坏。

三、运筹学应用的原则

（1）合伙原则。这一原则要求运筹学工作者要与各方面人士，尤其是实际部门的工作者合作。

（2）催化原则。在多学科共同解决某问题时，要引导人们改变一些常规的看法。

（3）互相渗透原则。这一原则要求多部门彼此渗透地考虑问题，而不是只局限于本部门。

（4）独立原则。在研究问题时，不应为某人或某部门的特殊政策所左右，应独立从事工作。

（5）宽容原则。这一原则要求解决问题的思路要宽，方法要多，而不是局限于某种特定的方法。

（6）平衡原则。这一原则要求要考虑各种矛盾的平衡、关系的平衡。

第三节　运筹学的学习

一、运筹学研究项目的工作步骤

运筹学与许多科学领域、各种有关因素有着横向和纵向的联系。为了有效地应用运筹学，根据运筹学的特征，人们把运筹学研究项目的工作步骤归纳为以下几方面内容：

（1）目标的确定。确定决策者期望从方案中得到什么。

（2）方案计划的研制。实施一项运筹学研究项目的过程常常是一个创造性过程，计划的实质是规定出要完成某些子任务的时间，然后创造性地按时完成这一系列子任务。

（3）问题的表述。这项任务的目的是为研究中的问题提供一个模型框架，并为以后的工作确立方向。在这里，第一要考虑问题是否能够分解为若干串行或并行的子问题；第二要确定模型建立的细节，如问题尺度的确定、可控制决策变量的确定、不可控制状态变量的确定、有效性度量的确定和各类参数、常数的确定。

（4）模型的研制。模型是对各变量关系的描述，是正确研制成功解决问题的关键。构成模型的关系有几种类型，常用的有定义关系、经验关系和规范关系等。

（5）模型求解。在这一步应充分考虑现有的计算机应用软件是否适应模型的条件，解的精度及可行性是否能够达到要求。若没有现成可直接应用的计算机软件，则需要做以下两步工作：

1）计算手段的拟定。

2）程序明细表的编制，程序设计和调试。

（6）数据收集。把有效性试验和实行方案所需的数据收集起来加以分析，研究输入的灵敏性。

（7）解的检验（验证）。验证包括两个方面：①确定验证模型，包括为验证一致性、灵敏性、似然性和工作能力而设计的分析和试验；②验证的进行，即把前一步收集的数据用来对模型做完全试验。

（8）解方案的实施。一项研究的真正困难往往出现在方案实施这一步。很多问题常常在这时暴露出来，它们会涉及研制方案的全过程。因此，必须由参与整个过程的有关人员参与才能解决。

二、运筹学建模的一般思路

（1）运筹学工作者应具有以下几个方面的知识和能力：熟悉典型运筹模型的特征和它的应用背景；有广博的知识，有分析、理解实际问题的能力，有搜集信息、资料和数据的能力；有抽象分析问题的能力，有善于抓主要矛盾，善于逻辑思维、推理、归纳、联想、类比的能力；有运用各类工具知识的能力；有试验校正和维护修正模型的能力。

（2）运筹学中用得最多的是符号或数学模型。建立、构造模型是一种创造性的劳动。常见的构建模型方法和思路有以下几种：直接分析法、类比法、模拟法、数据分析法、试验分析法和构想法等。

三、如何学好运筹学

运筹学是一门基础性的应用学科，主要研究系统最优化的问题。本课程的主要任务是：要求学生掌握运筹学的基本概念、基本原理、基本方法和解题技巧；培养学生根据实际问题建立运筹学模型的能力及求解模型的能力；培养学生分析解题结果及经济评价的能力；培养学生理论联系实际的能力及自学能力。

要学好运筹学，在认真听课的同时，学习或复习时要掌握以下三个重要环节：

（1）认真阅读教材和参考资料，以指定教材为主，同时参考其他有关书籍。一般每一本运筹学教材都有自己的特点，但是基本原理、概念都是一致的。注意主从，参考资料会帮助读者开阔思路，使学习深入。但是，把时间过多地放在参考资料上，会导致思路分散，不利于学好。

（2）要在理解了基本概念和理论的基础上研究例题。要懂得例题是为了帮助理解概念、理论的。作业练习的主要作用也是这样，它同时还有让读者检查自己学习效果的作用。因此，做题要有信心，要独立完成，不要怕出错。整个课程是一个整体，各节内容有内在联系，只要学到一定程度，将知识融会贯通起来，做题的正确与否自己就能判断。

（3）要学会做学习小结。每一节或一章学完后，必须学会用精练的语言来概括所学内容。这样，才能够从较高的角度来看问题，更深刻地理解有关知识和内容，这就称作“把书读薄”。若能够结合自己参考大量文献后的深入理解，把相关知识从更深入、更广泛的角度进行论述，则称之为“把书读厚”。

第四节　运筹优化软件介绍

随着大数据时代的到来以及计算机性能的提升，商业化的运筹优化软件在行业中的应用越来越广泛而深入，对于有数百万个变量和约束条件的运筹与优化问题，软件工具可以在很短时间内给出一个满意解，而这种应用同时也推动了运筹学的发展。本节将介绍 CPLEX、Gurobi 和 Xpress 三个业界公认的优秀商业优化求解软件，同时介绍几个国内教学中常用的求解运筹学模型的软件工具，帮助初学者用以开展运筹学实验，加深理解本书所讲各章节知识。

一、商业软件

1. CPLEX

IBM ILOG CPLEX Optimization Studio 是一个优化软件包，由于其使用 C 语言编程实现单纯形方法而得名，最初由 Robert Bixby 开发，1988 年被 CPLEX 公司商业化出售，1997 年被 ILOG 公司收购，2009 年又被 IBM 公司收购。

完整的 IBM ILOG CPLEX Optimization Studio 包括用于数学规划的 CPLEX Optimizer、用于约束规划的 CP Optimizer、优化编程语言（OPL）和集成的 IDE。IBM ILOG CPLEX Optimizer 提供了高性能优化引擎，可以解决整数规划、超大型线性规划、凸和非凸二次规划以及带约束的二次规划等问题，具有求解速度快、自带语言简单易懂、与众多优化软件及语言兼容等特点。

2. Gurobi

Gurobi Optimization 公司成立于 2008 年，以其三位创始人 Zonghao Gu、Edward Rothberg 和 Robert Bixby 命名。Bixby 是 CPLEX 的创始人，Edward Rothberg 和 Zonghao Gu 领导 CPLEX 开发团队十多年。

Gurobi Optimizer 是全球性能领先的大规模优化器，支持 C/C ++ 、Java、. NET、R、MATLAB 和 Python 等多种编程和建模语言，可以解决线性规划、二次规划、二次约束规划、混合整数线性规划、混合整数二次规划等问题。Gurobi 全球用户超过 2600 家，广泛应用在金融、物流、制造、航空、石油石化、商业服务等多个领域。Gurobi 提供了免 IP 验证学术许可申请。

3. Xpress

Xpress 最初由 Dash Optimization 公司的 Bob Daniel 和 Robert Ashford 开发，2008 年被 FICO 公司收购。

Xpress 包括其建模语言 Xpress Mosel 和集成开发环境 Xpress Workbench，可以解决线性规划、混合整数线性规划、凸二次规划、凸二次约束二次规划、二阶锥规划等问题。Xpress 的 BCL（Builder Component Library）建模模块提供了 C/C++ 、Java 和 . NET 框架接口，此外还提供了 Python 和 MATLAB 接口。Xpress 是三大优化求解器中相对价格较低的一个，还面向教学使用提供了免费社区版本。

二、国内教学常用软件

1. LINGO

LINGO（Linear Interaction and General Optimizer）即“交互式线性和通用优化求解器”，是由美国LINDO系统公司开发的一套专门用于求解最优化问题的软件包，内置建模语言，提供了诸多内部函数，能够很方便地定义规模较为庞大的规划模型，可以求解线性规划、二次规划、整数规划、非线性规划等问题，具有简单易学、与Excel及数据库交互方便等特点。该软件有免费的Demo版本和收费的Solve Suite、Super、Hyper、Industrial、Extended等版本。

2. MATLAB

MATLAB最早在20世纪70年代由美国新墨西哥大学计算机科学系主任Cleve Moler编写，1984年被Little、Moler、Steve Bangert合作成立的MathWorks公司推向市场，目前广泛地用于数据分析、深度学习、图像处理与计算机视觉、量化金融与风险管理、控制系统等领域。MATLAB主要面对科学计算、可视化以及交互式程序设计的高科技计算环境，提供了强大的行矩阵运算、绘制函数和数据、实现算法、创建用户界面、连接其他编程语言的程序等功能，通过直接命令调用即可实现线性模型和非线性模型的求解，是运筹学领域建立优化模型和仿真运算的首选工具之一。

3. WinQSB

WinQSB（Quantitative Systems for Business）软件是由美籍华人Yih－Long Chang和Kiran Desai开发的，可广泛应用于解决管理科学、决策科学、运筹学及生产管理等领域的问题。该软件具有界面设计友好、使用简单、方便演示等特点。该软件共有19个子程序（见表1-1-1），分别用于解决运筹学不同方面的问题，对于较小的问题还可以演示其计算过程，适用于初学者学习掌握课程基本知识。

表1-1-1　WinQSB软件子程序

序　号	子程序	缩写及文件名后缀
1	综合计划编制（Aggregate Planning）	AP
2	决策分析（Decision Analysis）	DA
3	动态规划（Dynamic Programming）	DP
4	设备场地布局（Facility Location and Layout）	FLL
5	预测与线性回归（Forecasting and Linear Regression）	FC
6	目标规划（Goal Programming）	GP
7	存储论（Inventory Theory and System）	ITS
8	作业调度（Job Scheduling）	JOB
9	线性与整数规划（Linear and Integer Programming）	LP－ILP
10	马尔科夫过程（MarKov Process）	MKP
11	物料需求计划（Material Requirements Planning）	MRP
12	网络模型（Network Modeling）	Net
13	非线性规划（Nonlinear Programming）	NLP

（续）

序　　号	子 程 序	缩写及文件名后缀
14	网络计划（PERT_ CPM）	CMP
15	二次规划（Quadratic Programming）	QP
16	质量管理控制图（Quality Control Chart）	QCC
17	排队论（Queuing Analysis）	QA
18	排队系统模拟（Queuing System Simulation）	QSS
19	抽样分析（Acceptance Sampling Analysis）	ASA

第二章

线性规划建模及单纯形法

第一节　学习要点及思考题

一、学习要点

1. 线性规划的模型及标准形式

(1) 线性规划模型的一般形式。设决策变量 $x_j(j=1,2,\cdots,n)$

$$\max(\min) z = c_1x_1 + c_2x_2 + \cdots + c_nx_n \tag{1-2-1}$$

$$\text{s.t.}\begin{cases} a_{11}x_1 + a_{12}x_2 + \cdots + a_{1n}x_n \leqslant (=,\geqslant) b_1 \\ a_{21}x_1 + a_{22}x_2 + \cdots + a_{2n}x_n \leqslant (=,\geqslant) b_2 \quad (1\text{-}2\text{-}2) \\ \quad\vdots \\ a_{m1}x_1 + a_{m2}x_2 + \cdots + a_{mn}x_n \leqslant (=,\geqslant) b_m \\ x_1, x_2, \cdots, x_n \geqslant 0 \quad (1\text{-}2\text{-}3) \end{cases}$$

其中，式（1-2-1）称为**目标函数**，它只有两种形式：max 或 min ；式（1-2-2）称为**约束条件**，它们表示问题所受到的各种约束，一般有三种形式："大于等于""小于等于"（这两种情况又称**不等式约束**）或"等于"（又称**等式约束**）；式（1-2-3）称为**非负约束**条件。

在线性规划模型中，也直接称 z 为目标函数；称 x_j（$j=1,2,\cdots,n$）为**决策变量**；称 c_j（$j=1,2,\cdots,n$）为**目标函数系数**或**价值系数**或**费用系数**；称 b_i（$i=1,2,\cdots,m$）为**约束右端常数**或简称**右端项**，也称**资源常数**；称 a_{ij}（$i=1,2,\cdots,m$；$j=1,2,\cdots,n$）为**约束系数**或**技术系数**。这里，c_j、b_i、a_{ij}均为常数。

线性规划的数学模型可以表示为下列矩阵形式，即向量和矩阵：

$$\boldsymbol{x}=\begin{pmatrix}x_1\\x_2\\\vdots\\x_n\end{pmatrix}\quad \boldsymbol{c}=\begin{pmatrix}c_1\\c_2\\\vdots\\c_n\end{pmatrix}\quad \boldsymbol{b}=\begin{pmatrix}b_1\\b_2\\\vdots\\b_m\end{pmatrix}\quad \boldsymbol{A}=\begin{pmatrix}a_{11}&a_{12}&\cdots&a_{1n}\\a_{21}&a_{22}&\cdots&a_{2n}\\\vdots&\vdots&&\vdots\\a_{m1}&a_{m2}&\cdots&a_{mn}\end{pmatrix}$$

为了书写方便，可把列向量记为行向量的转置，如 $\boldsymbol{x}=(x_1,x_2,\cdots,x_n)^{\mathrm{T}}$，"T"表示转置，是 Transform 的缩写；对于 n 维列向量 $\boldsymbol{x}$，用符号表示为：$\boldsymbol{x}\in\mathbf{R}^n$；$\boldsymbol{A}$ 是 m 行 n 列的矩

阵，称 $m \times n$ 矩阵。

矩阵 $\boldsymbol{A}$ 有时表示为：$\boldsymbol{A} = (\boldsymbol{p}_1, \boldsymbol{p}_2, \cdots, \boldsymbol{p}_n)$，其中 $\boldsymbol{p}_j = (a_{1j}, a_{2j}, \cdots, a_{mj})^{\mathrm{T}} \in \mathbf{R}^m$，于是有

$$\max(\min) z = \boldsymbol{c}^{\mathrm{T}}\boldsymbol{x}$$
$$\text{s. t.} \begin{cases} \sum_{j=1}^{n} \boldsymbol{p}_j \boldsymbol{x}_j \leqslant (=, \geqslant) \boldsymbol{b} \\ x_j \geqslant 0 \quad (j = 1, 2, \cdots, n) \end{cases} \tag{1-2-4}$$

这里，向量的等式与不等式表示所有分量有一致的关系，即当 $\boldsymbol{x}$，$\boldsymbol{y} \in \mathbf{R}^n$时，$\boldsymbol{x} \leqslant \boldsymbol{y}$ 表示对所有 $i=1, 2, \cdots, n$ 有 $x_i \leqslant y_i$；其他也类似。

于是，在线性规划模型中，称 $\boldsymbol{c}$ 为**目标函数系数向量**或**价值系数向量**或**费用系数向量**；称 $\boldsymbol{b}$ 为**约束右端常数向量**或简称**右端项**，也称**资源常数向量**；称 $\boldsymbol{A}$ 为**约束系数矩阵**或**技术系数矩阵**。

（2）线性规划问题的规范形式。设 $b_i \geqslant 0$（$i=1, 2, \cdots, m$），称以下形式的线性规划问题为线性规划的规范形式：

$$\max z = c_1x_1 + c_2x_2 + \cdots + c_nx_n$$
$$\text{s. t.} \begin{cases} a_{11}x_1 + a_{12}x_2 + \cdots + a_{1n}x_n \leqslant b_1 \\ a_{21}x_1 + a_{22}x_2 + \cdots + a_{2n}x_n \leqslant b_2 \\ \quad\vdots \\ a_{m1}x_1 + a_{m2}x_2 + \cdots + a_{mn}x_n \leqslant b_m \\ x_1, x_2, \cdots, x_n \geqslant 0 \end{cases} \tag{1-2-5}$$

（3）线性规划标准形式：

$$\max z = c_1x_1 + c_2x_2 + \cdots + c_nx_n$$
$$\text{s. t.} \begin{cases} a_{11}x_1 + a_{12}x_2 + \cdots + a_{1n}x_n = b_1 \\ a_{21}x_1 + a_{22}x_2 + \cdots + a_{2n}x_n = b_2 \\ \quad\vdots \\ a_{m1}x_1 + a_{m2}x_2 + \cdots + a_{mn}x_n = b_m \\ x_1, x_2, \cdots, x_n \geqslant 0 \end{cases} \tag{1-2-6}$$

矩阵形式：

$$\max z = \boldsymbol{c}^{\mathrm{T}}\boldsymbol{x}$$
$$\text{s. t.} \begin{cases} \boldsymbol{A}\boldsymbol{x} = \boldsymbol{b} \\ \boldsymbol{x} \geqslant \boldsymbol{0} \end{cases} \tag{1-2-7}$$

线性规划的标准形式有以下四个特点：**目标最大化、约束为等式、决策变量均非负、右端项非负**。

2. 线性规划的图解法

图解法求解两个决策变量的线性规划问题的步骤如下：

（1）分别取决策变量 x_1、x_2 为坐标向量建立直角坐标系。

（2）对每个约束（包括非负约束）条件，先取其等式在坐标系中作出直线，再通过判

断确定不等式所决定的半平面。各约束半平面交汇出来的区域（存在或不存在）若存在，其中各点表示的解称为此线性规划的**可行解**。这些符合约束限制的点集合，称为**可行集**或**可行域**。进行（3）。否则该线性规划问题无可行解。

（3）任意给定目标函数一个值，作一条目标函数的等值线，并确定该等值线平移后值增加的方向。平移此目标函数的等值线，使其达到既与可行域有交点又不可能使值再增加的位置（有时交于无穷远处，此时称无有限最优解）。若有交点时，此目标函数等值线与可行域的交点即**最优解**（一个或多个），此目标函数的值即**最优值**。

3. 线性规划解的有关概念

以下讨论线性规划标准形式的基、基本解、基本可行解。

考虑线性规划标准形式的约束条件：

$$\boldsymbol{Ax} = \boldsymbol{b},\ \boldsymbol{x} \geqslant \boldsymbol{0}$$

其中，$\boldsymbol{A}$ 为 $m \times n$ 矩阵，$n > m$，秩（$\boldsymbol{A}$）$=m$，$\boldsymbol{b} \in \mathbf{R}^m$。

设 $\boldsymbol{B}$ 是 $\boldsymbol{A}$ 矩阵中的一个非奇异（可逆）的 $m \times m$ 子矩阵，则称 $\boldsymbol{B}$ 为线性规划的一个基。一般地，任取 $\boldsymbol{A}$ 中的 m 个线性无关列向量 $\boldsymbol{p}_{j_k} \in \mathbf{R}^m$（$k=1, 2, \cdots, m$）构成矩阵 $\boldsymbol{B} = (\boldsymbol{p}_{j_1}, \boldsymbol{p}_{j_2}, \cdots, \boldsymbol{p}_{j_m})$，那么 $\boldsymbol{B}$ 为线性规划的一个基。

对应于基 $\boldsymbol{B}$ 的变量 $x_{j_1}, x_{j_2}, \cdots, x_{j_m}$ 称为**基变量**；其他变量称为**非基变量**。可以用矩阵来描述这些概念。

设 $\boldsymbol{B}$ 是线性规划的一个基，则 $\boldsymbol{A}$ 可以表示为

$$\boldsymbol{A} = (\boldsymbol{B},\ \boldsymbol{N})$$

$\boldsymbol{x}$ 也可相应地分成：

$$\boldsymbol{x} = \begin{pmatrix} \boldsymbol{x}_B \\ \boldsymbol{x}_N \end{pmatrix}$$

其中，$\boldsymbol{x}_B$ 为 m 维列向量，它的各分量称为**基变量**，与基 $\boldsymbol{B}$ 的列向量对应；$\boldsymbol{x}_N$ 为 $n-m$ 维列向量，它的各分量称为**非基变量**，与非基矩阵 $\boldsymbol{N}$ 的列向量对应。这时约束等式 $\boldsymbol{Ax}=\boldsymbol{b}$ 可表示为

$$(\boldsymbol{B},\ \boldsymbol{N})\begin{pmatrix} \boldsymbol{x}_B \\ \boldsymbol{x}_N \end{pmatrix} = \boldsymbol{b}$$

或

$$\boldsymbol{Bx}_B + \boldsymbol{Nx}_N = \boldsymbol{b}$$

如果对非基变量 $\boldsymbol{x}_N$ 取确定的值，则 $\boldsymbol{x}_B$ 有唯一的值与之对应：

$$\boldsymbol{x}_B = \boldsymbol{B}^{-1}\boldsymbol{b} - \boldsymbol{B}^{-1}\boldsymbol{Nx}_N$$

特别地，当取 $\boldsymbol{x}_N = \boldsymbol{0}$ 时，有 $\boldsymbol{x}_B = \boldsymbol{B}^{-1}\boldsymbol{b}$，称这个解为一个**基本解**；若得到的基变量的值均非负，则称为**基本可行解**，同时称这个基 $\boldsymbol{B}$ 为可行基。

用矩阵描述，对于线性规划的解

$$\boldsymbol{x} = \begin{pmatrix} \boldsymbol{x}_B \\ \boldsymbol{x}_N \end{pmatrix} = \begin{pmatrix} \boldsymbol{B}^{-1}\boldsymbol{b} \\ \boldsymbol{0} \end{pmatrix}$$

称为线性规划与基 $\boldsymbol{B}$ 对应的基本解。若其中 $\boldsymbol{B}^{-1}\boldsymbol{b} \geqslant \boldsymbol{0}$，则称以上的基本解为一基本可行解，相应的基 $\boldsymbol{B}$ 称为可行基。

可以证明以下结论：线性规划的基本可行解就是可行域的极点。

4. 单纯形法

单纯形法的基本思路是有选择地取基本可行解，即从可行域的一个极点出发，沿着可行域的边界移到另一个相邻的极点，要求新极点的目标函数值不比原目标函数值差。

单纯形法的基本过程如图 1-2-1 所示。

考虑标准形式的线性规划问题：

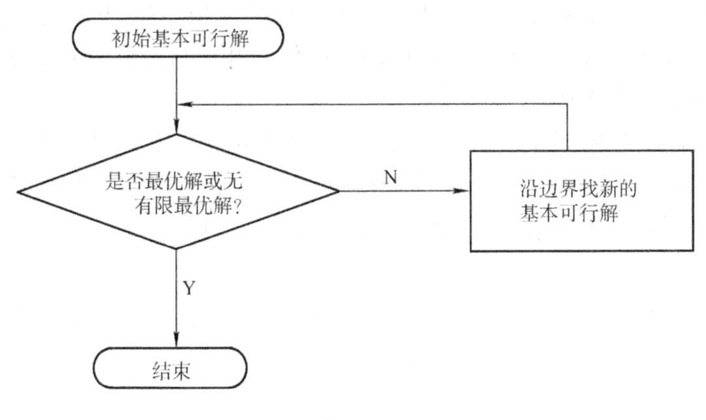

图　1-2-1

$$\max z = c_1x_1 + c_2x_2 + \cdots + c_nx_n$$

$$\text{s. t.} \begin{cases} a_{11}x_1 + a_{12}x_2 + \cdots + a_{1n}x_n = b_1 \\ a_{21}x_1 + a_{22}x_2 + \cdots + a_{2n}x_n = b_2 \\ \quad\vdots \\ a_{m1}x_1 + a_{m2}x_2 + \cdots + a_{mn}x_n = b_m \\ x_1,\ x_2,\ \cdots,\ x_n \geqslant 0 \end{cases}$$

记

$$\boldsymbol{x} = \begin{pmatrix} x_1 \\ x_2 \\ \vdots \\ x_n \end{pmatrix} \quad \boldsymbol{c} = \begin{pmatrix} c_1 \\ c_2 \\ \vdots \\ c_n \end{pmatrix} \quad \boldsymbol{b} = \begin{pmatrix} b_1 \\ b_2 \\ \vdots \\ b_m \end{pmatrix} \quad \boldsymbol{A} = \begin{pmatrix} a_{11} & a_{12} & \cdots & a_{1n} \\ a_{21} & a_{22} & \cdots & a_{2n} \\ \vdots & \vdots & & \vdots \\ a_{m1} & a_{m2} & \cdots & a_{mn} \end{pmatrix}$$

这里，矩阵 $\boldsymbol{A}$ 表示为：$\boldsymbol{A} = (\boldsymbol{p}_1,\ \boldsymbol{p}_2,\ \cdots,\ \boldsymbol{p}_n)$，其中 $\boldsymbol{p}_j = (a_{1j},\ a_{2j},\ \cdots,\ a_{mj})^{\mathrm{T}} \in \mathbf{R}^m$ $(j = 1,\ 2,\ \cdots,\ n)$。

若找到一个可行基，不妨设 $\boldsymbol{B} = (\boldsymbol{p}_1,\ \boldsymbol{p}_2,\ \cdots,\ \boldsymbol{p}_m)$，则 m 个基变量为 $x_1,\ x_2,\ \cdots,\ x_m$；$n-m$ 个非基变量为 $x_{m+1},\ x_{m+2},\ \cdots,\ x_n$。通过运算，所有的基变量都可以用非基变量来表示：

$$\begin{cases} x_1 = b'_1 - (a'_{1,m+1}x_{m+1} + a'_{1,m+2}x_{m+2} + \cdots + a'_{1n}x_n) \\ x_2 = b'_2 - (a'_{2,m+1}x_{m+1} + a'_{2,m+2}x_{m+2} + \cdots + a'_{2n}x_n) \\ \quad\vdots \\ x_m = b'_m - (a'_{m,m+1}x_{m+1} + a'_{m,m+2}x_{m+2} + \cdots + a'_{mn}x_n) \end{cases} \tag{1-2-8}$$

把它们代入目标函数，得

$$z = z' + \sigma_{m+1}x_{m+1} + \sigma_{m+2}x_{m+2} + \cdots + \sigma_n x_n \tag{1-2-9}$$

其中

$$\sigma_j = c_j - (c_1 a'_{1j} + c_2 a'_{2j} + \cdots + c_m a'_{mj})$$

把由非基变量表示的目标函数形式称为基 $\boldsymbol{B}$ 相应的目标函数**典式**。

单纯形法的基本步骤可描述如下：

第一步，寻找一个初始的可行基和相应基本可行解（极点），确定基变量、非基变量以及基变量、非基变量（全部等于0）和目标函数的值，并将目标函数和基变量分别用非基变量表示，即写出目标函数**典式**。

第二步，在目标函数典式中，称非基变量 x_j 的系数（或其负值）为**检验数**，记为 σ_j。若 $\sigma_j > 0$，那么可选定这个非基变量 x_j，称为进基变量，转第三步。如果任何一个非基变量的值增加都不能使目标函数值增加，即所有 σ_j 非正，则当前的基本可行解就是最优解，计算结束。

第三步，确定使基变量的值在进基变量增加过程中首先减少到0的变量 r，满足：

$$\theta = \min\left\{\frac{b'_i}{a'_{ij}} \mid a'_{ij} > 0\right\} = \frac{b'_r}{a'_{rj}}$$

这个基变量 x_r 称为出基变量。当进基变量的值增加到 θ，出基变量 x_r 的值降为0时，可行解就移动到了新的基本可行解，转第四步。如果进基变量的值增加时，所有基变量的值都不减小，即所有 a'_{ij} 非正，则表示目标函数值随进基变量的增加可以无限增加。此时，不存在有限最优解，计算结束。

第四步，将进基变量作为新的基变量，出基变量作为新的非基变量，确定新的基、新的基本可行解和新的目标函数值。这一步在实际操作时，是利用初等行变换进行的。在新的基变量、非基变量的基础上重复第一步至第四步。

考虑规范形式的线性规划问题：设 $b_i > 0$（$i = 1, \cdots, m$）

$$\max z = c_1x_1 + c_2x_2 + \cdots + c_nx_n$$

$$\text{s. t.} \begin{cases} a_{11}x_1 + a_{12}x_2 + \cdots + a_{1n}x_n \leqslant b_1 \\ a_{21}x_1 + a_{22}x_2 + \cdots + a_{2n}x_n \leqslant b_2 \\ \qquad\vdots \\ a_{m1}x_1 + a_{m2}x_2 + \cdots + a_{mn}x_n \leqslant b_m \\ x_1, x_2, \cdots, x_n \geqslant 0 \end{cases}$$

加入松弛变量，化为标准形式：

$$\max z = c_1x_1 + c_2x_2 + \cdots + c_nx_n$$

$$\text{s. t.} \begin{cases} a_{11}x_1 + a_{12}x_2 + \cdots + a_{1n}x_n + x_{n+1} = b_1 \\ a_{21}x_1 + a_{22}x_2 + \cdots + a_{2n}x_n + x_{n+2} = b_2 \\ \qquad\vdots \\ a_{m1}x_1 + a_{m2}x_2 + \cdots + a_{mn}x_n + x_{n+m} = b_m \\ x_1, x_2, \cdots, x_n, x_{n+1}, \cdots, x_{n+m} \geqslant 0 \end{cases} \tag{1-2-10}$$

首先构造初始单纯形表。

考虑式（1-2-10），显然 x_{n+1}，x_{n+2}，…，x_{n+m}对应的一个基是单位矩阵，得到一个基本可行解

$$x_1 = x_2 = \cdots = x_n = 0; x_{n+1} = b_1, x_{n+2} = b_2, \cdots, x_{n+m} = b_m$$

用非基变量来表示基变量如下：

$$\begin{cases} x_{n+1} = b_1 - (a_{11}x_1 + a_{12}x_2 + \cdots + a_{1n}x_n) \\ x_{n+2} = b_2 - (a_{21}x_1 + a_{22}x_2 + \cdots + a_{2n}x_n) \\ \qquad \vdots \\ x_{n+m} = b_m - (a_{m1}x_1 + a_{m2}x_2 + \cdots + a_{mn}x_n) \end{cases} \tag{1-2-11}$$

对于一般情况，如果标准形式的目标函数为

$$z = c_1x_1 + c_2x_2 + \cdots + c_nx_n + c_{n+1}x_{n+1} + \cdots + c_{n+m}x_{n+m}$$

把式（1-2-11）代入，可以得到：

$$z = z' + \sigma_1x_1 + \sigma_2x_2 + \cdots + \sigma_nx_n$$

其中

$$\sigma_j = c_j - (c_{n+1}a_{1j} + c_{n+2}a_{2j} + \cdots + c_{n+m}a_{mj}) = c_j - \sum_{i=1}^{m} c_{n+i}a_{ij} \quad (j = 1, 2, \cdots, n)$$

$$z' = c_{n+1}b_1 + c_{n+2}b_2 + \cdots + c_{n+m}b_m = \sum_{i=1}^{m} c_{n+i}b_i$$

为了便于计算,可以利用一种比较合理的表格形式来进行计算，这种表格称为单纯形表。

显然，$x_j = 0(j=1, \cdots, n)$，$x_{n+i} = b_i(i=1, \cdots, m)$是基本可行解,对应的基是单位矩阵。可以构造如表 1-2-1 所示的初始单纯形表。

表　1-2-1

c_B	x_B	b'	c_1	c_2	…	c_n	c_{n+1}	c_{n+2}	…	c_{n+m}	θ_i
			x_1	x_2	…	x_n	x_{n+1}	x_{n+2}	…	x_{n+m}	
c_{n+1}	x_{n+1}	b_1	a_{11}	a_{12}	…	a_{1n}	1	0	…	0	θ_1
c_{n+2}	x_{n+2}	b_2	a_{21}	a_{22}	…	a_{2n}	0	1	…	0	θ_2
⋮	⋮	⋮	⋮	⋮		⋮	⋮	⋮		⋮	⋮
c_{n+m}	x_{n+m}	b_m	a_{m1}	a_{m2}	…	a_{mn}	0	0	…	1	θ_m
$-z$		$-z'$	σ_1	σ_2	…	σ_n	0	0	…	0	

其中，$z' = \sum_{i=1}^{m} c_{n+i}b_i$，$\sigma_j = c_j - \sum_{i=1}^{m} c_{n+i}a_{ij}$ 为检验数，同时 $c_{n+i} = 0(i=1, \cdots, m)$；$a_{n+i,i} = 1$，$a_{n+i,j} = 0(i, j=1, \cdots, m; j \neq i)$。

这一变化过程的实质是利用消元法把目标函数中的基变量消去，用非基变量来表示目标函数。因此，所得到的最后一行中非基变量的系数即为检验数 σ_j，而常数列则是 $-z$ 的取值 $-z'$。把这些信息设计成表格，即称为**初始单纯形表**。

表 1-2-1 中，$\boldsymbol{x}_B$ 列填入基变量，这里是 x_{n+1}，x_{n+2}，…，x_{n+m}；$\boldsymbol{c}_B$ 列填入基变量，这里是 c_{n+1}，c_{n+2}，…，c_{n+m}；$\boldsymbol{b}'$列中填入约束方程右端的常数，代表基变量的取值；第二行填入所有的变量名，第一行填入相应变量的价值系数；第四列至倒数第二列、第三行至倒数第二行之间填入整个约束系数矩阵；最后一行称为检验数行，对应于各个非基变量的检验数为

σ_j，而基变量的检验数均为零。

在运算过程中，$\boldsymbol{c}_B$ 列的价值系数与基变量相对应。填入这一列的目的是计算检验数 σ_j。由表中检验数行（最后一行）可以看出：

$$\sigma_j = c_j - \sum_{i=1}^{m} c_{n+i}a_{ij}$$

恰好是由 x_j 的价值系数 c_j 减去 $\boldsymbol{c}_B$ 列的各元素与 x_j 列各对应元素的乘积。

θ_i 列的数字是在确定了换入变量 x_k 以后，分别由 $\boldsymbol{b}'$列的元素 b_j 除以 x_k 列的对应元素 a_{ik}，计算出来以后填上的，即

当 $a_{ik}>0$ 时，$\theta_i = b_i/a_{ik}$；否则，$\theta_i = \infty$

进行单纯形法的迭代：

在上述初始单纯形表的基础上，按下列规则过程进行迭代，可以得到如表 1-2-2 所示的一般形式的单纯形表。经过有限步迭代，将寻求到线性规划问题的解。

表 1-2-2

$\boldsymbol{c}_B$	$\boldsymbol{x}_B$	$\boldsymbol{b}'$	c_1	c_2	$\cdots$	c_n	c_{n+1}	c_{n+2}	$\cdots$	c_{n+m}	θ_i
			x_1	x_2	$\cdots$	x_n	x_{n+1}	x_{n+2}	$\cdots$	x_{n+m}	
c_{n+1}	x_{n+1}	b_1	a_{11}	a_{12}	$\cdots$	a_{1n}	$a_{1,n+1}$	$a_{1,n+2}$	$\cdots$	a_{1n+m}	θ_1
c_{n+2}	x_{n+2}	b_2	a_{21}	a_{22}	$\cdots$	a_{2n}	$a_{2,n+1}$	$a_{2,n+2}$	$\cdots$	$a_{2,n+m}$	θ_2
$\vdots$	$\vdots$	$\vdots$	$\vdots$	$\vdots$		$\vdots$	$\vdots$	$\vdots$		$\vdots$	$\vdots$
c_{n+m}	x_{n+m}	b_m	a_{m1}	a_{m2}	$\cdots$	a_{mn}	$a_{m,n+1}$	$a_{m,n+2}$	$\cdots$	$a_{m,n+m}$	θ_m
$-z$		$-z'$	σ_1	σ_2	$\cdots$	σ_n	σ_{n+1}	σ_{n+2}	$\cdots$	σ_{n+m}	

表 1-2-2 中，$z' = \sum_{i=1}^{m} c_{n+i}b_i$，$\sigma_j = c_j - \sum_{i=1}^{m} c_{n+i}a_{ij}$ 为检验数。对于基变量 x_j，相应的 $\sigma_j = 0$，且 $a_{jj} = 1$，$a_{ij} = 0(i = 1, 2, \cdots, m;\ j \neq i)$。

可以得出以下结论：

（1）在单纯形表中，若所有 $\sigma_j \leqslant 0$，则当前基本可行解是最优解；否则若存在 $\sigma_k > 0$，则可选 x_k 进基。

（2）若表中 x_k 列的所有系数 $a_{ik} \leqslant 0$，则没有有限最优解，计算结束；否则计算 θ_i，填入 θ_i列。

（3）在 θ_i 列取 $\min\{\theta_i\} = \theta_r$，则以 $\boldsymbol{x}_B$ 列 r 行的变量为出基变量。取 a_{rk}为主元，这时显然有 $a_{rk}>0$。

（4）建立一个与原表相同格式的空表，把第 r 行乘以 $1/a_{rk}$之后的结果填入新表的第 r 行；对于 $i \neq r$ 行，把第 r 行乘以 $-(a_{ik}/a_{rk})$ 之后与原表中第 i 行相加，将结果填入新表的第 i 行；在 $\boldsymbol{x}_B$ 列中 r 行位置填入 x_k，其余行不变；在 $\boldsymbol{c}_B$ 列中用 c_k 代替 r 行原来的值，其余的行与原表中相同。

注意：在计算过程中，第三行至倒数第二行中部（第三列至倒数第二列）的每一行表示了一个等式：

$$a_{i1}x_1 + a_{i2}x_2 + \cdots + a_{in}x_n + a_{i,n+1}x_{n+1} + a_{i,n+2}x_{n+2} + \cdots + a_{i,n+m}x_{n+m} = b_i(i = 1, 2, \cdots, m)$$

这组等式是与原问题的约束等价的线性方程组。

（5）用 x_j 的价值系数 c_j 减去 $\boldsymbol{c}_B$ 列的各元素与 x_j 列各对应元素的乘积，把计算结果填入 x_j 列的最后一行，得到检验数 σ_j，计算并填入 $-z'$ 的值（以零减去 $\boldsymbol{c}_B$ 列各元素与 $\boldsymbol{b}'$ 列各元素的乘积）。

（4）、（5）这两个过程，实质上是通过矩阵初等行变换，使表格中第 k 列的第三行至最后一行的元素除第 r 行第 k 列元素为 1 外，其余均为 0。

经过上述过程，就可以得到一张新的单纯形表，对应一个新的基本可行解。重复上述迭代过程，就可得到最优解或判断出没有有限最优解。

5. 一般线性规划问题的处理

对于一般的线性规划标准形式问题：设 $b_i \geqslant 0$（$i=1, 2, \cdots, m$），则

$$\max z = c_1x_1 + c_2x_2 + \cdots + c_nx_n \tag{1-2-12}$$

$$\text{s.t.} \begin{cases} a_{11}x_1 + a_{12}x_2 + \cdots + a_{1n}x_n = b_1 \\ a_{21}x_1 + a_{22}x_2 + \cdots + a_{2n}x_n = b_2 \\ \qquad \vdots \\ a_{m1}x_1 + a_{m2}x_2 + \cdots + a_{mn}x_n = b_m \\ x_1, x_2, \cdots, x_n \geqslant 0 \end{cases} \tag{1-2-13}$$

系数矩阵中不含单位矩阵。这时，没有明显的基本可行解，常常采用引入非负人工变量的方法来求得初始基本可行解。前文已经介绍过，基、基本可行解等概念只与约束有关，因此可以引入

$$x_{n+1}, x_{n+2}, \cdots, x_{n+m} \geqslant 0$$

使约束（1-2-13）变化为如下标准形式：

$$\begin{cases} a_{11}x_1 + a_{12}x_2 + \cdots + a_{1n}x_n + x_{n+1} = b_1 \\ a_{21}x_1 + a_{22}x_2 + \cdots + a_{2n}x_n + x_{n+2} = b_2 \\ \qquad \vdots \\ a_{m1}x_1 + a_{m2}x_2 + \cdots + a_{mn}x_n + x_{n+m} = b_m \\ x_1, x_2, \cdots, x_n, x_{n+1}, \cdots, x_{n+m} \geqslant 0 \end{cases} \tag{1-2-14}$$

考虑式（1-2-14），显然 $x_{n+1}, x_{n+2}, \cdots, x_{n+m}$ 对应的一个基是单位矩阵，得到一个基本可行解

$$x_1 = x_2 = \cdots = x_n = 0;\ x_{n+1} = b_1, x_{n+2} = b_2, \cdots, x_{n+m} = b_m$$

根据单纯形法的特点，迭代总是在基本可行解的范围内进行，一旦找到不含这些引入的人工变量的基本可行解，迭代就可以回到原问题的范围内进行。若人工变量不能为零（在下述各方法中最终结果仍有人工变量不为零），则表明原问题无可行解。

在实际计算时，常用两种方法："大 M 法" 和 "两阶段法"。

（1）大 M 法。取 $M>0$ 为一个任意大的正数，在原问题的目标函数中加入 $-M$ 乘以每一个人工变量，得到目标函数：

$$\max z = c_1x_1 + c_2x_2 + \cdots + c_nx_n - Mx_{n+1} - Mx_{n+2} - \cdots - Mx_{n+m}$$

取约束为式（1-2-14），构造一个新的问题。这样，求解这个新问题就从最大化的角度迫使人工变量取零值，以达到求解原问题最优解的目的。

（2）两阶段法。把一般问题的求解过程分为两步：

第一步，求原问题的一个基本可行解。

建立一个辅助问题。取约束为式（1-2-14），目标函数为

$$\max z' = -x_{n+1} - x_{n+2} - \cdots - x_{n+m}$$

这样，从目标最优角度迫使人工变量取零值，以达到求原问题一个基本可行解的目的。

第二步，求解原问题。以第一步得到的基本可行解为初始基本可行解，用单纯形法求解原问题。

6. 线性规划建模

（1）数学规划的建模有许多共同点，要遵循下列原则：

1）容易理解。建立的模型不但要求建模者理解，还应当让有关人员理解，这样便于考察实际问题与模型的关系，增加将来得到的结论在实际应用的信心。

2）容易查找模型中的错误。这个原则的目的显然与1）相关。常出现的错误有书写错误和公式错误。

3）容易求解。对线性规划来说，容易求解的问题主要是控制问题的规模，包括决策变量的个数和约束的个数尽量少。这条原则的实现往往会与1）发生矛盾，在实现时需要对两条原则进行统筹考虑。

（2）建立线性规划模型的过程可以分为以下四步：

1）设立决策变量。

2）明确约束条件并用决策变量的线性等式或不等式表示。

3）用决策变量的线性函数表示目标，并确定是求极大（max）还是求极小（min）。

4）根据决策变量的物理性质研究变量是否有非负性。

其中最关键的是设决策变量，如果决策变量设定恰当，则后面三步工作就比较容易进行。一般情况下，设定决策变量没有严格的规律可以遵循，必须具体问题具体分析。

因此线性规划建模过程具有相当的灵活性，只有通过大量的实例，才能掌握一定的经验，结合对问题本身的深入研究来提高建模的能力。

二、思考题

（1）什么是线性规划模型？在模型中各系数的经济意义是什么？

（2）线性规划问题的一般形式有何特征？

（3）两个变量的线性规划问题的图解法的一般步骤是什么？

（4）求解线性规划问题时可能出现几种结果？哪种结果反映建模时有错误？

（5）什么是线性规划的标准形式？如何把一个非标准形式的线性规划问题转化成标准形式？

（6）试述线性规划问题的可行解、基本解、基本可行解、最优解、最优基础解的概念及它们之间的相互关系。

（7）试述单纯形法的计算步骤。如何在单纯形表上判别问题具有唯一最优解、有无穷多个最优解、无界解或无可行解？

（8）在什么样的情况下采用人工变量法？人工变量法包括哪两种解法？

（9）大 M 法中，M 的作用是什么？对最小化问题，在目标函数中人工变量的系数取什

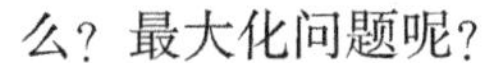

么？最大化问题呢？

（10）什么是单纯形法的两阶段法？两阶段法的第一阶段是为了解决什么问题？在怎样的情况下继续第二阶段？

三、本章学习思路建议

本章的重点在于引导学生分析、理解单纯形法的思路及求解过程，培养其逻辑推理与创新开拓的能力。建议按如下推演进程进行学习：

（1）从比较简单的引例理解线性规划建模的思路和步骤，并引出一般线性规划模型和标准形式。

（2）两个变量的线性规划问题图解法→约束集合为多边形→如果存在有限最优解，则必定存在一个顶点为最优解。

（3）从两个变量的线性规划问题向多个变量的线性规划问题推广如表 1-2-3 所示。

表　1-2-3

	两个变量情况	多个变量情况
领域	平面解析几何	n 维欧氏空间
约束集合	多边形	多面体
考察点	顶点	极点
最优解特点	如果存在有限最优解，则必定存在一个顶点为最优解	如果存在有限最优解，则必定存在一个极点为最优解

（4）用代数方法实现线性规划的求解过程：线性规划的标准形式中，约束集合表示为等式约束（方程组）与决策变量的非负约束不等式。利用核心概念——基，对等式约束方程组集合找到基本解→通过决策变量的非负性考察→基本可行解，即极点→通过目标函数典式中非基变量系数（检验数）考察，判断是否最优解→是，则达到目的；否则，寻找新的极点。

（5）对于规范形式的线性规划问题，标准化后就能方便地得到初始基本可行解；而对一般形式需要引入人工变量。

第二节　课后习题参考解答

习　　题

1. 将下列线性规划问题化为标准形式：

（1）$\max z = 3x_1 + 5x_2 - 4x_3 + 2x_4$

$$\text{s. t.} \begin{cases} 2x_1 + 6x_2 - x_3 + 3x_4 \leqslant 18 \\ x_1 - 3x_2 + 2x_3 - 2x_4 \geqslant 13 \\ -x_1 + 4x_2 - 3x_3 - 5x_4 = 9 \\ x_1,\ x_2,\ x_4 \geqslant 0 \end{cases}$$

（2）$\min f = -x_1 + 5x_2 - 2x_3$

$$\text{s. t.} \begin{cases} 3x_1 + 2x_2 - 4x_3 \leqslant 6 \\ 2x_1 - 3x_2 + x_3 \geqslant 5 \\ x_1 + x_2 + x_3 = 9 \\ x_1 \geqslant 0,\ x_2 \leqslant 0 \end{cases}$$

(3) $\min f=3x_1+x_2+4x_3+2x_4$

$$\text{s.t.}\begin{cases}2x_1+3x_2-x_3-2x_4\leqslant -51\\3x_1-2x_2+2x_3-x_4\geqslant -7\\2x_1+4x_2-3x_3+2x_4=15\\x_1,\ x_2\geqslant 0,\ x_4\leqslant 0\end{cases}$$

2. 求出以下不等式组所定义的多面体的所有基本解和基本可行解(极点)：

(1) $$\begin{cases}2x_1+3x_2+3x_3\leqslant 6\\-2x_1+3x_2+4x_3\leqslant 12\\x_1,\ x_2,\ x_3\geqslant 0\end{cases}$$

(2) $$\begin{cases}x_1+2x_2+3x_3=18\\-2x_1+3x_2\leqslant 12\\x_1,\ x_2,\ x_3\geqslant 0\end{cases}$$

3. 用图解法求解以下线性规划问题：

(1) $\max z=3x_1-2x_2$

$$\text{s.t.}\begin{cases}x_1+x_2\leqslant 1\\x_1+2x_2\geqslant 4\\x_1,\ x_2\geqslant 0\end{cases}$$

(2) $\min f=x_1-3x_2$

$$\text{s.t.}\begin{cases}2x_1-x_2\leqslant 4\\x_1+x_2\geqslant 3\\x_2\leqslant 5\\x_1\leqslant 4\\x_1,\ x_2\geqslant 0\end{cases}$$

(3) $\max z=x_1+2x_2$

$$\text{s.t.}\begin{cases}2x_1-x_2\leqslant 6\\3x_1+2x_2\leqslant 12\\x_1\leqslant 3\\x_1,\ x_2\geqslant 0\end{cases}$$

(4) $\min f=-x_1+3x_2$

$$\text{s.t.}\begin{cases}4x_1+7x_2\geqslant 56\\3x_1-5x_2\geqslant 15\\x_1,\ x_2\geqslant 0\end{cases}$$

4. 在以下问题中，列出所有的基，指出其中的可行基、基本可行解以及最优解：

$\max z=2x_1+x_2-x_3$

$$\text{s.t.}\begin{cases}x_1+x_2+2x_3\leqslant 6\\x_1+4x_2-x_3\leqslant 4\\x_1,\ x_2,\ x_3\geqslant 0\end{cases}$$

5. 用单纯形法求解以下线性规划问题：

(1) $\max z=3x_1+2x_2$

$$\text{s.t.}\begin{cases}2x_1-3x_2\leqslant 3\\-x_1+x_2\leqslant 5\\x_1,\ x_2\geqslant 0\end{cases}$$

(2) $\max z=x_2-2x_3$

$$\text{s.t.}\begin{cases}x_1+3x_2+4x_3=12\\2x_2-x_3\leqslant 12\\x_1,\ x_2,\ x_3\geqslant 0\end{cases}$$

(3) $\max z=x_1-2x_2+x_3$

$$\text{s.t.}\begin{cases}x_1+x_2+x_3\leqslant 12\\2x_1+x_2-x_3\leqslant 6\\-x_1+3x_2\leqslant 9\\x_1,\ x_2,\ x_3\geqslant 0\end{cases}$$

(4) $\min f=-2x_1-x_2+3x_3-5x_4$

$$\text{s.t.}\begin{cases}x_1+2x_2+4x_3-x_4\leqslant 6\\2x_1+3x_2-x_3+x_4\leqslant 12\\x_1+x_3+x_4\leqslant 4\\x_1,\ x_2,\ x_3,\ x_4\geqslant 0\end{cases}$$

6. 用大 M 法及两阶段法求解以下线性规划问题：

(1) $\min f=3x_1-x_2$

$$\text{s.t.}\begin{cases}x_1+3x_2\geqslant 3\\2x_1-3x_2\geqslant 6\\2x_1+x_2\leqslant 8\\-4x_1+x_2\geqslant -16\\x_1,\ x_2\geqslant 0\end{cases}$$

(2) $\max z=x_1+3x_2+4x_3$

$$\text{s.t.}\begin{cases}3x_1+2x_2\leqslant 13\\x_2+3x_3\leqslant 17\\2x_1+x_2+x_3=13\\x_1,\ x_2,\ x_3\geqslant 0\end{cases}$$

(3) $\max z=2x_1-x_2+x_3$

$$\text{s.t.}\begin{cases}x_1+x_2-2x_3\leqslant 8\\4x_1-x_2+x_3\leqslant 2\\2x_1+3x_2-x_3\geqslant 4\\x_1,\ x_2,\ x_3\geqslant 0\end{cases}$$

(4) $\min f=x_1+3x_2-x_3$

$$\text{s.t.}\begin{cases}x_1+x_2+x_3\geqslant 3\\-x_1+2x_2\geqslant 2\\-x_1+5x_2+x_3\leqslant 4\\x_1,\ x_2,\ x_3\geqslant 0\end{cases}$$

7. 福安商场是中型百货商场，它对售货员的需求情况经过统计分析如表 1-2-4 所示。为了保证售货人员充分休息，售货人员每周工作五天，休息两天，并要求休息的两天是连续的。问：应该如何安排售货人员的作息，才能既满足工作的需要，又使配备的售货人员的人数最少？

表　1-2-4

时间	所需售货员人数/人	时间	所需售货员人数/人
星期一	15	星期五	31
星期二	24	星期六	28
星期三	25	星期日	28
星期四	19		

8. 某工厂生产过程中需要长度为 3.1m、2.5m 和 1.7m 的同种棒料毛坯分别为 200 根、100 根和 300 根。现有的原料为 9m 长棒材，问如何下料可使废料最少？

9. 有 1、2、3、4 四种零件均可在设备 A 或设备 B 上加工。已知在这两种设备上分别加工一个零件的费用如表 1-2-5 所示。又知设备 A 或 B 只要有零件加工均需要设备的起动费用，分别为 100 元和 150 元。现要求加工 1、2、3、4 零件各 3 件。问应如何安排生产使总的费用最小？试建立线性规划模型。

表　1-2-5　　（单位：元）

设备	零件			
	1	2	3	4
A	50	80	90	40
B	30	100	50	70

10. 某造船厂根据合同从当年起连续三年年末各提供四条规格相同的大型客货轮。已知该厂这三年内生产大型客货轮的能力及每艘客货轮的成本如表 1-2-6 所示。

表 1-2-6

年度	正常生产时间内可完成的客货轮数/艘	加班生产时间内可完成的客货轮数/艘	正常生产时每艘客货轮成本/万元
1	3	3	500
2	5	2	600
3	2	3	500

已知加班生产时，每艘客货轮成本比正常时高出 60 万元；又知造出来的客货轮若当年不交货，每艘每积压一年造成的损失为 30 万元。在签订合同时，该厂已积压了 2 艘未交货的客货轮，而该厂希望在第三年年末完成合同还能储存 1 艘备用。问该厂如何安排每年客货轮的生产量，能够在满足上述各项要求的情况下总的生产费用最少？试建立线性规划模型，不求解。

习 题 解 答

1. 将下列线性规划问题化为标准形式：

（1）$\max z = 3x_1 + 5x_2 - 4x_3 + 2x_4$

$$\text{s. t.} \begin{cases} 2x_1 + 6x_2 - x_3 + 3x_4 \leqslant 18 \\ x_1 - 3x_2 + 2x_3 - 2x_4 \geqslant 13 \\ -x_1 + 4x_2 - 3x_3 - 5x_4 = 9 \\ x_1,\ x_2,\ x_4 \geqslant 0 \end{cases}$$

引入松弛变量：x_5、x_6；令 $x_3 = x'_3 - x''_3$

标准形式为

$\max z = 3x_1 + 5x_2 - 4x'_3 + 4x''_3 + 2x_4$

$$\text{s. t.} \begin{cases} 2x_1 + 6x_2 - x'_3 + x''_3 + 3x_4 + x_5 = 18 \\ x_1 - 3x_2 + 2x'_3 - 2x''_3 - 2x_4 - x_6 = 13 \\ -x_1 + 4x_2 - 3x'_3 + 3x''_3 - 5x_4 = 9 \\ x_1,\ x_2,\ x'_3,\ x''_3,\ x_4,\ x_5,\ x_6 \geqslant 0 \end{cases}$$

（2）$\min f = -x_1 + 5x_2 - 2x_3$

$$\text{s. t.} \begin{cases} 3x_1 + 2x_2 - 4x_3 \leqslant 6 \\ 2x_1 - 3x_2 + x_3 \geqslant 5 \\ x_1 + x_2 + x_3 = 9 \\ x_1 \geqslant 0,\ x_2 \leqslant 0 \end{cases}$$

令 $z = -f$，则

$$\max z = x_1 - 5x_2 + 2x_3$$

引入松弛变量：x_4、x_5；令 $x'_2 = -x_2$，$x_3 = x'_3 - x''_3$

标准形式为

$\max z = x_1 + 5x'_2 + 2x'_3 - 2x''_3$

$$\text{s.t.}\begin{cases}3x_1-2x_2'-4x_3'+4x_3''+x_4=6\\2x_1+3x_2'+x_3'-x_3''-x_5=5\\x_1-x_2'+x_3'-x_3''=9\\x_1,\ x_2',\ x_3',\ x_3'',\ x_4,\ x_5\geqslant 0\end{cases}$$

（3）$\min f=3x_1+x_2+4x_3+2x_4$

$$\text{s.t.}\begin{cases}2x_1+3x_2-x_3-2x_4\leqslant -51\\3x_1-2x_2+2x_3-x_4\geqslant -7\\2x_1+4x_2-3x_3+2x_4=15\\x_1,\ x_2\geqslant 0,\ x_4\leqslant 0\end{cases}$$

令 $z=-f$，则

$\max z=-3x_1-x_2-4x_3-2x_4$

$-2x_1-3x_2+x_3+2x_4\geqslant 51$

$-3x_1+2x_2-2x_3+x_4\leqslant 7$

引入松弛变量：x_5、x_6；令 $x_4'=-x_4$，$x_3=x_3'-x_3''$

标准形式为

$\max z=-3x_1-x_2-4x_3'+4x_3''+2x_4'$

$$\text{s.t.}\begin{cases}-2x_1-3x_2+x_3'-x_3''-2x_4'-x_5=51\\-3x_1+2x_2-2x_3'+2x_3''-x_4'+x_6=7\\2x_1+4x_2-3x_3'+3x_3''-2x_4'=15\\x_1,\ x_2,\ x_3',\ x_3'',\ x_4',\ x_5,\ x_6\geqslant 0\end{cases}$$

2. 求出以下不等式组所定义的多面体的所有基本解和基本可行解(极点)：

$$(1)\begin{cases}2x_1+3x_2+3x_3\leqslant 6\\-2x_1+3x_2+4x_3\leqslant 12\\x_1,\ x_2,\ x_3\geqslant 0\end{cases}\Rightarrow\begin{cases}2x_1+3x_2+3x_3+x_4=6\\-2x_1+3x_2+4x_3+x_5=12\\x_1,\ x_2,\ x_3,\ x_4,\ x_5\geqslant 0\end{cases}$$

$$\boldsymbol{A}=(\boldsymbol{p}_1,\ \boldsymbol{p}_2,\ \boldsymbol{p}_3,\ \boldsymbol{p}_4,\ \boldsymbol{p}_5)=\begin{pmatrix}2&3&3&1&0\\-2&3&4&0&1\end{pmatrix}$$

$\boldsymbol{B}_1=(\boldsymbol{p}_1,\ \boldsymbol{p}_2)=\begin{pmatrix}2&3\\-2&3\end{pmatrix}$　　$\boldsymbol{B}_2=(\boldsymbol{p}_1,\ \boldsymbol{p}_3)=\begin{pmatrix}2&3\\-2&4\end{pmatrix}$

$\boldsymbol{B}_3=(\boldsymbol{p}_1,\ \boldsymbol{p}_4)=\begin{pmatrix}2&1\\-2&0\end{pmatrix}$　　$\boldsymbol{B}_4=(\boldsymbol{p}_1,\ \boldsymbol{p}_5)=\begin{pmatrix}2&0\\-2&1\end{pmatrix}$

$\boldsymbol{B}_5=(\boldsymbol{p}_2,\ \boldsymbol{p}_3)=\begin{pmatrix}3&3\\3&4\end{pmatrix}$　　$\boldsymbol{B}_6=(\boldsymbol{p}_2,\ \boldsymbol{p}_4)=\begin{pmatrix}3&1\\3&0\end{pmatrix}$

$\boldsymbol{B}_7=(\boldsymbol{p}_2,\ \boldsymbol{p}_5)=\begin{pmatrix}3&0\\3&1\end{pmatrix}$　　$\boldsymbol{B}_8=(\boldsymbol{p}_3,\ \boldsymbol{p}_4)=\begin{pmatrix}3&1\\4&0\end{pmatrix}$

$\boldsymbol{B}_9=(\boldsymbol{p}_3,\ \boldsymbol{p}_5)=\begin{pmatrix}3&0\\4&1\end{pmatrix}$　　$\boldsymbol{B}_{10}=(\boldsymbol{p}_4,\ \boldsymbol{p}_5)=\begin{pmatrix}1&0\\0&1\end{pmatrix}$

对应 $\boldsymbol{B}_1$ 的基本解为：令 $x_3=x_4=x_5=0$，得

$$\begin{cases}2x_1+3x_2=6\\-2x_1+3x_2=12\end{cases}\Rightarrow\begin{cases}x_1=-\dfrac{3}{2}\\x_2=3\end{cases}$$

即

$$\left(-\frac{3}{2},\ 3,\ 0,\ 0,\ 0\right)^{\mathrm{T}}$$

同理，对应 $\boldsymbol{B}_2$ 的基本解为$\left(-\dfrac{6}{7},\ 0,\ \dfrac{18}{7},\ 0,\ 0\right)^{\mathrm{T}}$

对应 $\boldsymbol{B}_3$ 的基本解为$(-6,\ 0,\ 0,\ 18,\ 0)^{\mathrm{T}}$

对应 $\boldsymbol{B}_4$ 的基本解为$(3,\ 0,\ 0,\ 0,\ 18)^{\mathrm{T}}$，同时又为基本可行解

对应 $\boldsymbol{B}_5$ 的基本解为$(0,\ -4,\ 6,\ 0,\ 0)^{\mathrm{T}}$

对应 $\boldsymbol{B}_6$ 的基本解为$(0,\ 4,\ 0,\ -6,\ 0)^{\mathrm{T}}$

对应 $\boldsymbol{B}_7$ 的基本解为$(0,\ 2,\ 0,\ 0,\ 6)^{\mathrm{T}}$，同时又为基本可行解

对应 $\boldsymbol{B}_8$ 的基本解为$(0,\ 0,\ 3,\ -3,\ 0)^{\mathrm{T}}$

对应 $\boldsymbol{B}_9$ 的基本解为$(0,\ 0,\ 2,\ 0,\ 4)^{\mathrm{T}}$，同时又为基本可行解

对应 $\boldsymbol{B}_{10}$的基本解为$(0,\ 0,\ 0,\ 6,\ 12)^{\mathrm{T}}$，同时又为基本可行解

（2）$\begin{cases}x_1+2x_2+3x_3=18\\-2x_1+3x_2\leqslant 12\\x_1,\ x_2,\ x_3\geqslant 0\end{cases}\Rightarrow\begin{cases}x_1+2x_2+3x_3+x_4=18\\-2x_1+3x_2+x_5=12\\x_1,\ x_2,\ x_3,\ x_4,\ x_5\geqslant 0\end{cases}$

$$\boldsymbol{A}=(\boldsymbol{p}_1,\ \boldsymbol{p}_2,\ \boldsymbol{p}_3,\ \boldsymbol{p}_4,\ \boldsymbol{p}_5)=\begin{pmatrix}1&2&3&1&0\\-2&3&0&0&1\end{pmatrix}$$

$$\boldsymbol{B}_1=(\boldsymbol{p}_1,\ \boldsymbol{p}_2)=\begin{pmatrix}1&2\\-2&3\end{pmatrix}\qquad \boldsymbol{B}_2=(\boldsymbol{p}_1,\ \boldsymbol{p}_3)=\begin{pmatrix}1&3\\-2&0\end{pmatrix}$$

$$\boldsymbol{B}_3=(\boldsymbol{p}_1,\ \boldsymbol{p}_4)=\begin{pmatrix}1&1\\-2&0\end{pmatrix}\qquad \boldsymbol{B}_4=(\boldsymbol{p}_1,\ \boldsymbol{p}_5)=\begin{pmatrix}1&0\\-2&1\end{pmatrix}$$

$$\boldsymbol{B}_5=(\boldsymbol{p}_2,\ \boldsymbol{p}_3)=\begin{pmatrix}2&3\\3&0\end{pmatrix}\qquad \boldsymbol{B}_6=(\boldsymbol{p}_2,\ \boldsymbol{p}_4)=\begin{pmatrix}2&1\\3&0\end{pmatrix}$$

$$\boldsymbol{B}_7=(\boldsymbol{p}_2,\ \boldsymbol{p}_5)=\begin{pmatrix}2&0\\3&1\end{pmatrix}\qquad \boldsymbol{B}_8=(\boldsymbol{p}_3,\ \boldsymbol{p}_5)=\begin{pmatrix}3&0\\0&1\end{pmatrix}$$

$$\boldsymbol{B}_9=(\boldsymbol{p}_4,\ \boldsymbol{p}_5)=\begin{pmatrix}1&0\\0&1\end{pmatrix}$$

对应 $\boldsymbol{B}_1$ 的基本解为：令 $x_3=x_4=x_5=0$，得

$$\begin{cases}x_1+2x_2=18\\-2x_1+3x_2=12\end{cases}\Rightarrow\begin{cases}x_1=\dfrac{30}{7}\\x_2=\dfrac{48}{7}\end{cases}$$

即$\left(\dfrac{30}{7},\ \dfrac{48}{7},\ 0,\ 0,\ 0\right)^{\mathrm{T}}$，同时又为基本可行解

同理，对应 $\boldsymbol{B}_2$ 的基本解为$(-6, 0, 8, 0, 0)^{\mathrm{T}}$

对应 $\boldsymbol{B}_3$ 的基本解为$(-6, 0, 0, 24, 0)^{\mathrm{T}}$

对应 $\boldsymbol{B}_4$ 的基本解为$(18, 0, 0, 0, 48)^{\mathrm{T}}$，同时又为基本可行解

对应 $\boldsymbol{B}_5$ 的基本解为$\left(0, 4, \dfrac{10}{3}, 0, 0\right)^{\mathrm{T}}$，同时又为基本可行解

对应 $\boldsymbol{B}_6$ 的基本解为$(0, 4, 0, 10, 0)^{\mathrm{T}}$，同时又为基本可行解

对应 $\boldsymbol{B}_7$ 的基本解为$(0, 9, 0, 0, -15)^{\mathrm{T}}$

对应 $\boldsymbol{B}_8$ 的基本解为$(0, 0, 6, 0, 12)^{\mathrm{T}}$，同时又为基本可行解

对应 $\boldsymbol{B}_9$ 的基本解为$(0, 0, 0, 18, 12)^{\mathrm{T}}$，同时又为基本可行解

3. 用图解法求解以下线性规划问题：

（1）$\max z = 3x_1 - 2x_2$

$$\text{s. t.}\quad \begin{cases} x_1 + x_2 \leqslant 1 & (A) \\ x_1 + 2x_2 \geqslant 4 & (B) \\ x_1,\ x_2 \geqslant 0 \end{cases}$$

由图 1-2-2 可知，可行域为空集，无可行解，所以原问题无最优解。

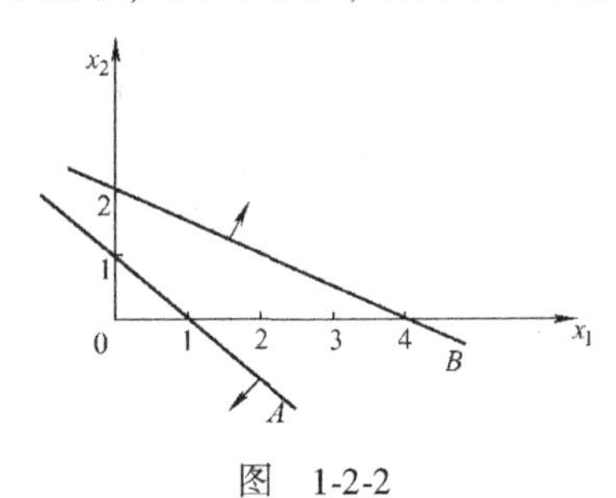

图　1-2-2

（2）$\min f = x_1 - 3x_2$

$$\text{s. t.}\quad \begin{cases} 2x_1 - x_2 \leqslant 4(A) \\ x_1 + x_2 \geqslant 3(B) \\ x_1 \leqslant 4(C) \\ x_2 \leqslant 5(D) \\ x_1,\ x_2 \geqslant 0 \end{cases}$$

由图 1-2-3 可知，最优解为 D、E 两直线的交点，即点$(0, 5)$，则$f^* = -15$。

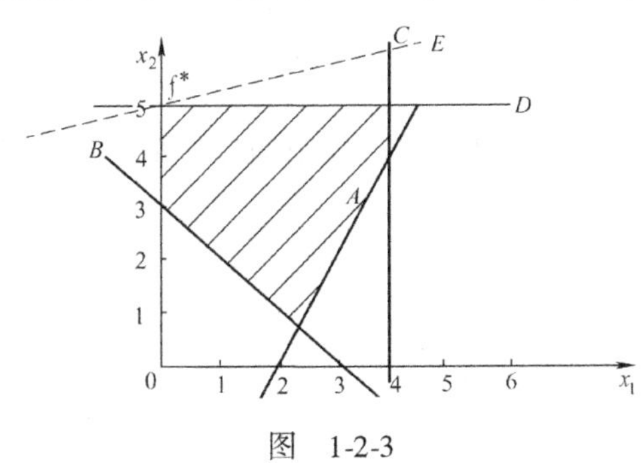

图　1-2-3

(3) $\max z = x_1 + 2x_2$

$$\text{s. t.} \begin{cases} 2x_1 - x_2 \leqslant 6 & (A) \\ 3x_1 + 2x_2 \leqslant 12 & (B) \\ x_1 \leqslant 3 & (C) \\ x_1,\ x_2 \geqslant 0 \end{cases}$$

由图 1-2-4 可知，最优解为$(0,\ 6)^{\mathrm{T}}$，$z^* = 12$。

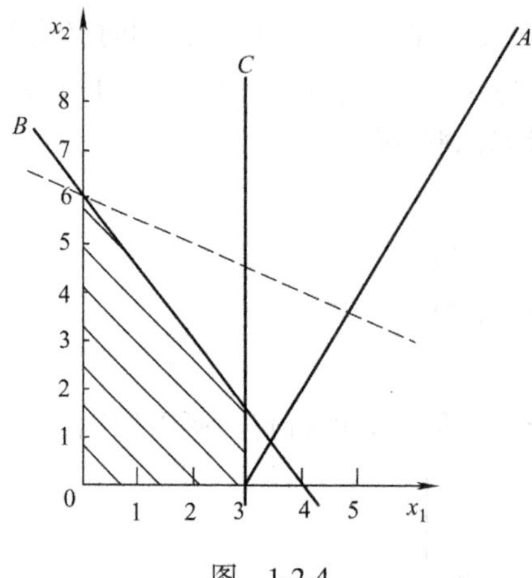

图　1-2-4

(4) $\min f = -x_1 + 3x_2$

$$\text{s. t.} \begin{cases} 4x_1 + 7x_2 \geqslant 56 & (A) \\ 3x_1 - 5x_2 \geqslant 15 & (B) \\ x_1,\ x_2 \geqslant 0 \end{cases}$$

由于可行域无界，由图 1-2-5 可知，目标函数无有限最优解。

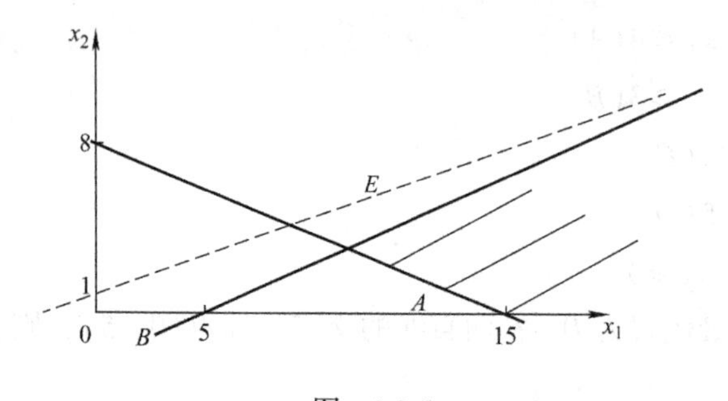

图　1-2-5

4. 在以下问题中，列出所有的基，指出其中的可行基、基本可行解以及最优解：

$\max z = 2x_1 + x_2 - x_3$

$$\text{s. t.} \begin{cases} x_1 + x_2 + 2x_3 \leqslant 6 \\ x_1 + 4x_2 - x_3 \leqslant 4 \\ x_1,\ x_2,\ x_3 \geqslant 0 \end{cases}$$

化为标准形式，有

$$\max z=2x_1+x_2-x_3$$

$$\text{s. t.}\quad\begin{cases}x_1+x_2+2x_3+x_4=6\\x_1+4x_2-x_3+x_5=4\\x_1,\ x_2,\ x_3,\ x_4,\ x_5\geqslant 0\end{cases}$$

$$\boldsymbol{A}=\begin{pmatrix}1&1&2&1&0\\1&4&-1&0&1\end{pmatrix}=(\boldsymbol{p}_1,\ \boldsymbol{p}_2,\ \boldsymbol{p}_3,\ \boldsymbol{p}_4,\ \boldsymbol{p}_5)$$

$$\boldsymbol{B}_1=(\boldsymbol{p}_1,\ \boldsymbol{p}_2)=\begin{pmatrix}1&1\\1&4\end{pmatrix}\qquad\boldsymbol{B}_2=(\boldsymbol{p}_1,\ \boldsymbol{p}_3)=\begin{pmatrix}1&2\\1&-1\end{pmatrix}$$

$$\boldsymbol{B}_3=(\boldsymbol{p}_1,\ \boldsymbol{p}_4)=\begin{pmatrix}1&1\\1&0\end{pmatrix}\qquad\boldsymbol{B}_4=(\boldsymbol{p}_1,\ \boldsymbol{p}_5)=\begin{pmatrix}1&0\\1&1\end{pmatrix}$$

$$\boldsymbol{B}_5=(\boldsymbol{p}_2,\ \boldsymbol{p}_3)=\begin{pmatrix}1&2\\4&-1\end{pmatrix}\qquad\boldsymbol{B}_6=(\boldsymbol{p}_2,\ \boldsymbol{p}_4)=\begin{pmatrix}1&1\\4&0\end{pmatrix}$$

$$\boldsymbol{B}_7=(\boldsymbol{p}_2,\ \boldsymbol{p}_5)=\begin{pmatrix}1&0\\4&1\end{pmatrix}\qquad\boldsymbol{B}_8=(\boldsymbol{p}_3,\ \boldsymbol{p}_4)=\begin{pmatrix}2&1\\-1&0\end{pmatrix}$$

$$\boldsymbol{B}_9=(\boldsymbol{p}_3,\ \boldsymbol{p}_5)=\begin{pmatrix}2&0\\-1&1\end{pmatrix}\qquad\boldsymbol{B}_{10}=(\boldsymbol{p}_4,\ \boldsymbol{p}_5)=\begin{pmatrix}1&0\\0&1\end{pmatrix}$$

共 10 个基。

对应 $\boldsymbol{B}_1$ 的基本解为：令 $x_3=x_4=x_5=0$，得

$$\begin{cases}x_1+x_2=6\\x_1+4x_2=4\end{cases}\Rightarrow\begin{cases}x_1=\dfrac{20}{3}\\x_2=-\dfrac{2}{3}\end{cases}$$

即

$$\left(\frac{20}{3},\ -\frac{2}{3},\ 0,\ 0,\ 0\right)^{\mathrm{T}}$$

同理，对应 $\boldsymbol{B}_2$ 的基本解为$(\frac{14}{3},\ 0,\ \frac{2}{3},\ 0,\ 0)^{\mathrm{T}}$，同时为基本可行解，$z=\frac{26}{3}$

对应 $\boldsymbol{B}_3$ 的基本解为$(4,\ 0,\ 0,\ 2,\ 0)^{\mathrm{T}}$，同时为基本可行解，$z=8$

对应 $\boldsymbol{B}_4$ 的基本解为$(6,\ 0,\ 0,\ 0,\ -2)^{\mathrm{T}}$

对应 $\boldsymbol{B}_5$ 的基本解为$\left(0,\ \frac{14}{9},\ \frac{20}{9},\ 0,\ 0\right)^{\mathrm{T}}$，同时为基本可行解，$z=-\frac{2}{3}$

对应 $\boldsymbol{B}_6$ 的基本解为$(0,\ 1,\ 0,\ 5,\ 0)^{\mathrm{T}}$，同时为基本可行解，$z=1$

对应 $\boldsymbol{B}_7$ 的基本解为$(0,\ 6,\ 0,\ 0,\ -20)^{\mathrm{T}}$

对应 $\boldsymbol{B}_8$ 的基本解为$(0,\ 0,\ -4,\ 14,\ 0)^{\mathrm{T}}$

对应 $\boldsymbol{B}_9$ 的基本解为$(0,\ 0,\ 3,\ 0,\ 7)^{\mathrm{T}}$，同时为基本可行解，$z=-3$

对应 $\boldsymbol{B}_{10}$的基本解为$(0,\ 0,\ 0,\ 6,\ 4)^{\mathrm{T}}$，同时为基本可行解，$z=0$

所以最优解为 $\boldsymbol{x}^*=(\frac{14}{3},\ 0,\ \frac{2}{3},\ 0,\ 0)$，$z^*=\frac{26}{3}$

5. 用单纯形法求解以下线性规划问题：

(1) $\max z=3x_1+2x_2$

$$\text{s. t.}\begin{cases}2x_1-3x_2\leqslant 3\\-x_1+x_2\leqslant 5\\x_1,\ x_2\geqslant 0\end{cases}\Rightarrow \quad \max z=3x_1+2x_2 \quad \text{s. t.}\begin{cases}2x_1-3x_2+x_3=3\\-x_1+x_2+x_4=5\\x_1,\ x_2,\ x_3,\ x_4\geqslant 0\end{cases}$$

单纯形法表格计算过程如表 1-2-7 所示。

表 1-2-7

c_B	x_B	b'	3	2	0	0	θ_i
			x_1	x_2	x_3	x_4	
0	x_3	3	[2]	-3	1	0	1.5
0	x_4	5	-1	1	0	1	—
$-z$		0	3	2	0	0	
3	x_1	1.5	1	-3/2	1/2	0	
0	x_4	6.5	0	-1/2	1/2	1	
$-z$		-4.5	0	13/2	-3/2	0	

因为 a'_{21} 与 a'_{22} 都小于 0，所以原问题没有最优解。

(2) $\max z=x_2-2x_3$

$$\text{s. t.}\begin{cases}x_1+3x_2+4x_3=12\\2x_2-x_3\leqslant 12\\x_1,\ x_2,\ x_3\geqslant 0\end{cases}\Rightarrow \quad \max z=x_2-2x_3 \quad \text{s. t.}\begin{cases}x_1+3x_2+4x_3=12\\2x_2-x_3+x_4=12\\x_1,\ x_2,\ x_3,\ x_4\geqslant 0\end{cases}$$

单纯形法表格计算过程如表 1-2-8 所示。

表 1-2-8

c_B	x_B	b'	0	1	-2	0	θ_i
			x_1	x_2	x_3	x_4	
0	x_1	12	1	[3]	4	0	4
0	x_4	12	0	2	-1	1	6
$-z$		0	0	1	-2	0	
1	x_2	4	1/3	1	4/3	0	
0	x_4	4	-2/3	0	-11/3	1	
$-z$		-4	-1/3	0	-10/3	0	

所以最优解为 $\boldsymbol{x}^*=(0,\ 4,\ 0,\ 4)^{\mathrm{T}}$，最优值 $z^*=4$。

(3) $\max z=x_1-2x_2+x_3$

$$\text{s. t.}\begin{cases}x_1+x_2+x_3\leqslant 12\\2x_1+x_2-x_3\leqslant 6\\-x_1+3x_2\leqslant 9\\x_1,\ x_2,\ x_3\geqslant 0\end{cases}\Rightarrow \quad \max z=x_1-2x_2+x_3 \quad \text{s. t.}\begin{cases}x_1+x_2+x_3+x_4=12\\2x_1+x_2-x_3+x_5=6\\-x_1+3x_2+x_6=9\\x_1,\ x_2,\ x_3,\ x_4,\ x_5,\ x_6\geqslant 0\end{cases}$$

单纯形法表格计算过程如表 1-2-9 所示。

表　1-2-9

c_B	x_B	b'	1	−2	1	0	0	0	θ_i
			x_1	x_2	x_3	x_4	x_5	x_6	
0	x_4	12	1	1	1	1	0	0	12
0	x_5	6	[2]	1	−1	0	1	0	3
0	x_6	9	−1	3	0	0	0	1	—
$-z$		0	1	−2	1	0	0	0	
0	x_4	9	0	1/2	[3/2]	1	−1/2	0	6
1	x_1	3	1	1/2	−1/2	0	1/2	0	—
0	x_6	12	0	7/2	−1/2	0	1/2	1	—
$-z$		−3	0	−5/2	3/2	0	−1/2	0	
1	x_3	6	0	1/3	1	2/3	−1/3	0	
1	x_1	6	1	2/3	0	1/3	1/3	0	
0	x_6	15	0	11/3	0	1/3	1/3	1	
$-z$		−12	0	−3	0	−1	0	0	

$\boldsymbol{x}^* = (6, 0, 6, 0, 0, 15)^{\mathrm{T}}$。

x_5 为非基变量，其检验数为 0，所以可能存在无穷多最优解。

做进一步迭代，令 x_5 为进基，计算过程如表 1-2-10 所示。

表　1-2-10

c_B	x_B	b'	1	−2	1	0	0	0	θ_i
			x_1	x_2	x_3	x_4	x_5	x_6	
1	x_3	6	0	1/3	1	2/3	−1/3	0	—
1	x_1	6	1	2/3	0	1/3	[1/3]	0	18
0	x_6	15	0	11/3	0	1/3	1/3	1	45
$-z$		−12	0	−3	0	−1	0	0	
1	x_3	12	1	1	1	1	0	0	
0	x_5	18	3	2	0	1	1	0	
0	x_6	9	−1	3	0	0	0	1	
$-z$		−12	0	−3	0	−1	0	0	

所以此问题有无穷多最优解。

此无穷多最优解满足条件$\begin{cases} x_1 + x_3 = 12 \\ 2x_1 - x_3 \leqslant 6 \end{cases}$，其中，$x_2 = 0$，解得无穷多最优解在线段 $x_1 + x_3 = 12$［两端点为(0，0，12)，(6，0，6)］，最优值 $z^* = 12$。

(4) $\min f=-2x_1-x_2+3x_3-5x_4$

s. t. $\begin{cases}x_1+2x_2+4x_3-x_4\leqslant 6\\2x_1+3x_2-x_3+x_4\leqslant 12\\x_1+x_3+x_4\leqslant 4\\x_1,\ x_2,\ x_3,\ x_4\geqslant 0\end{cases}$ $\Rightarrow$ $\max z=2x_1+x_2-3x_3+5x_4$

s. t. $\begin{cases}x_1+2x_2+4x_3-x_4+x_5=6\\2x_1+3x_2-x_3+x_4+x_6=12\\x_1+x_3+x_4+x_7=4\\x_1,\ x_2,\ x_3,\ x_4,\ x_5,\ x_6,\ x_7\geqslant 0\end{cases}$

单纯形法表格计算过程如表 1-2-11 所示。

表 1-2-11

c_B	x_B	b'	2	1	−3	5	0	0	0	θ_i
			x_1	x_2	x_3	x_4	x_5	x_6	x_7	
0	x_5	6	1	2	4	−1	1	0	0	—
0	x_6	12	2	3	−1	1	0	1	0	12
0	x_7	4	1	0	1	[1]	0	0	1	4
$-z$		0	2	1	−3	5	0	0	0	
0	x_5	10	2	2	5	0	1	0	1	5
0	x_6	8	1	[3]	−2	0	0	1	−1	8/3
5	x_4	4	1	0	1	1	0	0	1	—
$-z$		−20	−3	1	−8	0	0	0	−5	
0	x_5	14/3	4/3	0	19/3	0	1	−2/3	5/3	
1	x_2	8/3	1/3	1	−2/3	0	0	1/3	−1/3	
5	x_4	4	1	0	1	1	0	0	1	
$-z$		−68/3	−10/3	0	−22/3	0	0	−1/3	−14/3	

$\boldsymbol{x}^*=(0,\ \frac{8}{3},\ 0,\ 4,\ \frac{14}{3},\ 0,\ 0)^{\mathrm{T}}$，$z^*=\frac{68}{3}$，所以 $f^*=-\frac{68}{3}$。

6. 用大 M 法及两阶段法求解以下线性规划问题：

(1) $\min f=3x_1-x_2$

s. t. $\begin{cases}x_1+3x_2\geqslant 3\\2x_1-3x_2\geqslant 6\\2x_1+x_2\leqslant 8\\-4x_1+x_2\geqslant -16\\x_1,\ x_2\geqslant 0\end{cases}$

大 M 法：

$$\max z = -3x_1 + x_2 - Mx_4 - Mx_6$$

$$\text{s. t.} \begin{cases} x_1 + 3x_2 - x_3 + x_4 = 3 \\ 2x_1 - 3x_2 - x_5 + x_6 = 6 \\ 2x_1 + x_2 + x_7 = 8 \\ 4x_1 - x_2 + x_8 = 16 \\ x_1,\ x_2,\ x_3,\ x_4,\ x_5,\ x_6,\ x_7,\ x_8 \geqslant 0 \end{cases}$$

单纯形法表格计算过程如表 1-2-12 所示。

表　1-2-12

c_B	x_B	b'	-3	1	0	$-M$	0	$-M$	0	0	θ_i
			x_1	x_2	x_3	x_4	x_5	x_6	x_7	x_8	
$-M$	x_4	3	[1]	3	-1	1	0	0	0	0	3
$-M$	x_6	6	2	-3	0	0	-1	1	0	0	3
0	x_7	8	2	1	0	0	0	0	1	0	4
0	x_8	16	4	-1	0	0	0	0	0	1	4
$-z$		$9M$	$3M-3$	1	$-M$	0	$-M$	0	0	0	
-3	x_1	3	1	3	-1	1	0	0	0	0	—
$-M$	x_6	0	0	-9	[2]	-2	-1	1	0	0	0
0	x_7	2	0	-5	2	-2	0	0	1	0	1
0	x_8	4	0	-13	4	-4	0	0	0	1	1
$-z$		9	0	$10-9M$	$2M-3$	$-3M+3$	$-M$	0	0	0	
-3	x_1	3	1	$-3/2$	0	0	$-1/2$	$1/2$	0	0	0
0	x_3	0	0	$-9/2$	1	-1	$-1/2$	$1/2$	0	0	8/3
0	x_7	2	0	4	0	0	1	-1	1	0	1
0	x_8	4	0	5	0	0	2	-2	0	1	1
$-z$		9	0	$-7/2$	0	$-M$	$-3/2$	$-M+3/2$	0	0	

$\boldsymbol{x}^* = (3,\ 0)^{\mathrm{T}}$，$z^* = -9$，所以 $f^* = 9$。

两阶段法：

第一阶段

$$\max z' = -x_4 - x_6$$

$$\text{s. t.} \begin{cases} x_1 + 3x_2 - x_3 + x_4 = 3 \\ 2x_1 - 3x_2 - x_5 + x_6 = 6 \\ 2x_1 + x_2 + x_7 = 8 \\ 4x_1 - x_2 + x_8 = 16 \\ x_1,\ x_2,\ x_3,\ x_4,\ x_5,\ x_6,\ x_7,\ x_8 \geqslant 0 \end{cases}$$

单纯形法表格计算过程如表 1-2-13 所示。

表 1-2-13

c_B	x_B	b'	0	0	0	-1	0	-1	0	0	θ_i
			x_1	x_2	x_3	x_4	x_5	x_6	x_7	x_8	
-1	x_4	3	[1]	3	-1	1	0	0	0	0	3
-1	x_6	6	2	-3	0	0	-1	1	0	0	3
0	x_7	8	2	1	0	0	0	0	1	0	4
0	x_8	16	4	-1	0	0	0	0	0	1	4
$-z'$		9	3	0	-1	0	-1	0	0	0	
0	x_1	3	1	3	-1	1	0	0	0	0	—
-1	x_6	0	0	-9	[2]	-2	-1	1	0	0	0
0	x_7	2	0	-5	2	-2	0	0	1	0	1
0	x_8	4	0	-13	4	-4	0	0	0	1	1
$-z'$		0	0	-9	2	-3	-1	0	0	0	
0	x_1	3	1	-3/2	0	0	-1/2	1/2	0	0	
0	x_3	0	0	-9/2	1	-1	-1/2	1/2	0	0	
0	x_7	2	0	4	0	0	1	-1	1	0	
0	x_8	4	0	5	0	0	2	-2	0	1	
$-z'$		0	0	0	0	-1	0	-1	0	0	

第二阶段

单纯形法表格计算过程如表 1-2-14 所示。

表 1-2-14

c_B	x_B	b'	-3	1	0	0	0	0	θ_i
			x_1	x_2	x_3	x_5	x_7	x_8	
-3	x_1	3	1	-3/2	0	-1/2	0	0	
0	x_3	0	0	-9/2	1	-1/2	0	0	
0	x_7	2	0	4	0	1	1	0	
0	x_8	4	0	5	0	2	0	1	
$-z$		9	0	-7/2	0	-3/2	0	0	

$\boldsymbol{x}^* = (3,\ 0)^{\mathrm{T}}$，$z^* = -9$，所以$f^* = 9$。

（2）$\max z = x_1 + 3x_2 + 4x_3$

$$\text{s. t.} \begin{cases} 3x_1 + 2x_2 \leqslant 13 \\ x_2 + 3x_3 \leqslant 17 \\ 2x_1 + x_2 + x_3 = 13 \\ x_1,\ x_2,\ x_3 \geqslant 0 \end{cases}$$

大 M 法：

$$\max z = x_1 + 3x_2 + 4x_3 - Mx_6$$

$$\text{s. t.} \begin{cases} 3x_1 + 2x_2 + x_4 = 13 \\ x_2 + 3x_3 + x_5 = 17 \\ 2x_1 + x_2 + x_3 + x_6 = 13 \\ x_1,\ x_2,\ x_3,\ x_4,\ x_5,\ x_6 \geqslant 0 \end{cases}$$

单纯形法表格计算过程如表 1-2-15 所示。

表　1-2-15

c_B	x_B	b'	1	3	4	0	0	$-M$	θ_i
			x_1	x_2	x_3	x_4	x_5	x_6	
0	x_4	13	[3]	2	0	1	0	0	13/3
0	x_5	17	0	1	3	0	1	0	—
$-M$	x_6	13	2	1	1	0	0	1	13/2
$-z$		$3M$	$1+2M$	$3+M$	$4+M$	0	0	0	
1	x_1	13/3	1	2/3	0	1/3	0	0	—
0	x_5	17	0	1	3	0	1	0	17/3
$-M$	x_6	13/3	0	$-1/3$	[1]	$-2/3$	0	1	13/3
$-z$		$13M/3$ $-13/3$	0	$7/3-M/3$	$4+M$	$-1/3-2M/3$	0	0	
1	x_1	13/3	1	2/3	0	1/3	0	0	13/2
0	x_5	4	0	[2]	0	2	1	-3	2
4	x_3	13/3	0	$-1/3$	1	$-2/3$	0	1	—
$-z$		$-65/3$	0	11/3	0	7/3	0	$-M-4$	
1	x_1	3	1	0	0	$-1/3$	$-1/3$	1	
3	x_2	2	0	1	0	1	1/2	$-2/3$	
4	x_3	5	0	0	1	$-1/3$	1/6	1/2	
$-z$		-29	0	0	0	$-4/3$	$-11/6$	$3/2-M$	

所以 $\boldsymbol{x}^* = (3,\ 2,\ 5)^{\mathrm{T}}$，$z^* = 29$。

两阶段法：

第一阶段

$$\max z' = -x_6$$

$$\text{s. t.} \begin{cases} 3x_1 + 2x_2 + x_4 = 13 \\ x_2 + 3x_3 + x_5 = 17 \\ 2x_1 + x_2 + x_3 + x_6 = 13 \\ x_1,\ x_2,\ x_3,\ x_4,\ x_5,\ x_6 \geqslant 0 \end{cases}$$

单纯形法表格计算过程如表 1-2-16 所示。

表 1-2-16

c_B	x_B	b'	0	0	0	0	0	-1	θ_i
			x_1	x_2	x_3	x_4	x_5	x_6	
0	x_4	13	[3]	2	0	1	0	0	13/3
0	x_5	17	0	1	3	0	1	0	—
-1	x_6	13	2	1	1	0	0	1	13/2
$-z'$		13	2	1	1	0	0	0	
0	x_1	13/3	1	2/3	0	1/3	0	0	—
0	x_5	17	0	1	3	0	1	0	17/3
-1	x_6	13/3	0	-1/3	[1]	-2/3	0	1	13/3
$-z'$		13/3	0	-1/3	1	-2/3	0	0	
0	x_1	13/3	1	2/3	0	1/3	0	0	
0	x_5	4	0	2	0	2	1	-3	
0	x_3	13/3	0	-1/3	1	-2/3	0	1	
$-z'$		0	0	0	0	0	0	-1	

第二阶段

单纯形法表格计算过程如表 1-2-17 所示。

表 1-2-17

c_B	x_B	b'	1	3	4	0	0	θ_i
			x_1	x_2	x_3	x_4	x_5	
1	x_1	13/3	1	2/3	0	1/3	0	13/2
0	x_5	4	0	[2]	0	2	1	2
4	x_3	13/3	0	-1/3	1	-2/3	0	—
$-z$		-65/3	0	11/3	0	7/3	0	
1	x_1	3	1	0	0	-1/3	-1/3	
3	x_2	2	0	1	0	1	1/2	
4	x_3	5	0	0	1	-1/3	1/6	
$-z$		-29	0	0	0	-4/3	-11/6	

$\boldsymbol{x}^* = (3, 2, 5)^{\mathrm{T}}$，$z^* = 29$。

(3) $\max z = 2x_1 - x_2 + x_3$

$$\text{s. t.}\begin{cases}x_1+x_2-2x_3\leqslant 8\\4x_1-x_2+x_3\leqslant 2\\2x_1+3x_2-x_3\geqslant 4\\x_1,\ x_2,\ x_3\geqslant 0\end{cases}$$

大 M 法：

$\max z=2x_1-x_2+x_3-Mx_7$

$$\text{s. t.}\begin{cases}x_1+x_2-2x_3+x_4=8\\4x_1-x_2+x_3+x_5=2\\2x_1+3x_2-x_3-x_6+x_7=4\\x_1,\ x_2,\ x_3,\ x_4,\ x_5,\ x_6,\ x_7\geqslant 0\end{cases}$$

单纯形法表格计算过程如表 1-2-18 所示。

表　1-2-18

c_B	x_B	b'	2	−1	1	0	0	0	−M	θ_i
			x_1	x_2	x_3	x_4	x_5	x_6	x_7	
0	x_4	8	1	1	−2	1	0	0	0	8
0	x_5	2	4	−1	1	0	1	0	0	—
−M	x_7	4	2	[3]	−1	0	0	−1	1	4/3
−z		4M	2+2M	−1+3M	1−M	0	0	−M	0	
0	x_4	20/3	1/3	0	−5/3	1	0	1/3	−1/3	20
0	x_5	10/3	[14/3]	0	2/3	0	1	−1/3	1/3	10/14
−1	x_2	4/3	2/3	1	−1/3	0	0	−1/3	1/3	2
−z		4/3	8/3	0	2/3	0	0	−1/3	−M+1/3	
0	x_4	45/7	0	0	−12/7	1	−1/14	5/14	−5/14	—
2	x_1	5/7	1	0	[1/7]	0	3/14	−1/14	1/14	5
−1	x_2	6/7	0	1	−3/7	0	−1/7	−2/7	2/7	—
−z		−4/7	0	0	2/7	0	−4/7	0	−M+1/7	
0	x_4	105/7	12	0	0	1	5/2	−1/2	1/2	
1	x_3	5	7	0	1	0	3/2	−1/2	1/2	
−1	x_2	3	3	1	0	0	1/2	−1/2	1/2	
−z		−2	−2	0	0	0	−1	0	−M	

$\boldsymbol{x}^*=(0,\ 3,\ 5)^{\mathrm{T}}$，$z^*=2$。

两阶段法：

第一阶段

$\max z'=-x_7$

$$\text{s. t.}\begin{cases}x_1+x_2-2x_3+x_4=8\\4x_1-x_2+x_3+x_5=2\\2x_1+3x_2-x_3-x_6+x_7=4\\x_1,\ x_2,\ x_3,\ x_4,\ x_5,\ x_6,\ x_7\geqslant 0\end{cases}$$

单纯形法表格计算过程如表 1-2-19 所示。

表 1-2-19

c_B	x_B	b'	0	0	0	0	0	0	-1	θ_i
			x_1	x_2	x_3	x_4	x_5	x_6	x_7	
0	x_4	8	1	1	-2	1	0	0	0	8
0	x_5	2	4	-1	1	0	1	0	0	—
-1	x_7	4	2	[3]	-1	0	0	-1	1	4/3
$-z'$		4	2	3	-1	0	0	-1	0	
0	x_4	20/3	1/3	0	-5/3	1	0	1/3	-1/3	
0	x_5	10/3	14/3	0	2/3	0	1	-1/3	1/3	
0	x_2	4/3	2/3	1	-1/3	0	0	-1/3	1/3	
$-z'$		0	0	0	0	0	0	0	-1	

第二阶段

单纯形法表格计算过程如表 1-2-20 所示。

表 1-2-20

c_B	x_B	b'	2	-1	1	0	0	0	θ_i
			x_1	x_2	x_3	x_4	x_5	x_6	
0	x_4	20/3	1/3	0	-5/3	1	0	1/3	20
0	x_5	10/3	[14/3]	0	2/3	0	1	-1/3	10/14
-1	x_2	4/3	2/3	1	-1/3	0	0	-1/3	2
$-z$		4/3	8/3	0	2/3	0	0	-1/3	
0	x_4	45/7	0	0	-12/7	1	-1/14	5/14	—
2	x_1	5/7	1	0	1/7	0	3/14	-1/14	5
-1	x_2	6/7	0	1	-3/7	0	-1/7	-2/7	—
$-z$		-4/7	2	0	2/7	0	-4/7	-1/7	
0	x_4	105/7	12	0	0	1	5/2	-1/2	
1	x_3	5	7	0	1	0	3/2	-1/2	
-1	x_2	3	3	1	0	0	1/2	-1/2	
$-z$		-2	-2	0	0	0	-1	0	

$x^* = (0, 3, 5)^T$，$z^* = 2$。

(4) $\min f = x_1 + 3x_2 - x_3$

$$\text{s. t.} \begin{cases} x_1 + x_2 + x_3 \geqslant 3 \\ -x_1 + 2x_2 \geqslant 2 \\ -x_1 + 5x_2 + x_3 \leqslant 4 \\ x_1, x_2, x_3 \geqslant 0 \end{cases}$$

大 M 法：

$\max z = -x_1 - 3x_2 + x_3 - Mx_5 - Mx_7$

$$\text{s. t.} \begin{cases} x_1 + x_2 + x_3 - x_4 + x_5 = 3 \\ -x_1 + 2x_2 - x_6 + x_7 = 2 \\ -x_1 + 5x_2 + x_3 + x_8 = 4 \\ x_1, x_2, x_3, x_4, x_5, x_6, x_7, x_8 \geqslant 0 \end{cases}$$

单纯形法表格计算过程如表 1-2-21 所示。

表　1-2-21

c_B	x_B	b'	-1	-3	1	0	$-M$	0	$-M$	0	θ_i
			x_1	x_2	x_3	x_4	x_5	x_6	x_7	x_8	
$-M$	x_5	3	1	1	1	-1	1	0	0	0	3
$-M$	x_7	2	-1	2	0	0	0	-1	1	0	1
0	x_8	4	-1	[5]	1	0	0	0	0	1	4/5
$-z$		$5M$	-1	$3M-3$	$1+M$	$-M$	0	$-M$	0	0	
$-M$	x_5	11/5	[6/5]	0	4/5	-1	1	0	0	$-1/5$	11/6
$-M$	x_7	2/5	$-3/5$	0	$-2/5$	0	0	-1	1	$-2/5$	—
-3	x_2	4/5	$-1/5$	1	1/5	0	0	0	0	1/5	—
$-z$		$13M/5+12/5$	$3M/5+8/5$	0	$2M/5+8/5$	$-M$	0	$-M$	0	$3/5-3M/5$	
-1	x_1	11/6	1	0	[2/3]	$-5/6$	5/6	0	0	$-1/6$	11/4
$-M$	x_7	3/2	0	0	0	$-1/2$	1/2	-1	1	$-1/2$	—
-3	x_2	7/6	0	1	1/3	$-1/6$	1/6	0	0	1/6	7/2
$-z$		$3M/2+16/3$	0	0	8/3	$-4/3-M/2$	$4/3-M/2$	$-M$	0	$-2/3-M/2$	
$+1$	x_3	11/4	3/2	0	1	$-5/4$	5/4	0	0	$-1/4$	
$-M$	x_7	2/3	0	0	0	$-1/2$	1/2	-1	1	$-1/2$	
-3	x_2	4/5	$-1/2$	1	0	1/4	$-1/4$	0	0	1/4	
$-z$		$3M/2-2$	-4	0	0	0	$2-M/2$	$-M$	0	$1-M/2$	

原问题无最优解。

两阶段法：

第一阶段

$\max z' = -x_5 - x_7$

$$\text{s. t.} \begin{cases} x_1 + x_2 + x_3 - x_4 + x_5 = 3 \\ -x_1 + 2x_2 - x_6 + x_7 = 2 \\ -x_1 + 5x_2 + x_3 + x_8 = 4 \\ x_1,\ x_2,\ x_3,\ x_4,\ x_5,\ x_6,\ x_7,\ x_8 \geqslant 0 \end{cases}$$

单纯形法表格计算过程如表 1-2-22 所示。

表　1-2-22

c_B	x_B	b'	0	0	0	0	−1	0	−1	0	θ_i
			x_1	x_2	x_3	x_4	x_5	x_6	x_7	x_8	
−1	x_5	3	1	1	1	−1	1	0	0	0	3
−1	x_7	2	−1	2	0	0	0	−1	1	0	1
0	x_8	4	−1	[5]	1	0	0	0	0	1	4/5
$-z'$		5	0	3	1	−1	0	−1	0	0	
−1	x_5	11/5	[6/5]	0	4/5	−1	1	0	0	−1/5	11/6
−1	x_7	2/5	−3/5	0	−2/5	0	0	−1	1	−2/5	—
0	x_2	4/5	−1/5	1	1/5	0	0	0	0	1/5	—
$-z'$		13/5	3/5	0	2/5	−1	0	−1	0	−3/5	
0	x_1	11/6	1	0	2/3	−5/6	5/6	0	0	−1/6	
−1	x_7	3/2	0	0	0	−1/2	1/2	−1	1	−1/2	
0	x_2	7/6	0	1	1/3	−1/6	1/6	0	0	1/6	
$-z'$		3/2	0	0	0	−1/2	−1/2	−1	0	−1/2	

原问题无最优解。

7. 解：设星期一至星期五工作的有 x_1 人；星期二至星期六工作的有 x_2 人；
星期三至星期日工作的有 x_3 人；星期四至星期一工作的有 x_4 人；
星期五至星期二工作的有 x_5 人；星期六至星期三工作的有 x_6 人；
星期日至星期四工作的有 x_7 人。

$\min f = x_1 + x_2 + x_3 + x_4 + x_5 + x_6 + x_7$

$$\text{s.t.}\begin{cases}x_1+x_4+x_5+x_6+x_7\geqslant 15\\x_1+x_2+x_5+x_6+x_7\geqslant 24\\x_1+x_2+x_3+x_6+x_7\geqslant 25\\x_1+x_2+x_3+x_4+x_7\geqslant 19\\x_1+x_2+x_3+x_4+x_5\geqslant 31\\x_2+x_3+x_4+x_5+x_6\geqslant 28\\x_3+x_4+x_5+x_6+x_7\geqslant 28\\x_1,\ x_2,\ x_3,\ x_4,\ x_5,\ x_6,\ x_7\geqslant 0\end{cases}$$

解得 $\boldsymbol{x}^*=(8,\ 0,\ 12,\ 0,\ 11,\ 5,\ 0)^{\mathrm{T}}$，$f^*=36$。

8. 解：

	3.1m	2.5m	1.7m	剩	根数
方法1	2	1	0	0.3	x_1
方法2	2	0	1	1.1	x_2
方法3	0	3	0	1.5	x_3
方法4	1	2	0	0.9	x_4
方法5	0	2	2	0.6	x_5
方法6	0	1	3	1.4	x_6
方法7	1	1	2	0	x_7
方法8	0	0	5	0.5	x_8
方法9	1	0	3	0.8	x_9

$$\min f=0.3x_1+1.1x_2+1.5x_3+0.9x_4+0.6x_5+1.4x_6+0x_7+0.5x_8+0.8x_9$$

$$\text{s.t.}\begin{cases}2x_1+2x_2+x_4+x_7+x_9\geqslant 200\\x_1+3x_3+2x_4+2x_5+x_6+x_7\geqslant 100\\x_2+2x_5+3x_6+2x_7+5x_8+3x_9\geqslant 300\\x_1,\ x_2,\ x_3,\ x_4,\ x_5,\ x_6,\ x_7,\ x_8,\ x_9\geqslant 0\end{cases}$$

解得 $\boldsymbol{x}^*=(0,\ 0,\ 0,\ 0,\ 0,\ 0,\ 200,\ 0,\ 0)^{\mathrm{T}}$，$f^*=0$。

另外一个线性规划模型为

$$\min f=x_1+x_2+x_3+x_4+x_5+x_6+x_7+x_8+x_9$$

$$\text{s.t.}\begin{cases}2x_1+2x_2+x_4+x_7+x_9\geqslant 200\\x_1+3x_3+2x_4+2x_5+x_6+x_7\geqslant 100\\x_2+2x_5+3x_6+2x_7+5x_8+3x_9\geqslant 300\\x_1,\ x_2,\ x_3,\ x_4,\ x_5,\ x_6,\ x_7,\ x_8,\ x_9\geqslant 0\end{cases}$$

解得 $\boldsymbol{x}^*=(100,\ 0,\ 0,\ 0,\ 0,\ 0,\ 0,\ 60,\ 0)^{\mathrm{T}}$，$f^*=160$。

9. 解：设 x_{1i} 表示第 i 个零件在 A 上的加工数；

设 x_{2i} 表示第 i 个零件在 B 上的加工数，$i=1,\ 2,\ 3,\ 4$。

$f_1=3\times(50+80+90+40)$元$+100$元$=880$元(只在 A 上加工)

$f_2=3\times(30+100+50+70)$元$+150$元$=900$元(只在$B$上加工)

$\min f_3=50x_{11}+30x_{21}+80x_{12}+100x_{22}+90x_{13}+50x_{23}+40x_{14}+70x_{24}+100+150$

$$\text{s. t.}\begin{cases}x_{11}+x_{21}=3\\x_{12}+x_{22}=3\\x_{13}+x_{23}=3\\x_{14}+x_{24}=3\\x_{1i},\ x_{2i}\geqslant 0\quad(i=1,\ 2,\ 3,\ 4)\end{cases}\qquad\text{(同时在}A\text{、}B\text{上加工)}$$

解得$\boldsymbol{x}^*=\begin{pmatrix}x_{11}&x_{12}&x_{13}&x_{14}\\x_{21}&x_{22}&x_{23}&x_{24}\end{pmatrix}=\begin{pmatrix}0&3&0&3\\3&0&3&0\end{pmatrix}$，$f^*=850$元。

另外一种整数规划模型为

设：$y_1=\begin{cases}0,\ A\text{不起动}\\1,\ A\text{起动}\end{cases}\qquad y_2=\begin{cases}0,\ B\text{不起动}\\1,\ B\text{起动}\end{cases}$

$\min f=50x_{11}+30x_{21}+80x_{12}+100x_{22}+90x_{13}+50x_{23}+40x_{14}+70x_{24}+100y_1+150y_2$

$$\text{s. t.}\begin{cases}x_{11}+x_{21}=3\\x_{12}+x_{22}=3\\x_{13}+x_{23}=3\\x_{14}+x_{24}=3\\x_{11}+x_{12}+x_{13}+x_{14}\leqslant My_1\\x_{21}+x_{22}+x_{23}+x_{24}\leqslant My_2\\x_{ij}\geqslant 0(i=1,\ 2;\ j=1,\ 2,\ 3,\ 4,\ M\text{为一个大正数}),\ y_1,\ y_2\text{为0—1变量}\end{cases}$$

10. 设x_{ij}为第i年生产，第j年交货；x'_{ij}表示第i年加班生产，第j年交货，则

$\min f=500x_{11}+560x'_{11}+530x_{12}+590x'_{12}+560x_{13}+620x'_{13}+2\times 30+600x_{22}+660'x_{22}+630x_{23}+690x'_{23}+500x_{33}+560x'_{33}$

$$\text{s. t.}\begin{cases}x_{11}+x'_{11}=2\\x_{12}+x'_{12}+x_{22}+x'_{22}=4\\x_{13}+x'_{13}+x_{22}+x'_{23}+x_{33}+x'_{33}=5\\x_{11}+x_{12}+x_{13}\leqslant 3\\x'_{11}+x'_{12}+x'_{13}\leqslant 3\\x_{22}+x_{23}\leqslant 5\\x'_{22}+x'_{23}\leqslant 2\\x_{33}\leqslant 2\\x'_{33}\leqslant 3\\x_{ij},\ x'_{ij}\geqslant 0\ (i=1,\ 2,\ 3;\ j=1,\ 2,\ 3)\end{cases}$$

第三章

线性规划问题的对偶与灵敏度分析

第一节　学习要点及思考题

一、学习要点

1. 线性规划的对偶问题

（1）对偶规划的形式

1）对称形式的对偶问题。一般称具有下列形式的一对规划是对称形式的对偶规划：

$$\max z=\boldsymbol{c}^{\mathrm{T}}\boldsymbol{x} \qquad\qquad \min f=\boldsymbol{b}^{\mathrm{T}}\boldsymbol{y}$$

$$(P)\ \text{s. t.}\begin{cases}\boldsymbol{Ax}\leqslant\boldsymbol{b}\\ \boldsymbol{x}\geqslant\boldsymbol{0}\end{cases}\qquad (D)\ \text{s. t.}\begin{cases}\boldsymbol{A}^{\mathrm{T}}\boldsymbol{y}\geqslant\boldsymbol{c}\\ \boldsymbol{y}\geqslant\boldsymbol{0}_1\end{cases}$$

其中，$\boldsymbol{A}^{\mathrm{T}}$、$\boldsymbol{b}^{\mathrm{T}}$、$\boldsymbol{c}^{\mathrm{T}}$ 分别为 $\boldsymbol{A}$、$\boldsymbol{b}$、$\boldsymbol{c}$ 的转置；$\boldsymbol{0}$ 和 $\boldsymbol{0}_1$ 分别为 n 维和 m 维的零向量。

经对比可以看出，一对对称形式的对偶规划之间具有下面的对应关系：

- 若一个模型为目标求“极大”，约束为“小于等于”的不等式，则它的对偶模型为目标求“极小”，约束是“大于等于”的不等式。即“max，≤”和“min，≥”相对应。
- 从约束系数矩阵看，一个模型中为 $\boldsymbol{A}$，则另一个模型中为 $\boldsymbol{A}^{\mathrm{T}}$。一个模型是 m 个约束，n 个变量，则它的对偶模型为 n 个约束，m 个变量。
- 从数据 $\boldsymbol{b}$、$\boldsymbol{c}$ 的位置看，在两个规划模型中，$\boldsymbol{b}$ 和 $\boldsymbol{c}$ 的位置对换。
- 两个规划模型中的变量皆非负。

为了便于记忆，将这些对应关系表示在表 1-3-1 中。

表　1-3-1

$\min f$	$\max z$			$x_j\geqslant 0$	
	x_1	x_2	x_3		
y_1	a_{11}	a_{12}	a_{13}	$\leqslant$	b_1
y_2	a_{21}	a_{22}	a_{23}	$\leqslant$	b_2
y_3	a_{31}	a_{32}	a_{33}	$\leqslant$	b_3
y_4	a_{41}	a_{42}	a_{43}	$\leqslant$	b_4
$y_i\geqslant 0$	$\geqslant$	$\geqslant$	$\geqslant$	—	
	c_1	c_2	c_3		

2）非对称形式的对偶规划。一般称不具有对称形式的一对线性规划为非对称形式的对偶规划。

对于非对称形式的规划，可以按照下面的对应关系直接给出其对偶规划：将模型统一为“max，≤”或“min，≥”的形式，允许其中含有等式约束或决策变量无非负约束，对其依下述方法处理。

- 若原规划的某个约束条件为等式约束，则在对偶规划中与此约束对应的那个变量取值没有非负限制。
- 若原规划的某个变量的值没有非负限制，则在对偶问题中与此变量对应的那个约束为等式。

（2）对偶性定理。设有一对互为对偶的线性规划，原规划（P）的目标为 $\max \boldsymbol{c}^{\mathrm{T}}\boldsymbol{x}$，其对偶规划（$D$）的目标为 $\min \boldsymbol{b}^{\mathrm{T}}\boldsymbol{y}$。

定理 3-1 若 $\bar{\boldsymbol{x}}$ 和 $\bar{\boldsymbol{y}}$ 分别为原规划（P）和对偶规划（D）的可行解，则 $\boldsymbol{c}^{\mathrm{T}}\bar{\boldsymbol{x}} \leqslant \boldsymbol{b}^{\mathrm{T}}\bar{\boldsymbol{y}}$。

推论 3-1 设 $\boldsymbol{x}^0$ 和 $\boldsymbol{y}^0$ 分别为原规划（P）和对偶规划（D）的可行解，当 $\boldsymbol{c}^{\mathrm{T}}\boldsymbol{x}^0 = \boldsymbol{b}^{\mathrm{T}}\boldsymbol{y}^0$ 时，则 $\boldsymbol{x}^0$ 和 $\boldsymbol{y}^0$ 分别为原规划（P）和对偶规划（D）的最优解。

推论 3-2 若原规划（P）有可行解，则（P）有最优解的充分必要条件是对偶规划（D）有可行解。

推论 3-3 若对偶规划（D）有可行解，则（D）有最优解的充分必要条件是原规划（P）有可行解。

定理 3-2 若原规划（P）有最优解，则对偶规划（D）也有最优解，反之亦然，并且两者的目标函数值相等。

- 对偶规划（D）的最优解 $\hat{\boldsymbol{y}}^{\mathrm{T}} = \boldsymbol{c}_B^{\mathrm{T}}\boldsymbol{B}^{-1}$ 可以在原规划（P）的最优解的检验数 $\boldsymbol{\sigma}^{\mathrm{T}} = \hat{\boldsymbol{c}}^{\mathrm{T}} - \boldsymbol{c}_B^{\mathrm{T}}\boldsymbol{B}^{-1}\hat{\boldsymbol{A}}$ 中得到。

（3）影子价格。影子价格为对偶规划（D）的最优解。

影子价格的经济含义：影子价格是对现有资源实现最大效益时的一种估价；影子价格表明资源增加对总效益产生的影响。

影子价格不是固定不变的，当约束条件、产品利润等发生变化时，有可能使影子价格发生变化。这可以通过灵敏度分析进行讨论。

2. 对偶单纯形法

（1）对偶单纯形法的基本思想是：从原规划的一个对偶可行解出发，然后检验原规划的基本解是否可行，即是否有负的分量，如果有小于零的分量，则进行迭代，求另一个基本解，此基本解对应着另一个对偶可行解（检验数非正）；如果得到的基本解的分量皆非负，则该基本解为最优解。也就是说，对偶单纯形法在迭代过程中始终保持对偶解的可行性（即检验数非正），使原规划的基本解由不可行逐步变为可行，当同时得到对偶规划与原规划的可行解时，便得到原规划的最优解。

（2）对偶单纯形法主要步骤

1）根据线性规划典式形式，建立初始对偶单纯形表。此表对应原规划的一个基本解，要求检验数行各元素一定非正，原规划的基本解允许有小于零的分量。

2）若基本解的所有分量皆非负，则得到原规划的最优解，停止计算；若基本解中有小于零的分量，如 $b_i<0$，并且 b_i 所在行各系数 $a_{ij}\geqslant 0$，则原规划没有可行解，停止计算；若 $b_l<0$，并且存在 $a_{lj}<0$，则确定 x_l 为出基变量，并计算：

$$\theta = \min\left\{\frac{\sigma_j}{a_{lj}}\middle| a_{lj} < 0\right\} = \frac{\sigma_k}{a_{lk}}$$

确定 x_k 为进基变量。若有多个 $b_i<0$，则选择最小的数进行分析计算。

3）以 a_{lk} 为中心元素，按照与单纯形法类似的方法在表中进行迭代计算，返回第2）步。

（3）单纯形法和对偶单纯形法的求解步骤比较如图 1-3-1 所示。

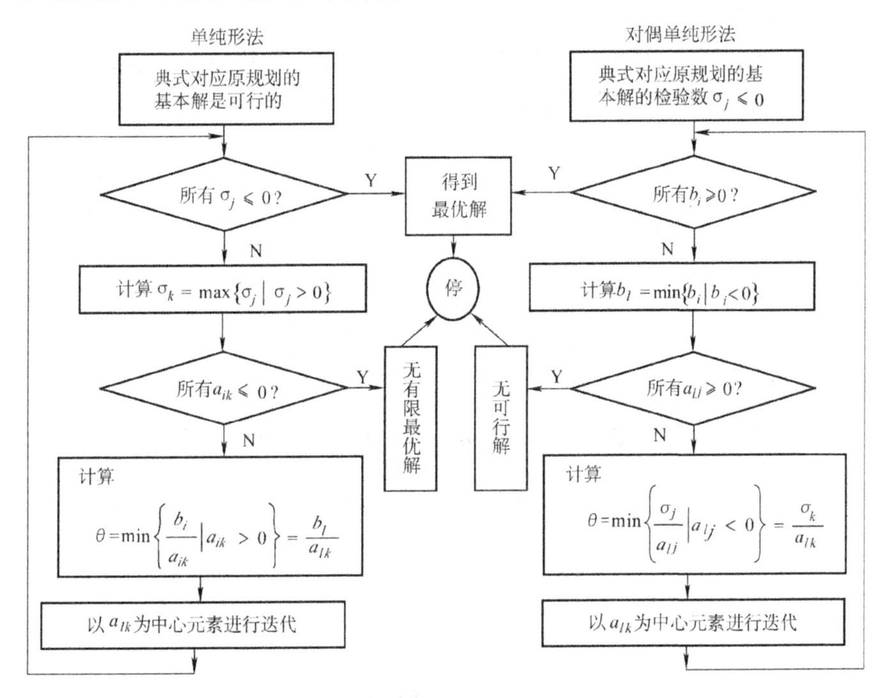

图 1-3-1

3. 灵敏度分析

在实践中，由于种种原因，线性规划模型中的各个系数 a_{ij}、b_i、c_j 有时很难确定，一般都是估计量，所以在对问题求解之后，需要对这些估计量进行一些分析，以决定是否需要调整。因此在解决实际问题时，只求出最优解是不够的，一般还需要研究最优解对数据变化的反应程度，以使决策者全面地考虑问题，以适应各种偶然的变化。这就是灵敏度分析（Sensitivity Analysis）所要研究内容的一部分。灵敏度分析的另一类问题是研究在原规划中增加一个变量或者一个约束条件对最优解的影响。

（1）目标函数系数的变化。假设只有一个系数 c_j 变化，其他系数均保持不变。

注意 c_j 的变化只影响检验数，而不影响解的非负性。下面分别就 c_j 是非基变量的系数和基变量系数两种情况进行讨论。

1）c_k 是非基变量的系数。根据检验数的向量表示：

$$\sigma_j = c_j - \boldsymbol{c}_{\mathrm{B}}^{\mathrm{T}}\boldsymbol{B}^{-1}\boldsymbol{p}_j \quad (j=1,\ 2,\ \cdots,\ n)$$

非基变量的系数 c_k 的变化只影响与 c_k 有关的一个检验数 σ_k 的变化，对其他 σ_j 没有影响，故只需考虑 σ_k。

设 c_k 变为 $\bar{c}_k$，即 $c_k \to \bar{c}_k = c_k + \Delta c_k$，$\Delta c_k$ 为改变量。可以得到，为了保持最优解不变，σ_k 必须满足：

$$\bar{\sigma}_k = \sigma_k + \Delta c_k \leqslant 0$$

即

$$\Delta c_k \leqslant -\sigma_k,\ \bar{c}_k = c_k + \Delta c_k \leqslant c_k - \sigma_k$$

$c_k - \sigma_k$ 为 c_k 变化的上限。

当 c_k 变化超过此上限时，最优解将发生变化，应求出新检验数 $\bar{\sigma}_k$ 的值，取 x_k 为进基变量，继续迭代求新的最优解。

2）c_l 是基变量的系数。根据检验数的构成形式，当 c_l 为基变量系数时，它的变化将使 $n-m$ 个非基变量的检验数都发生变化。

设 $c_l \to c_l + \Delta c_l$，Δc_l 为改变量，引入 m 维向量 $\Delta \boldsymbol{c} = (0,\ \cdots,\ 0,\ \Delta c_l,\ 0,\ \cdots,\ 0)^{\mathrm{T}}$。此时有

$$\begin{aligned}\sigma_j \to \bar{\sigma}_j &= c_j - (\boldsymbol{c}_B^{\mathrm{T}} + (\Delta \boldsymbol{c})^{\mathrm{T}})\boldsymbol{B}^{-1}\boldsymbol{p}_j \quad (j \neq l) \\ &= \sigma_j - (0,\ \cdots,\ 0,\ \Delta c_l,\ 0,\ \cdots,\ 0)\begin{pmatrix} a'_{1j} \\ \vdots \\ a'_{mj} \end{pmatrix} = \sigma_j - \Delta c_l a'_{lj}\end{aligned}$$

其中 a'_{lj} 为构成 $\boldsymbol{B}^{-1}\boldsymbol{p}_j$ 的第 l 个分量。

为使最优解保持不变，要保证 $n-m$ 个 $\bar{\sigma}_j \leqslant 0$，即要使下面不等式同时成立：

$$\Delta c_l \leqslant \frac{\sigma_j}{a'_{lj}} \quad (a'_{lj} < 0)$$

$$\Delta c_l \geqslant \frac{\sigma_j}{a'_{lj}} \quad (a'_{lj} > 0)$$

即

$$\max\left\{\frac{\sigma_j}{a'_{lj}} \middle| a'_{lj} > 0\right\} \leqslant \Delta c_l \leqslant \min\left\{\frac{\sigma_j}{a'_{lj}} \middle| a'_{lj} < 0\right\}$$

此为保持最优解不变的 Δc_l 的变化范围。当 Δc_l 超过此范围时，应求出 $n-m$ 个新检验数 $\bar{\sigma}_j$，选择其中大于零的检验数对应的变量为进基变量，继续迭代求新的最优解。

（2）右端常数的变化。假设线性规划只有一个常数 b_r 变化，其他数据不变。

b_r 的变化将会影响解的可行性，但不会引起检验数的符号变化。根据基本可行解的矩阵表示可知，$\boldsymbol{x}_B = \boldsymbol{B}^{-1}\boldsymbol{b}$，所以，只要 b_r 变化，必定会引起最优解的数值发生变化。但是最优解的变化分为两类：一类是保持 $\boldsymbol{B}^{-1}\boldsymbol{b} \geqslant \boldsymbol{0}$，最优基 $\boldsymbol{B}$ 不变；一类是 $\boldsymbol{B}^{-1}\boldsymbol{b}$ 中出现负分量，这将使最优基 $\boldsymbol{B}$ 发生变化。若最优基不变，则只需将变化后的 b_r 代入 $\boldsymbol{x}_B$ 的表达式重新计算即可；若 $\boldsymbol{B}^{-1}\boldsymbol{b}$ 中出现负分量，则需要通过迭代求解新的最优基和最优解。

设 $b_r \to \bar{b}_r = b_r + \Delta b_r$，$\Delta b_r$ 为改变量，此时有

$$\boldsymbol{x}_B \to \bar{\boldsymbol{x}}_B = \boldsymbol{B}^{-1}\begin{pmatrix} b_1 \\ \vdots \\ b_r + \Delta b_r \\ \vdots \\ b_m \end{pmatrix} = \boldsymbol{B}^{-1}\boldsymbol{b} + \boldsymbol{B}^{-1}\begin{pmatrix} 0 \\ \vdots \\ \Delta b_r \\ \vdots \\ 0 \end{pmatrix}$$

$$= \boldsymbol{x}_B + \Delta b_r \begin{pmatrix} \beta_{1r} \\ \vdots \\ \beta_{mr} \end{pmatrix} = \begin{pmatrix} b'_1 \\ \vdots \\ b'_m \end{pmatrix} + \Delta b_r \begin{pmatrix} \beta_{1r} \\ \vdots \\ \beta_{mr} \end{pmatrix}$$

其中，$\boldsymbol{x}_B$ 为原最优解，b'_i为 $\boldsymbol{x}_B$ 的第 i 个分量，β_{ir}为 $\boldsymbol{B}^{-1}$的第 i 行第 r 列元素。

为了保持最优基不变，应使 $\overline{\boldsymbol{x}}_B \geqslant 0$，即

$$\begin{pmatrix} b'_1 \\ \vdots \\ b'_m \end{pmatrix} + \Delta b_r \begin{pmatrix} \beta_{1r} \\ \vdots \\ \beta_{mr} \end{pmatrix} \geqslant \begin{pmatrix} 0 \\ \vdots \\ 0 \end{pmatrix}$$

据此可导出 m 个不等式：

$$b'_i + \Delta b_r \beta_{ir} \geqslant 0 \quad (i = 1, 2, \cdots, m)$$

因此，Δb_r 应满足：

$$\max\left\{\frac{-b'_i}{\beta_{ir}} \middle| \beta_{ir} > 0\right\} \leqslant \Delta b_r \leqslant \min\left\{\frac{-b'_i}{\beta_{ir}} \middle| \beta_{ir} < 0\right\}$$

当 Δb_r 超过此范围时，将使最优解中某个分量小于零，使最优基发生变化。此时可用对偶单纯形法继续迭代求新的最优解。

(3) 约束条件中的系数变化。假设只有一个 a_{ij}变化，其他数据不变，并且只讨论 a_{ij}为非基变量 x_j 的系数的情况。因此，a_{ij}的变化只影响一个检验数 σ_j。

设 $a_{ij} \to a_{ij} + \Delta a_{ij}$，$\Delta a_{ij}$为改变量，则检验数的另一种表示形式为

$$\sigma_j \to \overline{\sigma}_j = c_j - \boldsymbol{y}^{\mathrm{T}} \begin{pmatrix} a_{1j} \\ \vdots \\ a_{ij} + \Delta a_{ij} \\ \vdots \\ a_{mj} \end{pmatrix} = c_j - \boldsymbol{y}^{\mathrm{T}} \boldsymbol{p}_j - \boldsymbol{y}^{\mathrm{T}} \begin{pmatrix} 0 \\ \vdots \\ \Delta a_{ij} \\ \vdots \\ 0 \end{pmatrix} = \sigma_j - y_i^* \Delta a_{ij}$$

其中，$\boldsymbol{y}$ 为对偶最优解，y_i^* 为 $\boldsymbol{y}$ 的第 i 个分量。

为使最优解不变，要使 $\sigma_j \leqslant 0$，即

$$\sigma_j \leqslant y_j^* \Delta a_{ij}$$

$$\Delta a_{ij} \geqslant \frac{\sigma_j}{y_i^*} \quad (y_i^* > 0)$$

$$\Delta a_{ij} \leqslant \frac{\sigma_j}{y_i^*} \quad (y_i^* < 0)$$

(4) 增加新变量的分析。设新增变量为 x_{n+1}，其目标费用系数为 c_{n+1}，相应的系数列向量为 $\boldsymbol{p}_{n+1}$。计算时，可先利用公式 $\sigma_{n+1} = c_{n+1} - \boldsymbol{y}^{\mathrm{T}} \boldsymbol{p}_{n+1}$计算检验数 σ_{n+1}。

当 $\sigma_{n+1} \leqslant 0$ 时，不影响原最优解；

当 $\sigma_{n+1} > 0$ 时，在最优单纯形表中加入一列，其约束系数列可以进行如下计算：

$$\boldsymbol{p}'_{n+1} = \boldsymbol{B}^{-1} \boldsymbol{p}_{n+1}$$

考虑 x_{n+1}作为进基变量，进行单纯形法迭代求解。

(5) 增加一个约束条件。当新增加一个约束条件时，首先把已得到的最优解代入这个新增加的约束条件。若最优解满足这个新增加的约束条件，则不需要进行另外的求解工作；若

最优解不满足这个新增加的约束条件，则需要引入松弛变量或人工变量，列入最优单纯形表，并通过矩阵初等行变换，得到新约束行右端项为负值的对偶单纯形表，继续进行对偶单纯形法计算。

4. 线性规划应用

在前文，不论是通过单纯形法表格计算结果分析还是计算机求解得到的灵敏度分析信息，均限制在单个参数变化的情况下对计算结果产生的影响。但是在实践中，常常是多个参数同时发生变化。这时计算出来的灵敏度分析信息还可以用吗？怎样去用呢？

定理3-3 （百分之一百法则）对于所有变化的目标函数中的决策变量系数，当其所有允许增加的百分比与允许减少的百分比之和不超过100%时，最优解不变；对于所有约束条件右边常数值，当其所有允许增加的百分比与允许减少的百分比之和不超过100%时，对偶价格不变。

在这个定理中，

$$\text{允许增加的百分比}=\frac{\text{增加量}}{\text{允许增加量}}$$

$$\text{允许减少的百分比}=\frac{\text{减少量}}{\text{允许减少量}}$$

在使用百分之一百法则进行灵敏度分析时，要注意以下问题：

（1）当允许增加量（允许减少量）为无穷大时，则对任意增加量（减少量），其允许增加（减少）百分比均看作0。

（2）百分之一百法则是充分条件，但非必要条件。

（3）百分之一百法则不能用于目标函数决策变量系数和约束条件右边常数值同时发生变化的情况。在这种情况下，只能重新求解。

二、思考题

（1）对偶问题和对偶变量的经济意义是什么？

（2）简述对偶单纯形法的计算步骤。它与单纯形法的异同之处是什么？

（3）什么是资源的影子价格？它与相应的市场价格之间有什么区别？

（4）如何根据原问题和对偶问题之间的对应关系，找出两个问题变量之间、解及检验数之间的关系？

（5）利用对偶单纯形法计算时，如何判断原问题有最优解或无可行解？

（6）在线性规划的最优单纯形表中，松弛变量（或剩余变量）$x_{n+k}>0$，其经济意义是什么？

（7）在线性规划的最优单纯形表中，松弛变量x_{n+k}的检验数$\sigma_{n+k}>0$（标准形为求最小值）的经济意义是什么？

（8）将a_{ij}、c_j、b_i的变化直接反映到最优单纯形表中，表中原问题和对偶问题的解将会出现什么变化？有多少种不同情况？如何去处理？

三、本章学习思路建议

本章中，对偶问题的重点在于理解对偶在理论与实践中的意义和作用，对一个系统从不同角度去认识，能够对系统有更全面、更深入的了解。此外，通过对偶问题的引入，可以进一步完善线性规划问题的求解。

对对偶单纯形法的认识，必须站在最优性的本质特征上。线性规划的最优单纯形表具有三个条件：① 表格约束部分存在各个单位向量（意味着表格对应一个基本解）；② 表格第三列（基变量取值）非负（意味着基本解可行）；③ 检验数行所有取值非正（意味着基本解对偶可行）。面对这三个条件有两种实现方法：

单纯形法是在保持①②的条件下，寻求满足条件③的解，即为最优解；

对偶单纯形法是在保持①③的条件下，寻求满足条件②的解，即为最优解。

如此，便于认识两种方法的特点和区别。

在灵敏度分析中，注重最优单纯形表中各个量的意义，以及它们之间的联系，从代数运算的过程和意义去理解，就比较容易学好这一部分内容。

线性规划应用一节的目的是希望读者真正理解线性规划，并在实际应用中开拓思路，深入体会运筹学在实践中的重要意义。

第二节 课后习题参考解答

习 题

1. 写出下列问题的对偶规划：

(1) $\max z = -3x_1 + 5x_2$

$$\text{s. t.}\begin{cases} -x_1 + 2x_2 \leqslant 5 \\ x_1 + 3x_2 \leqslant 2 \\ x_1, x_2 \geqslant 0 \end{cases}$$

(2) $\max z = x_1 + 2x_2 + x_3$

$$\text{s. t.}\begin{cases} 2x_1 + x_2 = 8 \\ -x_1 + 2x_2 + 3x_3 = 6 \\ x_1, x_2, x_3 \text{ 均无符号限制} \end{cases}$$

(3) $\max z = x_1 + 2x_2 - 3x_3 + 4x_4$

$$\text{s. t.}\begin{cases} -x_1 + x_2 - x_3 - 3x_4 = 5 \\ 6x_1 + 7x_2 - x_3 + 5x_4 \geqslant 8 \\ 12x_1 - 9x_2 + 7x_3 + 6x_4 \leqslant 10 \\ x_1, x_3 \geqslant 0, x_2, x_4 \text{ 无符号限制} \end{cases}$$

(4) $\min f = -3x_1 + 2x_2 + 5x_3 - 7x_4 - 8x_5$

$$\text{s. t.}\begin{cases} x_2 - x_3 + 3x_4 - 4x_5 = -6 \\ 2x_1 + 3x_2 - 3x_3 - x_4 \geqslant 2 \\ -x_1 + 2x_3 - 2x_4 \leqslant -5 \\ -2 \leqslant x_1 \leqslant 10 \\ 5 \leqslant x_2 \leqslant 25 \end{cases}$$

(5) $\min f = \sum_{i=1}^{5}\sum_{j=1}^{6} c_{ij}x_{ij}$

$$\text{s. t.}\begin{cases} \sum_{j=1}^{6} x_{ij} = a_i \quad (i = 1, 2, \cdots, 5) \\ \sum_{i=1}^{5} x_{ij} = b_j \quad (j = 1, 2, \cdots, 6) \\ x_{ij} \geqslant 0 \quad \begin{pmatrix} i = 1, 2, \cdots, 5 \\ j = 1, 2, \cdots, 6 \end{pmatrix} \end{cases}$$

(6) $\max z = \sum_{j=1}^{6} c_j x_j$

$$\text{s.t.} \begin{cases} \sum_{j=1}^{6} a_{ij} x_j \leqslant b_i \quad (i = 1, 2, \cdots, 5) \\ \sum_{j=1}^{6} a_{ij} x_j = b_i \quad (i = 6, 7, \cdots, 10) \\ x_j \geqslant 0 \quad (j = 1, 2, \cdots, 6) \end{cases}$$

2. 试用对偶理论讨论下列原问题与它们的对偶问题是否有最优解：

(1) $\max z = 2x_1 + 2x_2$

$$\text{s.t.} \begin{cases} -x_1 + x_2 + x_3 \leqslant 2 \\ -2x_1 + x_2 - x_3 \leqslant 1 \\ x_1, x_2, x_3 \geqslant 0 \end{cases}$$

(2) $\min f = -x_1 + 2x_2 + x_3$

$$\text{s.t.} \begin{cases} 2x_1 - x_2 + x_3 \geqslant -4 \\ x_1 + 2x_2 = 6 \\ x_1, x_2, x_3 \geqslant 0 \end{cases}$$

3. 考虑如下线性规划：

$\min f = x_1 + x_2 + x_3 + x_4$

$$\text{s.t.} \begin{cases} x_1 + x_4 \geqslant 5 \\ x_1 + x_2 \geqslant 6 \\ x_2 + x_3 \geqslant 8 \\ x_3 + x_4 \geqslant 7 \\ x_1, x_2, x_3, x_4 \geqslant 0 \end{cases}$$

(1) 写出对偶规划。

(2) 用单纯形法解对偶规划，并在最优单纯形表中给出原规划的最优解。

(3) 说明这样做比直接求解原规划的好处。

4. 通过求解对偶问题，求下面不等式组的一个解：

$$\begin{cases} 2x_1 + 3x_2 \leqslant 12 \\ -3x_1 + 2x_2 \leqslant -4 \\ 3x_1 - 5x_2 \leqslant 2 \\ x_1, x_2 \geqslant 0 \end{cases}$$

5. 应用对偶性质，直接给出下面问题的最优目标值：

$\min f = 10x_1 + 4x_2 + 5x_3$

$$\text{s.t.} \begin{cases} 5x_1 - 7x_2 + 3x_3 \geqslant 50 \\ x_1, x_2, x_3 \geqslant 0 \end{cases}$$

6. 有两个线性规划：

（1）$\max z = \boldsymbol{c}^{\mathrm{T}}\boldsymbol{x}$

$$\text{s. t.} \begin{cases} \boldsymbol{Ax} = \boldsymbol{b} \\ \boldsymbol{x} \geqslant \boldsymbol{0} \end{cases}$$

（2）$\max z = \boldsymbol{c}^{\mathrm{T}}\boldsymbol{x}$

$$\text{s. t.} \begin{cases} \boldsymbol{Ax} = \boldsymbol{b}^{*} \\ \boldsymbol{x} \geqslant \boldsymbol{0} \end{cases}$$

已知线性规划（1）有最优解，求证：如果规划（2）有可行解，则必有最优解。

7. 用对偶单纯形法求解下列问题：

（1）$\min f = 5x_1 + 2x_2 + 4x_3$

$$\text{s. t.} \begin{cases} 3x_1 + x_2 + 2x_3 \geqslant 4 \\ 6x_1 + 3x_2 + 5x_3 \geqslant 10 \\ x_1,\ x_2,\ x_3 \geqslant 0 \end{cases}$$

（2）$\max z = -x_1 - 2x_2 - 3x_3$

$$\text{s. t.} \begin{cases} 2x_1 - x_2 + x_3 \geqslant 4 \\ x_1 + x_2 + 2x_3 \leqslant 8 \\ x_2 - x_3 \leqslant 2 \\ x_1,\ x_2,\ x_3 \geqslant 0 \end{cases}$$

8. 考虑下列线性规划：

$\max z = 2x_1 + 3x_2$

$$\text{s. t.} \begin{cases} 2x_1 + 2x_2 + x_3 = 12 \\ x_1 + 2x_2 + x_4 = 8 \\ 4x_1 + x_5 = 16 \\ 4x_2 + x_6 = 12 \\ x_j \geqslant 0\ (j = 1,\ 2,\ \cdots,\ 6) \end{cases}$$

其最优单纯形表如表 1-3-2 所示。

表 1-3-2

基变量		x_1	x_2	x_3	x_4	x_5	x_6
x_3	0	0	0	1	-1	-1/4	0
x_1	4	1	0	0	0	1/4	0
x_6	4	0	0	0	-2	1/2	1
x_2	2	0	1	0	1/2	-1/8	0
σ_j	-14	0	0	0	-3/2	-1/8	0

试分析如下问题：

（1）分别对 c_1、c_2 进行灵敏度分析。

(2) 对 b_3 进行灵敏度分析。

(3) 当 $c_2=5$ 时，求新的最优解。

(4) 当 $b_3=4$ 时，求新的最优解。

(5) 增加一个约束 $2x_1+2.4x_2\leqslant 12$，问对最优解有何影响?

9. 已知某工厂计划生产 A_1、A_2、A_3 三种产品，各产品需要在甲、乙、丙设备上加工。有关数据如表1-3-3所示。

表 1-3-3

设备	产品			工时限制/月
	A_1	A_2	A_3	
甲	8	16	10	304
乙	10	5	8	400
丙	2	13	10	420
单位产品利润/千元	3	2	2.9	

试问：(1) 如何充分发挥设备能力，使工厂获利最大?

(2) 若为了增加产量，可借用别的工厂的设备甲，每月可借用60台时，租金1.8万元，问是否合算?

(3) 若另有两种新产品 A_4、A_5，其中每件 A_4 需用设备甲12台时、设备乙5台时、设备丙10台时，每件获利2.1千元；每件 A_5 需用设备甲4台时、设备乙4台时、设备丙12台时，每件获利1.87千元。如果 A_1、A_2、A_3 设备台时不增加，分别回答这两种新产品投产是否合算?

(4) 增加设备乙的台时是否可使企业总利润进一步增加?

10. 考虑如下线性规划：

$$\max z=-5x_1+5x_2+13x_3$$

$$\text{s.t.}\begin{cases}-x_1+x_2+3x_3\leqslant 20\\12x_1+4x_2+10x_3\leqslant 90\\x_1,x_2,x_3\geqslant 0\end{cases}$$

其最优单纯形表如表1-3-4所示。

表 1-3-4

基变量		x_1	x_2	x_3	x_4	x_5
x_2	20	-1	1	3	1	0
x_5	10	16	0	-2	-4	1
σ_j	-100	0	0	-2	-5	0

回答如下问题：

(1) b_1 由 $20\rightarrow 45$，求新的最优解。

(2) b_2 由 $90\rightarrow 95$，求新的最优解。

(3) c_3 由 13→8，是否影响最优解？若有影响，求新的最优解。

(4) c_2 由 5→6，回答与 (3) 相同的问题。

(5) 增加变量 x_6、$c_6=10$、$a_{16}=3$、$a_{26}=5$，对最优解是否有影响？

(6) 增加一个约束条件 $2x_1+3x_2+5x_3\leqslant 50$，求新的最优解。

11. 某企业生产甲、乙、丙三种产品，各产品需要原料 A、B、C、D 的数量，以及甲、乙、丙产品的利润如表 1-3-5 所示。

表 1-3-5

产品	原料				利润/(万元/件)
	A/(kg/件)	B/(kg/件)	C/(kg/件)	D/(kg/件)	
甲	15	14	9	10	1.5
乙	12	16	13	7	2.0
丙	18	6	8	11	1.8
设备限制/h	6600	5800	5400	6000	

寻求使得总利润最大的生产方案，并考虑以下问题：

(1) 写出此问题的线性规划模型，并根据表 1-3-5 写出最优解和最优值。

(2) 如果在限额外购买原料 A、B、C、D 每千克所需的费用相同，你将优先考虑购买哪一种原料？为什么？在其他条件不变的情况下，此原料最多购买多少千克，可用表 1-3-5 计算，这时总利润为多少？

(3) 当产品甲的利润由 1.5 万元/件变为 1.8 万元/件的同时，产品乙的利润由 2.0 万元/件变为 1.7 万元/件，这时原来的最优方案变不变？为什么？

(4) 解释原料 C 的影子价格（对偶价格）为零的含义及原因。

(5) 当其他原料限制不变时，原料 D 最多可出让多少千克不会影响本企业的利润？

(6) 原料 A、B 分别购进 300kg、100kg 后，总利润是否可以利用表 1-3-5 直接计算出来？如果可以，总利润是多少？

习题解答

1. 写出下列问题的对偶规划：

(1)
$$\max z=-3x_1+5x_2 \qquad\qquad \min f=5y_1+2y_2$$
$$\text{s.t.}\begin{cases}-x_1+2x_2\leqslant 5\\ x_1+3x_2\leqslant 2\\ x_1,\ x_2\geqslant 0\end{cases} \Rightarrow \quad \text{s.t.}\begin{cases}-y_1+y_2\geqslant -3\\ 2y_1+3y_2\geqslant 5\\ y_1,\ y_2\geqslant 0\end{cases}$$

(2)
$$\max z=x_1+2x_2+x_3 \qquad\qquad \min f=8y_1+6y_2$$
$$\text{s.t.}\begin{cases}2x_1+x_2=8\\ -x_1+2x_2+3x_3=6\\ x_1,\ x_2,\ x_3\ \text{均无符号限制}\end{cases} \Rightarrow \quad \text{s.t.}\begin{cases}2y_1-y_2=1\\ y_1+2y_2=2\\ 3y_2=1\\ y_1,\ y_2\ \text{无符号限制}\end{cases}$$

（3）$\max z = x_1 + 2x_2 - 3x_3 + 4x_4$

$$\text{s.t.}\begin{cases} -x_1 + x_2 - x_3 - 3x_4 = 5 \\ 6x_1 + 7x_2 - x_3 + 5x_4 \geqslant 8 \\ 12x_1 - 9x_2 + 7x_3 + 6x_4 \leqslant 10 \\ x_1,\ x_3 \geqslant 0,\ x_2,\ x_4 \text{ 无符号限制} \end{cases} \Rightarrow$$

$\min f = 5y_1 - 8y_2 + 10y_3$

$$\text{s.t.}\begin{cases} -y_1 - 6y_2 + 12y_3 \geqslant 1 \\ y_1 - 7y_2 - 9y_3 = 2 \\ -y_1 + y_2 + 7y_3 \geqslant -3 \\ -3y_1 - 5y_2 + 6y_3 = 4 \\ y_1 \text{ 无符号限制},\ y_2,\ y_3 \geqslant 0 \end{cases}$$

（4）$\min f = -3x_1 + 2x_2 + 5x_3 - 7x_4 - 8x_5$

$$\text{s.t.}\begin{cases} x_2 - x_3 + 3x_4 - 4x_5 = -6 \\ 2x_1 + 3x_2 - 3x_3 - x_4 \geqslant 2 \\ -x_1 + 2x_3 - 2x_4 \leqslant -5 \\ -2 \leqslant x_1 \leqslant 10 \\ 5 \leqslant x_2 \leqslant 25 \end{cases}$$

变形为

$\min f = -3x_1 + 2x_2 + 5x_3 - 7x_4 - 8x_5$

$$\text{s.t.}\begin{cases} x_2 - x_3 + 3x_4 - 4x_5 = -6 \\ 2x_1 + 3x_2 - 3x_3 - x_4 \geqslant 2 \\ x_1 - 2x_3 + 2x_4 \geqslant 5 \\ x_1 \geqslant -2 \\ -x_1 \geqslant -10 \\ x_2 \geqslant 5 \\ -x_2 \geqslant -25 \end{cases}$$

对偶规划为

$\max z = -6y_1 + 2y_2 + 5y_3 - 2y_4 - 10y_5 + 5y_6 - 25y_7$

$$\text{s.t.}\begin{cases} 2y_2 + y_3 + y_4 - y_5 = -3 \\ y_1 + 3y_2 + y_6 - y_7 \leqslant 2 \\ -y_1 - 3y_2 - 2y_3 = 5 \\ 3y_1 - y_2 + 2y_3 = -7 \\ -4y_1 = -8 \\ y_1 \text{ 无符号限制},\ y_2,\ y_3,\ y_4,\ y_5,\ y_6,\ y_7 \geqslant 0 \end{cases}$$

（5）$\min f = \sum_{i=1}^{5}\sum_{j=1}^{6} c_{ij}x_{ij}$

$$\text{s.t.}\begin{cases} \sum_{j=1}^{6} x_{ij} = a_i \quad (i = 1, 2, \cdots, 5) \\ \sum_{i=1}^{5} x_{ij} = b_j \quad (j = 1, 2, \cdots, 6) \\ x_{ij} \geqslant 0 \quad \begin{pmatrix} i = 1, 2, \cdots, 5 \\ j = 1, 2, \cdots, 6 \end{pmatrix} \end{cases} \Rightarrow$$

$\max z = \sum_{i=1}^{5} a_i y_i + \sum_{j=6}^{11} b_{j-5} y_j$

$$\text{s.t.}\begin{cases} y_i + y_j \geqslant c_{i,j-5} \quad \begin{pmatrix} i = 1, \cdots, 5 \\ j = 6, \cdots, 11 \end{pmatrix} \\ y_i,\ y_j \text{ 无限制} \end{cases}$$

(6) $\max z = \sum_{j=1}^{6} c_j x_j$
s. t. $\begin{cases} \sum_{j=1}^{6} a_{ij}x_j \leqslant b_i & (i = 1, \cdots, 5) \\ \sum_{j=1}^{6} a_{ij}x_j = b_i & (i = 6, 7, \cdots, 10) \\ x_j \geqslant 0 & (j = 1, \cdots, 10) \end{cases}$
$\Rightarrow$
$\min f = \sum_{i=1}^{10} b_i y_i$
s. t. $\begin{cases} \sum_{i=1}^{10} a_{ij}y_i \geqslant c_j & (j = 1, \cdots, 6) \\ y_i \geqslant 0 & (i = 1, \cdots, 5) \\ y_j & (j = 6,7, \cdots, 10) \text{ 无符号限制} \end{cases}$

2. 试用对偶理论讨论下列原问题与它们的对偶问题是否有最优解：

(1) $\max z = 2x_1 + 2x_2$
s. t. $\begin{cases} -x_1 + x_2 + x_3 \leqslant 2 \\ -2x_1 + x_2 - x_3 \leqslant 1 \\ x_1, x_2, x_3 \geqslant 0 \end{cases}$
$\xrightarrow{\text{对偶问题}}$
$\min f = 2y_1 + y_2$
s. t. $\begin{cases} -y_1 - 2y_2 \geqslant 2 \\ y_1 + y_2 \geqslant 2 \\ y_1 - y_2 \geqslant 0 \\ y_1, y_2 \geqslant 0 \end{cases}$

原问题有可行解 $\boldsymbol{x} = (0, 0, 0)^{\mathrm{T}}$，但对偶问题无可行解。所以原问题无最优解。

(2) $\min f = -x_1 + 2x_2 + x_3$
s. t. $\begin{cases} 2x_1 - x_2 + x_3 \geqslant -4 \\ x_1 + 2x_2 = 6 \\ x_1, x_2, x_3 \geqslant 0 \end{cases}$
$\xrightarrow{\text{对偶问题}}$
$\max z = -4y_1 + 6y_2$
s. t. $\begin{cases} 2y_1 + y_2 \leqslant -1 \\ -y_1 + 2y_2 \leqslant 2 \\ y_1 \leqslant 1 \\ y_1 \geqslant 0, \ y_2 \text{ 无符号限制} \end{cases}$

因为原问题有可行解 $\boldsymbol{x} = (6, 0, 0)^{\mathrm{T}}$，对偶问题有可行解 $\boldsymbol{y} = (0, -1)^{\mathrm{T}}$。所以原问题有最优解。

3. 考虑如下线性规划：

$\min f = x_1 + x_2 + x_3 + x_4$

s. t. $\begin{cases} x_1 + x_4 \geqslant 5 \\ x_1 + x_2 \geqslant 6 \\ x_2 + x_3 \geqslant 8 \\ x_3 + x_4 \geqslant 7 \\ x_1, x_2, x_3, x_4 \geqslant 0 \end{cases}$

(1) 写出如下对偶规划：

$\max z = 5y_1 + 6y_2 + 8y_3 + 7y_4$

s. t. $\begin{cases} y_1 + y_2 \leqslant 1 \\ y_2 + y_3 \leqslant 1 \\ y_3 + y_4 \leqslant 1 \\ y_1 + y_4 \leqslant 1 \\ y_1, y_2, y_3, y_4 \geqslant 0 \end{cases}$

(2) 用单纯形法解对偶规划，并在最优单纯形表1-3-6中给出原规划的最优解。

表 1-3-6

c_B	x_B	b'	5	6	8	7	0	0	0	0	θ_i
			y_1	y_2	y_3	y_4	y_5	y_6	y_7	y_8	
0	y_5	1	1	1	0	0	1	0	0	0	—
0	y_6	1	0	1	[1]	0	0	1	0	0	1
0	y_7	1	0	0	1	1	0	0	1	0	1
0	y_8	1	1	0	0	1	0	0	0	1	—
			5	6	8	7	0	0	0	0	
0	y_5	1	1	1	0	0	1	0	0	0	—
8	y_3	1	0	1	1	0	0	1	0	0	—
0	y_7	0	0	-1	0	[1]	0	-1	1	0	0
0	y_8	1	1	0	0	1	0	0	0	1	1
			5	-2	0	7	0	-8	0	0	
0	y_5	1	[1]	1	0	0	1	0	0	0	1
8	y_3	1	0	1	1	0	0	1	0	0	—
7	y_4	0	0	-1	0	1	0	-1	1	0	—
0	y_8	1	1	1	0	0	0	1	-1	1	—
			5	5	0	0	0	-1	-7	0	
5	y_1	1	1	1	0	0	1	0	0	0	
8	y_3	1	0	1	1	0	0	1	0	0	
7	y_4	0	0	-1	0	1	0	-1	1	0	
0	y_8	0	0	0	0	0	-1	1	-1	1	
			0	0	0	0	-5	-1	-7	0	

原规划的最优解为 $(5, 1, 7, 0)^T$。

(3) 说明这样做比直接求解原规划的好处：避免引入人工变量，进而避免用大 M 法或两阶段法求解，简化计算。

4. 通过求解对偶问题，求下面不等式组的一个解：

$$\begin{cases} 2x_1 + 3x_2 \leqslant 12 \\ -3x_1 + 2x_2 \leqslant -4 \\ 3x_1 - 5x_2 \leqslant 2 \\ x_1, x_2 \geqslant 0 \end{cases}$$

令目标函数为 $\min f = x_1$，并将不等式变为

$$\begin{cases} -2x_1 - 3x_2 \geqslant -12 \\ 3x_1 - 2x_2 \geqslant 4 \\ -3x_1 + 5x_2 \geqslant -2 \\ x_1, x_2 \geqslant 0 \end{cases}$$

则对偶规划为

$$\max z = -12y_1 + 4y_2 - 2y_3$$

$$\text{s. t.} \begin{cases} -2y_1 + 3y_2 - 3y_3 \leqslant 1 \\ -3y_1 - 2y_2 + 5y_3 \leqslant 0 \\ y_1, y_2, y_3 \geqslant 0 \end{cases}$$

用单纯形表求解该对偶规划，如表 1-3-7 所示。

表　1-3-7

c_B	x_B	b'	-12	4	-2	0	0	θ_i
			y_1	y_2	y_3	y_4	y_5	
0	y_4	1	-2	[3]	-3	1	0	1/3
0	y_5	0	-3	-2	5	0	1	—
			-12	4	-2	0	0	
4	y_2	1/3	$-2/3$	1	-1	1/3	0	—
0	y_5	2/3	$-13/3$	0	[3]	2/3	1	2/9
			$-28/3$	0	2	$-4/3$	0	
4	y_2	5/9	$-19/9$	1	0	5/9	1/3	
-2	y_3	2/9	$-13/9$	0	1	2/9	1/3	
			$-58/9$	0	0	$-16/9$	$-2/3$	

由表 1-3-7 可知，原不等式组的一个可行解为$\left(\dfrac{16}{9}, \dfrac{2}{3}\right)^{\mathrm{T}}$。

5. 应用对偶性质，直接给出下面问题的最优目标值：

$$\min f = 10x_1 + 4x_2 + 5x_3$$

$$\text{s. t.} \begin{cases} 5x_1 - 7x_2 + 3x_3 \geqslant 50 \\ x_1, x_2, x_3 \geqslant 0 \end{cases}$$

其对偶规划为

$$\max z = 50y_1$$

$$\text{s. t.} \begin{cases} 5y_1 \leqslant 10 \\ -7y_1 \leqslant 4 \\ 3y_1 \leqslant 5 \\ y_1 \geqslant 0 \end{cases}$$

求解对偶规划的约束条件可知 $y_1 \in \left[0, \dfrac{5}{3}\right]$，所以，$z^* = 50 \times \dfrac{5}{3} = \dfrac{250}{3}$，利用对偶性质得 $f^* = z^* = \dfrac{250}{3}$。

6. 有两个线性规划：

(1) $\max z = \boldsymbol{c}^{\mathrm{T}}\boldsymbol{x}$

$$\text{s. t.} \begin{cases} \boldsymbol{Ax} = \boldsymbol{b} \\ \boldsymbol{x} \geqslant \boldsymbol{0} \end{cases}$$

(2) $\max z = \boldsymbol{c}^{\mathrm{T}}\boldsymbol{x}$

$$\text{s. t.} \begin{cases} \boldsymbol{Ax} = \boldsymbol{b}^* \\ \boldsymbol{x} \geqslant \boldsymbol{0} \end{cases}$$

已知线性规划（1）有最优解，求证：如果规划（2）有可行解，则必有最优解。

证明：（1）的对偶规划为：　　　　（2）的对偶规划为：

$\min f = \boldsymbol{b}^{\mathrm{T}}\boldsymbol{y}$　　　　$\min f = \boldsymbol{b}^{*\mathrm{T}}\boldsymbol{y}$

$$\text{s. t.}\begin{cases}\boldsymbol{A}^{\mathrm{T}}\boldsymbol{y} \geqslant \boldsymbol{c}^{\mathrm{T}} \\ \boldsymbol{y}\ \text{无非负限制}\end{cases} \qquad \text{s. t.}\begin{cases}\boldsymbol{A}^{\mathrm{T}}\boldsymbol{y} \geqslant \boldsymbol{c}^{\mathrm{T}} \\ \boldsymbol{y}\ \text{无非负限制}\end{cases}$$

因为（1）有最优解，所以（1）的对偶规划有可行解。

又因为（2）的对偶规划与（1）的对偶规划的约束条件相同，所以（2）的对偶规划有可行解。

又因为（2）有可行解，所以（2）有最优解。

7. 用对偶单纯形法求解下列问题：

（1）$\min f = 5x_1 + 2x_2 + 4x_3$

$$\text{s. t.}\begin{cases}3x_1 + x_2 + 2x_3 \geqslant 4 \\ 6x_1 + 3x_2 + 5x_3 \geqslant 10 \\ x_1, x_2, x_3 \geqslant 0\end{cases}$$

变形为

$\max z = -5x_1 - 2x_2 - 4x_3$

$$\text{s. t.}\begin{cases}-3x_1 - x_2 - 2x_3 + x_4 = -4 \\ -6x_1 - 3x_2 - 5x_3 + x_5 = -10 \\ x_1, x_2, x_3, x_4, x_5 \geqslant 0\end{cases}$$

用单纯形表求解该对偶规划，如表 1-3-8 所示。

表　1-3-8

c_B	x_B	b'	-5	-2	-4	0	0
			x_1	x_2	x_3	x_4	x_5
0	x_4	-4	-3	-1	-2	1	0
0	x_5	-10	-6	[-3]	-5	0	1
			-5	-2	-4	0	0
0	x_4	$-2/3$	[-1]	0	$-1/3$	1	$-1/3$
-2	x_2	$10/3$	2	1	$5/3$	0	$-1/3$
			-1	0	$-2/3$	0	$-2/3$
-5	x_1	$2/3$	1	0	$1/3$	-1	$1/3$
-2	x_2	2	0	1	1	2	-1
			0	0	$-1/3$	-1	$-1/3$

所以最优值 $z^* = -\dfrac{22}{3}$，即 $f^* = \dfrac{22}{3}$，最优解 $\boldsymbol{x}^* = \left(\dfrac{2}{3}, 2, 0\right)^{\mathrm{T}}$。

（2）$\max z = -x_1 - 2x_2 - 3x_3$

$$\text{s. t.}\begin{cases}2x_1 - x_2 + x_3 \geqslant 4 \\ x_1 + x_2 + 2x_3 \leqslant 8 \\ x_2 - x_3 \leqslant 2 \\ x_1, x_2, x_3 \geqslant 0\end{cases}$$

变形为

$\max z = -x_1 - 2x_2 - 3x_3$

$$\text{s. t.}\begin{cases}-2x_1+x_2-x_3+x_4=-4\\ x_1+x_2+2x_3+x_5=8\\ x_2-x_3+x_6=2\\ x_1,\ x_2,\ x_3,\ x_4,\ x_5,\ x_6\geqslant 0\end{cases}$$

用单纯形表求解该对偶规划，如表 1-3-9 所示。

表　1-3-9

c_B	x_B	b'	−1	−2	−3	0	0	0
			x_1	x_2	x_3	x_4	x_5	x_6
0	x_4	−4	[−2]	1	−1	1	0	0
0	x_5	8	1	1	2	0	1	0
0	x_6	2	0	1	−1	0	0	1
			−1	−2	−3	0	0	0
−1	x_1	2	1	−1/2	1/2	−1/2	0	0
0	x_5	6	0	3/2	3/2	1/2	1	0
0	x_6	2	0	1	−1	0	0	1
			0	−5/2	−5/2	−1/2	0	0

所以 $z^*=-2$，$\boldsymbol{x}^*=(2,0,0,0,6,2)^{\mathrm{T}}$。

8. (1) 分别对 c_1、c_2 进行灵敏度分析。

$$c_1:\quad \sigma_4-\Delta c_1 a'_{14}\leqslant 0 \qquad 即 \qquad -3/2-\Delta c_1\times 0\leqslant 0$$

$$\sigma_5-\Delta c_1 a'_{15}\leqslant 0 \qquad\qquad -1/8-\Delta c_1\times\frac{1}{4}\leqslant 0$$

解之得　$\Delta c_1\geqslant -\dfrac{1}{2}$

即 c_1 在 $\left[\dfrac{3}{2},+\infty\right)$ 变化时，保持最优解不变。

$$c_2:\quad \sigma_4-\Delta c_2 a'_{24}\leqslant 0 \qquad 即 \qquad -\frac{3}{2}-\Delta c_2\times\frac{1}{2}\leqslant 0$$

$$\sigma_5-\Delta c_2 a'_{25}\leqslant 0 \qquad\qquad -\frac{1}{8}-\Delta c_2\times\left(-\frac{1}{8}\right)\leqslant 0$$

解之得　$-3\leqslant\Delta c_2\leqslant 1$

亦即　$0\leqslant c_2+\Delta c_2\leqslant 4$

所以，当 c_2 在 $[0,4]$ 范围内变化时，保持最优解不变。

(2) 对 b_3 进行灵敏度分析。

$$\boldsymbol{x}_B\rightarrow\bar{\boldsymbol{x}}_B=\boldsymbol{B}^{-1}(\boldsymbol{b}+\Delta\boldsymbol{b})=\boldsymbol{B}^{-1}\boldsymbol{b}+\boldsymbol{B}^{-1}(0,0,\Delta b_3,0)^{\mathrm{T}}$$

$$=\begin{pmatrix}b'_1\\ b'_2\\ b'_3\\ b'_4\end{pmatrix}+\Delta b_3\begin{pmatrix}\beta_{13}\\ \beta_{23}\\ \beta_{33}\\ \beta_{43}\end{pmatrix}=\begin{pmatrix}0\\ 4\\ 4\\ 2\end{pmatrix}+\Delta b_3\begin{pmatrix}-1/4\\ 1/4\\ 1/2\\ -1/8\end{pmatrix}\geqslant\boldsymbol{0}$$

解之得　$-8 \leqslant \Delta b_3 \leqslant 0$

即　　$8 \leqslant b_3 + \Delta b_3 \leqslant 16$

所以，当 b_3 在［8，16］范围内变化时，保持最优基不变。

（3）当 $c_2 = 5$ 时，求新的最优解。

因为当 $c_2 = 5$ 时，超出了［0，4］保持最优解不变的范围，所以最优解将发生变化，通过表1-3-10所示的单纯形表求解。

表　1-3-10

c_B	x_B	b'	2	5	0	0	0	0	θ_i
			x_1	x_2	x_3	x_4	x_5	x_6	
0	x_3	0	0	0	1	-1	-1/4	0	—
2	x_1	4	1	0	0	0	1/4	0	16
0	x_6	4	0	0	0	-2	[1/2]	1	8
5	x_2	2	0	1	0	1/2	-1/8	0	—
			0	0	0	-5/2	1/8	0	
0	x_3	2	0	0	1	-2	0	1/2	
2	x_1	2	1	0	0	1	0	-1/2	
0	x_5	8	0	0	0	-4	1	2	
5	x_2	3	0	1	0	0	0	1/4	
			0	0	0	-2	0	-1/4	

此时，最优解 $\boldsymbol{x}^* = (2, 3, 2, 0, 8, 0)^{\mathrm{T}}$，最优值 $z^* = 19$。

（4）当 $b_3 = 4$ 时，求新的最优解。

因为当 $b_3 = 4$ 时超出了［8，16］的范围，所以最优解将发生变化，通过表1-3-11所示的单纯形表求解。

表　1-3-11

c_B	x_B	b'	2	3	0	0	0	0	θ_i
			x_1	x_2	x_3	x_4	x_5	x_6	
0	x_3	3	0	0	1	-1	-1/4	0	—
2	x_1	1	1	0	0	0	1/4	0	—
0	x_6	-2	0	0	0	[-2]	1/2	1	1
3	x_2	7/2	0	1	0	1/2	-1/8	0	7
			0	0	0	-3/2	-1/8	0	
0	x_3	4	0	0	1	0	-1/2	-1/2	
2	x_1	1	1	0	0	0	1/4	0	
0	x_4	1	0	0	0	1	-1/4	-1/2	
3	x_2	3	0	1	0	0	0	1/4	
			0	0	0	0	-1/2	-3/4	

此时，最优解 $\boldsymbol{x}^* = (1, 3, 4, 1, 0, 0)^{\mathrm{T}}$，最优值 $z^* = 11$。

（5）增加一个约束 $2x_1+2.4x_2\leq 12$。

引入松弛变量：$2x_1+2.4x_2+x_7=12$

求解过程如表 1-3-12 所示。

表　1-3-12

c_B	x_B	b'	2	3	0	0	0	0	0
			x_1	x_2	x_3	x_4	x_5	x_6	x_7
0	x_3	0	0	0	1	-1	-1/4	0	0
2	x_1	4	1	0	0	0	1/4	0	0
0	x_6	4	0	0	0	-2	1/2	1	0
3	x_2	2	0	1	0	1/2	-1/8	0	0
0	x_7	12	2	2.4	0	0	0	0	1
		-14	0	0	0	-3/2	-1/8	0	0
0	x_3	0	0	0	1	-1	-1/4	0	0
2	x_1	4	1	0	0	0	1/4	0	0
0	x_6	4	0	0	0	-2	1/2	1	0
3	x_2	2	0	1	0	1/2	-1/8	0	0
0	x_7	-0.8	0	0	0	-1.2	[-0.2]	0	1
			0	0	0	-3/2	-1/8	0	0
0	x_3	1	0	0	1	1/2	0	0	-5/4
2	x_1	3	1	0	0	-3/2	0	0	5/4
0	x_6	2	0	0	0	-5	0	1	5/2
3	x_2	5/2	0	1	0	5/4	0	0	-5/8
0	x_5	4	0	0	0	6	1	0	-5
			0	0	0	-3/4	0	0	-5/8

所以，当增加该约束时，最优解变为 $\boldsymbol{x}^*=\left(3,\ \frac{5}{2},\ 1,\ 0,\ 4,\ 2,\ 0\right)^{\mathrm{T}}$，最优值 $z^*=\frac{27}{2}$。

9.（1）设 x_i 为生产 A_i 产品的数量，则

$$\max z=3x_1+2x_2+2.9x_3$$

$$\text{s.t.}\begin{cases}8x_1+16x_2+10x_3\leq 304\\10x_1+5x_2+8x_3\leq 400\\2x_1+13x_2+10x_3\leq 420\\x_1,\ x_2,\ x_3\geq 0\end{cases}$$

标准化为

$$\max z=3x_1+2x_2+2.9x_3$$

$$\text{s.t.}\begin{cases}8x_1+16x_2+10x_3+x_4=304\\10x_1+5x_2+8x_3+x_5=400\\2x_1+13x_2+10x_3+x_6=420\\x_1,\ x_2,\ x_3,\ x_4,\ x_5,\ x_6\geq 0\end{cases}$$

用单纯形表求解如表 1-3-13 所示。

表 1-3-13

c_B	x_B	b'	3	2	2.9	0	0	0	θ_i
			x_1	x_2	x_3	x_4	x_5	x_6	
0	x_4	304	[8]	16	10	1	0	0	38
0	x_5	400	10	5	8	0	1	0	40
0	x_6	420	2	13	10	0	0	1	210
			3	2	2.9	0	0	0	
3	x_1	38	1	2	5/4	1/8	0	0	
0	x_5	20	0	-15	-9/2	-5/4	1	0	
0	x_6	344	0	9	15/2	-1/4	0	1	
			0	-4	-0.85	-3/8	0	0	

所以，生产 A_1 产品 38 单位，可使工厂获利最大：3 千元 ×38 = 114 千元。

（2）经对 Δb_1 进行灵敏度分析，得到当 $-304 \leqslant \Delta b_1 \leqslant 16$ 时，最优基不变，现 $\Delta b_1 = 60 > 16$，故最优基变化。

用对偶单纯形法进一步计算，得变化后的最优解 $\boldsymbol{x}^* = \left(\frac{544}{18}, 0, \frac{110}{9}, 0, 0, \frac{712}{3}\right)^{\mathrm{T}}$，最优值 $z^* = \frac{1135}{9}$千元≈126.111 千元。

增加的利润 Δz = （126.111 − 114）千元 = 12.111 千元 < 18 千元

故租用设备甲以后，增加的利润少于租金，于是不适宜租用。

（3）设新产品 A_4、A_5 的产量分别为 x_7、x_8；单位利润分别为 2.1 千元、1.87 千元；取新产品的加工时间作为列向量，即

$$\boldsymbol{p}_7 = (12, 5, 10)^{\mathrm{T}}$$

计算检验数

$$\sigma_7 = c_7 - \boldsymbol{y}^{\mathrm{T}}\boldsymbol{p}_7 = 2.1 - (3/8, 0, 0)\begin{pmatrix}12\\5\\10\end{pmatrix} = 2.1 - 4.5 = -2.4 < 0$$

所以不影响原最优解，故不宜生产 A_4 产品。

对于 A_5：

$$\boldsymbol{p}_8 = (4, 4, 12)^{\mathrm{T}}$$

$$\sigma_8 = c_8 - \boldsymbol{y}^{\mathrm{T}}\boldsymbol{p}_8 = 1.87 - (3/8, 0, 0)\begin{pmatrix}4\\4\\12\end{pmatrix} = 1.87 - 1.5 = 0.37 > 0$$

故应该生产产品 A_5。

（4）增加设备乙的台时，不会使企业的总利润进一步增加，因为其影子价格为 0。

10. （1）b_1 由 20 变为 45，则

$$\boldsymbol{x}_B \to \bar{\boldsymbol{x}}_B = \boldsymbol{x}_B + \boldsymbol{B}^{-1}\begin{pmatrix}\Delta b_1\\0\end{pmatrix} = \begin{pmatrix}20\\10\end{pmatrix} + \begin{pmatrix}1 & 0\\-4 & 1\end{pmatrix}\begin{pmatrix}25\\0\end{pmatrix} = \begin{pmatrix}20\\10\end{pmatrix} + \begin{pmatrix}25\\-100\end{pmatrix} = \begin{pmatrix}45\\-90\end{pmatrix}$$

将此结果代入最优单纯形表 1-3-14 中。

表 1-3-14

c_B	x_B	b'	-5	5	13	0	0
			x_1	x_2	x_3	x_4	x_5
5	x_2	45	-1	1	3	1	0
0	x_5	-90	16	0	[-2]	-4	1
			0	0	-2	-5	0
5	x_2	-90	23	1	0	[-5]	3/2
13	x_3	45	-8	0	1	2	-1/2
			-16	0	0	-1	-1
0	x_4	18	-23/5	-1/5	0	1	-3/10
13	x_3	9	6/5	2/5	1	0	1/10
			-103/5	-1/5	0	0	-13/10

所以最优解 $\boldsymbol{x}^* = (0, 0, 9, 18, 0)^{\mathrm{T}}$，最优值 $z^* = 117$。

（2）b_2 由 90 变为 95，则

$$\boldsymbol{x}_B \to \bar{\boldsymbol{x}}_B = \boldsymbol{x}_B + \boldsymbol{B}^{-1}\begin{pmatrix}0\\ \Delta b_2\end{pmatrix} = \begin{pmatrix}20\\10\end{pmatrix} + \begin{pmatrix}1 & 0\\ -4 & 1\end{pmatrix}\begin{pmatrix}0\\5\end{pmatrix} = \begin{pmatrix}20\\10\end{pmatrix} + \begin{pmatrix}0\\5\end{pmatrix} = \begin{pmatrix}20\\15\end{pmatrix} > 0$$

所以最优基保持不变，最优解 $\boldsymbol{x}^* = (0, 20, 0, 0, 15)^{\mathrm{T}}$，最优值不变，即 $z^* = 100$。

（3）c_3 由 13 变为 8，因为 c_3 为非基变量 x_3 对应的目标函数的系数，所以 $\sigma'_3 = \sigma_3 - 5 = -2 - 5 = -7 < 0$，故不影响最优解。

（4）c_2 由 5 变为 6，因为 c_2 为基变量 x_2 对应的目标函数的系数，所以对非基变量的检验数会产生影响。

对 σ_1 的影响：

$$\sigma'_1 = c_1 - \boldsymbol{c}_B^{\mathrm{T}}\boldsymbol{B}^{-1}\boldsymbol{p}_1 = \sigma_1 - \Delta c_2 a'_{21} = 0 - 1 \times (-1) = 1$$

对 σ_3 的影响：

$$\sigma'_3 = \sigma_3 - \Delta c_2 a'_{23} = -2 - 1 \times 3 = -5$$

对 σ_4 的影响：

$$\sigma'_4 = \sigma_4 - \Delta c_2 a'_{24} = -5 - 1 \times 1 = -6$$

因为 $\sigma'_1 > 0$，所以对最优解产生影响，通过表 1-3-15 所示的单纯形表求解。

表 1-3-15

c_B	x_B	b'	-5	6	13	0	0
			x_1	x_2	x_3	x_4	x_5
6	x_2	20	-1	1	3	1	0
0	x_5	10	[16]	0	-2	-4	1
			1	0	-5	-6	0
6	x_2	165/8	0	1	23/8	3/4	1/16
-5	x_1	5/8	1	0	-1/8	-1/4	1/16
			0	0	-39/8	-23/4	-1/16

所以最优解变为 $\boldsymbol{x}^* = \left(\frac{5}{8}, \frac{165}{8}, 0, 0, 0\right)^{\mathrm{T}}$。

(5) 增加变量 x_6，$c_6=10$，$a_{16}=3$，$a_{26}=5$，则

$$p_6=(3,5)^{\mathrm{T}}$$

$$\sigma_6=c_6-c_B^{\mathrm{T}}B^{-1}p_6=c_6-y^{\mathrm{T}}p_6=10-(5,0)\begin{pmatrix}3\\5\end{pmatrix}=-5<0$$

所以对最优解没有影响。

(6) 增加一个约束条件 $2x_1+3x_2+5x_3\leqslant 50$，通过表 1-3-16 所示单纯形表求新的最优解。

表 1-3-16

c_B	x_B	b'	-5	5	13	0	0	0
			x_1	x_2	x_3	x_4	x_5	x_6
5	x_2	20	-1	1	3	1	0	0
0	x_5	10	16	0	-2	-4	1	0
0	x_6	50	2	3	5	0	0	1
$-z$		-100	0	0	-2	-5	0	0
5	x_2	20	-1	1	3	1	0	0
0	x_5	10	16	0	-2	-4	1	0
0	x_6	-10	5	0	[-4]	-3	0	1
			0	0	-2	-5	0	0
5	x_2	12.5	11/4	1	0	-5/4	0	3/4
0	x_5	15	27/2	0	0	-5/2	1	-1/2
13	x_3	2.5	-5/4	0	1	3/4	0	-1/4
			-5/2	0	0	-7/2	0	-1/2

所以最优解变为 $x^*=(0,12.5,2.5,0,15,0)^{\mathrm{T}}$，最优值 $z^*=95$。

11. (1) 设 x_1、x_2、x_3分别为产品甲、乙、丙的生产件数，则此问题的线性规划模型为

$$\max z=1.5x_1+2.0x_2+1.8x_3$$

$$\text{s.t.}\begin{cases}15x_1+12x_2+18x_3\leqslant 6600\\14x_1+16x_2+6x_3\leqslant 5800\\9x_1+13x_2+8x_3\leqslant 5400\\10x_1+7x_2+11x_3\leqslant 6000\\x_1,x_2,x_3\geqslant 0\end{cases}$$

利用计算机软件求解得到：

最优解：$x_1=0$，$x_2=300$，$x_3=166.667$；最优值：$z=900$ 万元。

即最优方案是，产品甲不生产，产品乙和产品丙分别生产 300 件和 167 件，可得利润 900 万元。

求得的原料 A、B、C、D 的对偶价格分别为 0.078 万元/kg、-0.067 万元/kg、0、0。对应 A、B、C、D 原料的松弛变量值分别为 0、0、166.667kg、2066.667kg。灵敏度分析的结果为：

目标函数决策变量系数的灵敏度信息：

决策变量	当前值	允许的增量	允许的减量
x_1	1.500	0.600	∞
x_2	2.000	2.800	0.800
x_3	1.800	1.200	1.050

约束右端项的灵敏度信息：

约束	当前值	允许的增量	允许的减量
1	6600.000	720.000	2250.000
2	5800.000	140.870	3600.000
3	5400.000	∞	166.667
4	6000.000	∞	2066.667

根据这些结果，得到题中需要考虑问题的解释。

（2）如果在限额外购买原料 A、B、C、D 每千克所需的费用相同，将优先考虑购买原料 A，因为原料 A 的对偶价格最高，即同样购买 1kg 可获得的增加利润最多。在其他条件不变的情况下，此原料最多可购买 720kg，这时总利润为

$$(900+0.078\times720)\ \text{万元}=956.16\ \text{万元}$$

（3）当产品甲的利润由 1.5 万元/件变为 1.8 万元/件的同时，产品乙的利润由 2.0 万元/件变为 1.7 万元/件，根据百分之一百法则得

$$\frac{1.8-1.5}{0.600}+\frac{2.0-1.7}{0.800}=0.875<100\%$$

这时原来的最优方案不变。

（4）原料 C 的对偶价格是 0，表明原料 C 在一定范围内增加或减少，对总利润没有影响。原因是原料 C 对于这个系统而言，不是限制生产的决定性因素。

（5）当其他原料的供应量不变时，原料 D 最多可出让 2066.667kg 时，不会影响本企业的利润收入。因为在这个范围内，D 的对偶价格总是为 0，故不会影响总利润。

（6）原料 A、B 分别购进 300kg、100kg 后，总利润是否可以利用上表数据直接计算出来，关键是考察对偶价格是否变化。依据百分之一百法则得

$$\frac{300}{720}+\frac{100}{140.870}=1.127>100\%$$

由于百分之一百法则是充分条件，因此答案应是无法判断是否可以。在这里，无法估计总利润是多少。

第四章

运输问题

第一节 学习要点及思考题

一、学习要点

1. 运输问题模型及有关概念

(1) 一般运输问题的提法。假设 A_1，A_2，…，A_m 表示某物资的 m 个产地；B_1，B_2，…，B_n 表示某物资的 n 个销地；s_i 表示产地 A_i 的产量；d_j 表示销地 B_j 的销量；c_{ij}表示把物资从产地 A_i 运往销地 B_j 的单位运价，如表 1-4-1 所示。如果 $s_1+s_2+\cdots+s_m=d_1+d_2+\cdots+d_n$，则称该运输问题为产销平衡问题。

表 1-4-1

产地	销地				产量
	B_1	B_2	…	B_n	
A_1	c_{11}	c_{12}	…	c_{1n}	s_1
A_2	c_{21}	c_{22}	…	c_{2n}	s_2
⋮	⋮	⋮		⋮	⋮
A_m	c_{m1}	c_{m2}	…	c_{mn}	s_m
销量	d_1	d_2	…	d_n	

设 x_{ij}为从产地 A_i 运往销地 B_j 的运输量，根据这个运输问题的要求，可以建立运输变量表，如表 1-4-2 所示。

表 1-4-2

产地	销地				产量
	B_1	B_2	…	B_n	
A_1	x_{11}	x_{12}	…	x_{1n}	s_1
A_2	x_{21}	x_{22}	…	x_{2n}	s_2
⋮	⋮	⋮		⋮	⋮
A_m	x_{m1}	x_{m2}	…	x_{mn}	s_m
销量	d_1	d_2	…	d_n	

运输问题是一种特殊的线性规划问题，在求解时依然可以采用单纯形法的思路。由于系

数矩阵的特殊性，直接用线性规划单纯形法求解计算无法利用这些有利条件。人们在分析特征的基础上建立了针对运输问题的表上作业法。

（2）运输问题求解的有关概念。考虑产销平衡问题，由于关心的量均在表 1-4-1、表 1-4-2两个表中，因此考虑把上述两个表合成一个表，如表 1-4-3 所示。

表　1-4-3

产地	销地				产量
	B_1	B_2	…	B_n	
A_1	c_{11}　x_{11}	c_{12}　x_{12}	…	c_{1n}　x_{1n}	a_1
A_2	c_{21}　x_{21}	c_{22}　x_{22}	…	c_{2n}　x_{2n}	a_2
⋮	⋮	⋮		⋮	⋮
A_m	c_{m1}　x_{m1}	c_{m2}　x_{m2}	…	c_{mn}　x_{mn}	a_m
销量	b_1	b_2	…	b_n	

基变量的特点为：

1）基变量的个数为 $m+n-1$。

2）产销平衡运输问题的 $m+n-1$ 个变量构成基变量的充分必要条件是不含闭回路。

2. 表上作业法

表上作业法求解运输问题的思路和单纯形法类似，即首先确定一个初始基本可行解，然后根据最优性判别准则来检查这个基本可行解是不是最优的。如果是，则计算结束；如果不是，则进行换基，直至求出最优解为止。

（1）初始基本可行解的确定。

1）西北角法（左上角方法）。从表中西北角（左上角）格开始，在格内的右下角标上允许取得的最大数。然后按行（列）标下一格的数。若某行（列）的产量（销量）已满足，则把该行（列）的其他格划去。如此进行下去，直至得到一个基本可行解。

2）最小元素法。这种方法的基本思想是"就近供应"，即从运输问题数据表（或单位运价表）中寻找最小数值，并以这个数值所对应的变量 x_{ij} 作为第一个基变量，在格内的右下角标上允许取得的最大数。然后按运价从小到大的顺序填数。若某行（列）的产量（销量）已满足，则把该行（列）的其他格划去。如此进行下去，直至得到一个基本可行解。

注意：应用西北角法和最小元素法，每次填完数都只划去一行或一列，只有最后一个元例外（同时划去一行和一列）。当填上一个数后行、列同时饱和时，也应任意划去一行（列），在保留的列（行）任意未被划去的格内标一个 0。

（2）基本可行解的最优性检验。最优性检验就是检查所得到的方案是不是最优方案。检查的方法与单纯形法中的原理相同，即计算检验数。由于目标要求极小，因此，当所有的检验数都大于或等于零时该调运方案就是最优方案；否则就不是最优方案，需要进行调整。

1）闭回路法。首先，对每个非基变量找出以其为起始顶点，其他顶点均为基变量的闭回路。然后利用这些闭回路求检验数：把闭回路的每一顶点按一个方向的顺序标号，并把奇标号的单位运输费用取正值，偶标号的单位运输费用取负值，其代数和即为该非基变量的检验数。

2）位势法。首先给出位势的概念：设对应基变量 x_{ij} 的 $m+n-1$ 个 C_{ij}，存在 u_i、v_j 满足：

$$u_i+v_j=c_{ij}\quad(i=1,\ \cdots,\ m;\ j=1,\ \cdots,\ n)$$

称这些 u_i、v_j 为该基本可行解对应的位势。

利用下式根据位势求检验数：

$$\sigma_{ij}=c_{ij}-u_i-v_j\quad(i=1,\ \cdots m;\ j=1,\ \cdots,\ n)$$

(3) 求新的基本可行解。当非基变量的检验数出现负值时，则表明当前的基本可行解不是最优解，需要进行换基运算。

设非基变量 x_{ij} 检验数 $\sigma_{ij}<0$，找出以该非基变量 x_{ij} 为起点，其他顶点均为基变量所构成的闭回路。然后把闭回路的每一顶点按一个方向的顺序标号，取

$$\theta=\min\{x_{ij}\mid x_{ij}\text{为闭回路中偶标号格的运输量}\}=x_{pq}$$

按照下面的步骤进行调运量的调整：闭回路上的偶标号顶点的调运量减去 θ；闭回路上的奇标号顶点的调运量加上 θ；非闭回路顶点的其他变量调运量不变。

于是，偶标号点上运输量被修改为 0 的变量为出基变量。若有两个为零的变量，则只取其一作为出基变量。这样调整以后，就可以得到一个新的调运方案。

重复上述 (2)、(3)，直至求得最优解。

3. 运输问题建模

运输问题建模主要注意两个问题：

(1) 产销平衡。若产量大于销量，则虚设一个销地，其销量为原总产量与总销量之差；若销量大于产量，则虚设一个产地，其产量为原总销量与总产量之差；在没有特殊限制时，运输费用均取零。

(2) 大 M 技术。当某个格中的运输量须限制为零时，可令该格的单位运输费用为 M (充分大的数)。

二、思考题

(1) 运输问题的数学模型具有什么特征？为什么其约束方程的系数矩阵的秩最多等于$m+n-1$？

(2) 用西北角法确定运输问题的初始基本可行解的基本步骤是什么？

(3) 最小元素法的基本思想是什么？为什么在一般情况下不可能用它直接得到运输问题的最优方案？

(4) 简述用闭回路法检验给定的调运方案是否为最优的原理，以及检验数的经济意义。

(5) 用闭回路法检验给定的调运方案时，如何从任意空格出发去寻找一条闭回路？该闭回路是不是唯一的？

(6) 简述用位势法求检验数的原理、步骤和方法。

(7) 如何把一个产销不平衡的运输问题（产量大于销量或销量大于产量）转化为产销平衡的运输问题？

(8) 一般线性规划问题应具备什么特征才可以转化为运输问题的数学模型？

(9) 简述在表上作业法中出现退化解的含义及处理退化解的方法。

三、本章学习思路建议

本章的重点在于理解运输问题与一般线性规划问题的共性与个性，进一步熟悉运输问题的表格模型，并且在理解了线性规划单纯形法思路的基础上，能够以一种更加方便的算法——表上作业法进行运输问题的求解。在此过程中，需要掌握表上作业法中的几个关键概念：

运输费用——变量表为运算的基础；

基本可行解——基变量个数为 $m+n-1$，不构成闭回路；

检验数——闭回路法、位势法（学习时可考虑重点掌握其中一种）；

换基——以非正检验数格为起点的其他顶点均为基变量格的闭回路，该闭回路偶格顶点中运输量最小者记为 θ，闭回路偶格顶点运输量减去 θ（那个最小运输量格对应的变量成为非基变量），闭回路奇格顶点的运输量加 θ（起点格对应变量是非基变量，它原来的运输量为0，计算后运输量变为 θ，转换为基变量）。

运输问题建模中应注意：在运筹学里，运输问题已成为一类模型，是一种有效解决这类问题的方法。因此，这里运输问题不等同于实践中的运输问题，实践中的运输问题可能复杂得多，不可能简单地用这个模型求解；而实践中有许多情况，如主教材中的例题，虽然与运输无关，却可以用求解运输问题的方法求解。

第二节 课后习题参考解答

习 题

1. 某公司生产某种产品有三个产地 A_1、A_2、A_3，要把产品运送到四个销售点 B_1、B_2、B_3、B_4 去销售。各产地的产量、各销地的销量和各产地运往各销地的运费（百元/t）如表 1-4-4 所示。问应如何调运，可使得总运输费最小？

表 1-4-4

产地	销地				产量/t
	B_1	B_2	B_3	B_4	
A_1	5	11	8	6	750
A_2	10	19	7	10	210
A_3	9	14	13	15	600
销量/t	350	420	530	260	1560（产销平衡）

(1) 分别用西北角法和最小元素法求初始基本可行解。

(2) 在上面最小元素法求得的初始基本可行解基础上，用两种方法求出各非基变量的检验数。

(3) 进一步求解这个问题。

2. 用表上作业法求解下列运输问题（表 1-4-5 ~ 表 1-4-7）。

(1)

表 1-4-5

产地	销地				产量
	B_1	B_2	B_3	B_4	
A_1	8	4	7	2	90
A_2	5	8	3	5	100
A_3	7	7	2	9	120
销量	70	50	110	80	

(2)

表 1-4-6

产地	销地				产量
	B_1	B_2	B_3	B_4	
A_1	18	14	17	12	100
A_2	5	8	13	15	100
A_3	17	7	12	9	150
销量	50	70	60	80	

(3)

表 1-4-7

产地	销地					产量
	B_1	B_2	B_3	B_4	B_5	
A_1	8	6	3	7	5	20
A_2	5	—	8	4	7	30
A_3	6	3	9	6	8	30
销量	25	25	20	10	20	

3. 某公司在三个地方的分厂 A_1、A_2、A_3 生产同一种产品，需要把产品运送到四个销售点 B_1、B_2、B_3、B_4 去销售。各分厂的产量、各销售点的销量和各分厂运往各销售点每箱产品的运费（百元）如表 1-4-8 所示。问应如何调运，可使得总运输费最低？

表 1-4-8

产地	销地				产量/t
	B_1	B_2	B_3	B_4	
A_1	21	17	23	25	300
A_2	10	15	30	19	400
A_3	23	21	20	22	500
销量/t	400	250	350	200	

4. 某厂考虑安排某种产品在今后 4 个月的生产计划，已知各月工厂的情况如表 1-4-9 所示。试建立运输问题模型，求使总成本最少的生产计划。

表　1-4-9

项目	计划月			
	第1月	第2月	第3月	第4月
单件生产成本/元	10	12	14	16
每月需求量/件	400	800	900	600
正常生产能力/件	700	700	700	700
加班能力/件	0	200	200	0
加班单件成本/元	15	17	19	21
单件库存费用/元	3	3	3	3

5. 光明仪器厂生产电脑绣花机是以产定销的。已知1~6月各月的生产能力、合同销量和单台电脑绣花机平均生产费用如表1-4-10所示。

表　1-4-10

月份	项目			
	正常生产能力/台	加班生产能力/台	销量/台	单台费用/万元
1月	60	10	104	15
2月	50	10	75	14
3月	90	20	115	13.5
4月	100	40	160	13
5月	100	40	103	13
6月	80	40	70	13.5

已知上一年年末库存103台电脑绣花机，如果当月生产出来的绣花机当月不交货，则需要运到分厂库房，每台增加运输成本0.1万元，每台绣花机每月的平均仓储费、维护费为0.2万元。7~8月为销售淡季，全厂停产1个月，因此在6月完成销售合同后还要留出库存80台。加班生产每台增加成本1万元。问应如何安排1~6月的生产，可使总的生产费用（包括运输、仓储、维护）最少？

习题解答

1.（1）分别用西北角法和最小元素法求初始基本可行解。

1）用西北角法，如表1-4-11所示。

表　1-4-11

产地	销地				产量/t
	B_1	B_2	B_3	B_4	
A_1	5 350	11 400	8	6	750
A_2	10	19 20	7 190	10	210
A_3	9	14	13 340	15 260	600
销量/t	350	420	530	260	1560

注：左上角为运费，右下角为从产地A_i运往销地B_j的数量（$i=1, 2, 3$；$j=1, 2, 3, 4$）。以后的运输表格中的数据，如不做特殊说明，所表示的意思与该表相同。

2）用最小元素法，如表 1-4-12 所示。

表 1-4-12

产地	销地				产量/t
	B_1	B_2	B_3	B_4	
A_1	5 350	11 2	8 140	6 260	750
A_2	10 6	19 11	7 210	10 5	210
A_3	9 -1	14 420	13 180	15 4	600
销量/t	350	420	530	260	1560

注：左下角为非基变量的检验数。以后如不做特殊说明，运输表格中左下角都表示非基变量的检验数。

（2）在上面最小元素法求得的初始基本可行解基础上，用两种方法求各非基变量的检验数。

1）闭回路法：

$\sigma_{12}=c_{12}-c_{13}+c_{33}-c_{32}=11-8+13-14=2$

$\sigma_{21}=c_{21}-c_{11}+c_{13}-c_{23}=10-5+8-7=6$

$\sigma_{22}=c_{22}-c_{32}+c_{33}-c_{23}=19-14+13-7=11$

$\sigma_{24}=c_{24}-c_{23}+c_{13}-c_{14}=10-7+8-6=5$

$\sigma_{31}=c_{31}-c_{11}+c_{13}-c_{33}=9-5+8-13=-1$

$\sigma_{34}=c_{34}-c_{33}+c_{13}-c_{14}=15-13+8-6=4$

2）位势法：

$$\begin{matrix} u_1+v_1=5 & u_2+v_3=7 \\ u_3+v_2=14 & u_3+v_3=13 \\ u_1+v_3=8 & u_1+v_4=6 \end{matrix} \xrightarrow{\text{令 } u_1=0} \begin{matrix} u_1=0 \\ u_2=-1 \\ u_3=5 \end{matrix} \quad \begin{matrix} v_1=5 \\ v_2=9 \\ v_3=8 \\ v_4=6 \end{matrix}$$

$\sigma_{12}=c_{12}-(u_1+v_2)=11-(0+9)=2$

$\sigma_{21}=c_{21}-(u_2+v_1)=10-(-1+5)=6$

$\sigma_{22}=c_{22}-(u_2+v_2)=19-(-1+9)=11$

$\sigma_{24}=c_{24}-(u_2+v_4)=10-(-1+6)=5$

$\sigma_{31}=c_{31}-(u_3+v_1)=9-(5+5)=-1$

$\sigma_{34}=c_{34}-(u_3+v_4)=15-(5+6)=4$

（3）进一步求解这个问题，如表 1-4-13 所示。

表 1-4-13

产地	销地				产量/t
	B_1	B_2	B_3	B_4	
A_1	5 170	11 6	8 320	6 260	750

（续）

产地	销地				产量/t
	B_1	B_2	B_3	B_4	
A_2	10 1	19 10	7 210	10 5	210
A_3	9 180	14 420	13 1	15 5	600
销量/t	350	420	530	260	1560

计算检验数：

$$
\begin{array}{ll}
u_1+v_1=5 & u_2+v_3=7 \\
u_3+v_2=14 & u_3+v_1=9 \\
u_1+v_3=8 & u_1+v_4=6
\end{array}
\xrightarrow{\text{令 } u_1=0}
\begin{array}{l}
u_1=0 \\
u_2=-1 \\
u_3=4
\end{array}
\quad
\begin{array}{l}
v_1=5 \\
v_2=10 \\
v_3=8 \\
v_4=6
\end{array}
$$

$\sigma_{12}=c_{12}-(u_1+v_2)=11-(0+10)=1$

$\sigma_{21}=c_{21}-(u_2+v_1)=10-(-1+5)=6$

$\sigma_{22}=c_{22}-(u_2+v_2)=19-(-1+10)=10$

$\sigma_{24}=c_{24}-(u_2+v_4)=10-(-1+6)=5$

$\sigma_{33}=c_{33}-(u_3+v_3)=13-(4+8)=1$

$\sigma_{34}=c_{34}-(u_3+v_4)=15-(4+6)=5$

因为检验数均大于0，所以得到最优解，如表1-4-13所示，最优值为：13940百元。

2.（1）表上作业法求解结果如表1-4-14所示。

表 1-4-14

产地	销地				产量
	B_1	B_2	B_3	B_4	
A_1	8	4 10	7	2 80	90
A_2	5 70	8 30	3	5	100
A_3	7	7 10	2 110	9	120
销量	70	50	110	80	310

计算检验数：

$$
\begin{array}{ll}
u_1+v_2=4 & u_2+v_2=8 \\
u_1+v_4=2 & u_3+v_2=7 \\
u_2+v_1=5 & u_3+v_3=2
\end{array}
\xrightarrow{\text{令 } u_1=0}
\begin{array}{l}
u_1=0 \\
u_2=4 \\
u_3=3
\end{array}
\quad
\begin{array}{l}
v_1=1 \\
v_2=4 \\
v_3=-1 \\
v_4=2
\end{array}
$$

$\sigma_{11}=c_{11}-(u_1+v_1)=8-(0+1)=7$

$\sigma_{23}=c_{23}-(u_2+v_3)=3-(4-1)=0$

$\sigma_{31}=c_{31}-(u_3+v_1)=7-(3+1)=3$

$\sigma_{24}=c_{24}-(u_2+v_4)=5-(4+2)=-1$

$\sigma_{13}=c_{13}-(u_1+v_3)=7-(0-1)=8$

$\sigma_{34}=c_{34}-(u_3+v_4)=9-(3+2)=4$

因为 $\sigma_{24}=-1<0$，所以令 x_{24} 为进基变量，具体做法见表 1-4-14。得到的新的运输表格如表 1-4-15 所示。

表 1-4-15

产地	销地				产量
	B_1	B_2	B_3	B_4	
A_1	8	4 40	7	2 50	90
A_2	5 70	8	3	5 30	100
A_3	7	7 10	2 110	9	120
销量	70	50	110	80	310

用位势法计算新的检验数：

$$\begin{matrix} u_1+v_2=4 & u_2+v_4=5 \\ u_2+v_1=5 & u_3+v_2=7 \\ u_1+v_4=2 & u_3+v_3=2 \end{matrix} \xrightarrow{\text{令 } u_1=0} \begin{matrix} u_1=0 \\ u_2=3 \\ u_3=3 \end{matrix} \quad \begin{matrix} v_1=2 \\ v_2=4 \\ v_3=-1 \\ v_4=2 \end{matrix}$$

$\sigma_{11}=c_{11}-(u_1+v_1)=8-(0+2)=6$

$\sigma_{31}=c_{31}-(u_3+v_1)=7-(3+2)=2$

$\sigma_{22}=c_{22}-(u_2+v_2)=8-(3+4)=1$

$\sigma_{13}=c_{13}-(u_1+v_3)=7-(0-1)=8$

$\sigma_{23}=c_{23}-(u_2+v_3)=3-(3-1)=1$

$\sigma_{34}=c_{34}-(u_3+v_4)=9-(3+2)=4$

因为检验数均大于等于 0，所以表 1-4-15 为最优解，最优值为：1050。

（2）增加一个虚拟销地 B_5，如表 1-4-16、表 1-4-17 所示。

表 1-4-16

产地	销地					产量
	B_1	B_2	B_3	B_4	B_5	
A_1	18 9	14 4	17 10	12 0	0 90	100
A_2	5 50	8 2	13 50	15 7	0 4	100
A_3	17 11	7 70	12 −2	9 80	0 3	150
销量	50	70	60	80	90	350

$$
\begin{array}{ll}
u_1+v_4=12 & u_2+v_1=5 \\
u_1+v_3=17 & u_2+v_3=13 \\
u_1+v_5=0 & u_3+v_2=7 \\
 & u_3+v_4=9
\end{array}
\xrightarrow{\text{令 } u_1=0}
\begin{array}{ll}
 & v_1=9 \\
u_1=0 & v_2=10 \\
u_2=-4 & v_3=17 \\
u_3=-3 & v_4=12 \\
 & v_5=0
\end{array}
$$

$$\sigma_{11}=c_{11}-(u_1+v_1)=18-(0+9)=9$$
$$\sigma_{12}=c_{12}-(u_1+v_2)=14-(0+10)=4$$
$$\sigma_{22}=c_{22}-(u_2+v_2)=8-(-4+10)=2$$
$$\sigma_{24}=c_{24}-(u_2+v_4)=15-(-4+12)=7$$
$$\sigma_{25}=c_{25}-(u_2+v_5)=0-(-4+0)=4$$
$$\sigma_{31}=c_{31}-(u_3+v_1)=17-(-3+9)=11$$
$$\sigma_{35}=c_{35}-(u_3+v_5)=0-(-3+0)=3$$
$$\sigma_{33}=c_{33}-(u_3+v_3)=12-(-3+17)=-2$$

表 1-4-17

产地	销地					产量
	B_1	B_2	B_3	B_4	B_5	
A_1	18 11	14 4	17 2	12 10	0 90	100
A_2	5 50	8 0	13 50	15 5	0 2	100
A_3	17 13	7 70	12 10	9 70	0 3	150
销量	50	70	60	80	90	350

计算新的检验数：

$$
\begin{array}{ll}
 & u_3+v_3=12 \\
u_1+v_4=12 & u_2+v_3=13 \\
u_1+v_5=0 & u_3+v_2=7 \\
u_2+v_1=5 & u_3+v_4=9
\end{array}
\xrightarrow{\text{令 } u_1=0}
\begin{array}{ll}
 & v_1=7 \\
u_1=0 & v_2=10 \\
u_2=-2 & v_3=15 \\
u_3=-3 & v_4=12 \\
 & v_5=0
\end{array}
$$

$$\sigma_{11}=c_{11}-(u_1+v_1)=18-(0+7)=11$$
$$\sigma_{12}=c_{12}-(u_1+v_2)=14-(0+10)=4$$
$$\sigma_{22}=c_{22}-(u_2+v_2)=8-(-2+10)=0$$
$$\sigma_{24}=c_{24}-(u_2+v_4)=15-(-2+12)=5$$
$$\sigma_{25}=c_{25}-(u_2+v_5)=0-(-2+0)=2$$

$\sigma_{31}=c_{31}-(u_3+v_1)=17-(-3+7)=13$

$\sigma_{35}=c_{35}-(u_3+v_5)=0-(-3+0)=3$

$\sigma_{13}=c_{13}-(u_1+v_3)=17-(0+15)=2$

因为 $\sigma_{22}=0$，所以此题有无穷多解。把 x_{22} 作为主元，再进行换基运算，可得另一最优解，如表 1-4-18 所示。

表 1-4-18

产地	销地					产量
	B_1	B_2	B_3	B_4	B_5	
A_1	18	14	17	12 10	0 90	100
A_2	5 50	8 0　50	13	15	0	100
A_3	17	7 20	12 60	9 70	0	150
销量	50	70	60	80	90	350

（3）增加一个虚拟产地 A_4，如表 1-4-19 所示。

表 1-4-19

产地	销地					产量
	B_1	B_2	B_3	B_4	B_5	
A_1	8 8	6 9	3 20	7 8	5 0	20
A_2	5 20	M $M-2$	8 0	4 10	7 -3	30
A_3	6 5	3 25	9 0	6 1	8 -3	30
A_4	0 5	0 8	0 2	0 6	0 20	20
销量	25	25	20	10	20	100

$$\begin{array}{ll} u_1+v_3=3 & u_2+v_4=4 \\ u_1+v_5=5 & u_3+v_1=6 \\ u_2+v_1=5 & u_3+v_2=3 \\ u_2+v_3=8 & u_4+v_5=0 \end{array} \xrightarrow{\text{令 } u_1=0} \begin{array}{l} u_1=0 \\ u_2=5 \\ u_3=6 \\ u_4=-5 \end{array} \quad \begin{array}{l} v_1=0 \\ v_2=-3 \\ v_3=3 \\ v_4=-1 \\ v_5=5 \end{array}$$

$\sigma_{11}=8-(0+0)=8$　　$\sigma_{12}=6-(0-3)=9$

$\sigma_{25}=7-(5+5)=-3$　　$\sigma_{33}=9-(6+3)=0$

$\sigma_{41}=0-(-5+0)=5$　　$\sigma_{42}=0-(-5-3)=8$

$\sigma_{14}=7-(0-1)=8$　　$\sigma_{22}=M-(5-3)=M-2$

$\sigma_{34}=6-(6-1)=1$ $\sigma_{35}=8-(6+5)=-3$

$\sigma_{43}=0-(-5+3)=2$ $\sigma_{44}=0-(-5-1)=6$

以 x_{25} 为主元，得到新的运输问题，如表 1-4-20 所示。

表 1-4-20

产地	销地					产量
	B_1	B_2	B_3	B_4	B_5	
A_1	8 5	6 9	3 20	7 4	5 0	20
A_2	5 20	M $M-2$	8 3	4 10	7 0	30
A_3	6 5	3 25	9 3	6 1	8 0	30
A_4	0 2	0 5	0 2	0 3	0 20	20
销量	25	25	20	10	20	100

求新的运输表格的检验数：

$$\begin{matrix} u_1+v_3=3 & u_2+v_5=7 \\ u_1+v_5=5 & u_3+v_1=6 \\ u_2+v_1=5 & u_3+v_2=3 \\ u_2+v_4=4 & u_4+v_5=0 \end{matrix} \xrightarrow{\text{令 } u_1=0} \begin{matrix} u_1=0 \\ u_2=2 \\ u_3=3 \\ u_4=-5 \end{matrix} \quad \begin{matrix} v_1=3 \\ v_2=0 \\ v_3=3 \\ v_4=2 \\ v_5=5 \end{matrix}$$

$\sigma_{11}=5$ $\sigma_{12}=6$ $\sigma_{14}=5$ $\sigma_{22}=M-2$ $\sigma_{23}=3$ $\sigma_{33}=3$

$\sigma_{34}=1$ $\sigma_{35}=0$ $\sigma_{41}=2$ $\sigma_{42}=5$ $\sigma_{43}=2$ $\sigma_{44}=3$

因为检验数均大于等于 0，所以得最优解。

又因为 x_{35} 的检验数为 0，所以有无穷多最优解。故以 x_{35} 为主元，进行换基运算，可得另一最优解，最优值为 305。

3. 计算结果如表 1-4-21 所示。

表 1-4-21

产地	销地				产量/t
	B_1	B_2	B_3	B_4	
A_1	21 9	17 250	23 0	25 50	300
A_2	10 400	15 0	30 9	19 -4	400
A_3	23 14	21 7	20 350	22 150	500
销量/t	400	250	350	200	1200

$$\begin{matrix} u_1+v_2=17 & u_2+v_2=15 \\ u_1+v_4=25 & u_3+v_3=20 \\ u_2+v_1=10 & u_3+v_4=22 \end{matrix} \xrightarrow{令 u_1=0} \begin{matrix} u_1=0 \\ u_2=-2 \\ u_3=-3 \end{matrix} \quad \begin{matrix} v_1=12 \\ v_2=17 \\ v_3=23 \\ v_4=25 \end{matrix}$$

$\sigma_{11}=9 \quad \sigma_{13}=0 \quad \sigma_{23}=9 \quad \sigma_{24}=-4 \quad \sigma_{31}=14 \quad \sigma_{32}=7$

得到新的运输问题，如表 1-4-22 所示。

表 1-4-22

产地	销地				产量/t
	B_1	B_2	B_3	B_4	
A_1	21	17　250	23	25　50	300
A_2	10　400	15	30	19　0	400
A_3	23	21	20　350	22　150	500
销量/t	400	250	350	200	1200

$$\begin{matrix} u_1+v_2=17 & u_2+v_4=19 \\ u_1+v_4=25 & u_3+v_3=20 \\ u_2+v_1=10 & u_3+v_4=22 \end{matrix} \xrightarrow{令 u_1=0} \begin{matrix} u_1=0 \\ u_2=-6 \\ u_3=-3 \end{matrix} \quad \begin{matrix} v_1=16 \\ v_2=17 \\ v_3=23 \\ v_4=25 \end{matrix}$$

$\sigma_{11}=5 \quad \sigma_{13}=0 \quad \sigma_{22}=4 \quad \sigma_{23}=13 \quad \sigma_{31}=10 \quad \sigma_{32}=7$

因为 $\sigma_{13}=0$，所以有多个最优解。

以 x_{13} 为主元进行换基运算，可得另一最优解，如表 1-4-23 所示。

表 1-4-23

产地	销地				产量/t
	B_1	B_2	B_3	B_4	
A_1		250	50		300
A_2	400				400
A_3			300	200	500
销量/t	400	250	350	200	1200

注：表中数据表示从产地 A_i 运往销地 B_j 的数量。最优值（最小运费）：19800 百元。

4. 解：设 x_{ij} 为第 i 月生产、第 j 月交货的数量（i，$j=1$，2，3，4），x'_{ij} 为第 i 月加班生产、第 j 月交货的数量（i，$j=1$，2，3，4），则应满足下列约束条件：

交货：$x_{11}=400$

$x_{12}+x_{22}+x'_{22}=800$

$x_{13}+x_{23}+x'_{23}+x_{33}+x'_{33}=900$

$x_{14}+x_{24}+x'_{24}+x_{34}+x'_{34}+x_{44}=600$

生产：$x_{11}+x_{12}+x_{13}+x_{14}\leqslant 700$

$$x_{22}+x_{23}+x_{24}\leqslant 700$$

$$x'_{22}+x'_{23}+x'_{24}\leqslant 200$$

$$x_{33}+x_{34}\leqslant 700$$

$$x'_{33}+x'_{34}\leqslant 200$$

$$x_{44}\leqslant 700$$

目标函数的系数：

$c_{11}=10$

$c_{12}=13$　$c_{22}=12$　$c'_{22}=17$

$c_{13}=16$　$c_{23}=15$　$c'_{23}=20$　$c_{33}=14$　$c'_{33}=19$

$c_{14}=19$　$c_{24}=18$　$c'_{24}=23$　$c_{34}=17$　$c'_{34}=22$　$c_{44}=16$

构造运输表，如表 1-4-24 所示。

表　1-4-24

销售	生产						销量/件
	第 1 月 正常生产	第 2 月 正常生产	第 2 月 加班生产	第 3 月 正常生产	第 3 月 加班生产	第 4 月 正常生产	
第 1 月	10	M	M	M	M	M	400
第 2 月	13	12	17	M	M	M	800
第 3 月	16	15	20	14	19	M	900
第 4 月	19	18	23	17	22	16	600
虚拟交货	0	0	0	0	0	0	500
产量/件	700	700	200	700	200	700	3200

解得最优解如表 1-4-25 所示。

表　1-4-25

销售	生产						销量/件
	第 1 月 正常生产	第 2 月 正常生产	第 2 月 加班生产	第 3 月 正常生产	第 3 月 加班生产	第 4 月 正常生产	
第 1 月	400						400
第 2 月	100	700					800
第 3 月	200			700			900
第 4 月						600	600
虚拟交货			200		200	100	500
产量/件	700	700	200	700	200	700	3200

最优值（最小成本）：36300 元。

5. 构建运输表格，如表 1-4-26 所示。

表 1-4-26

销售	生产													销量/台
	年初库存	1月正常	1月加班	2月正常	2月加班	3月正常	3月加班	4月正常	4月加班	5月正常	5月加班	6月正常	6月加班	
1月	0.2	15	16	*M*	*M*	*M*	*M*	*M*	*M*	*M*	*M*	*M*	*M*	104
2月	0.4	15.3	16.3	14	15	*M*	*M*	*M*	*M*	*M*	*M*	*M*	*M*	75
3月	0.6	15.6	16.6	14.3	15.3	13.5	14.5	*M*	*M*	*M*	*M*	*M*	*M*	115
4月	0.8	15.9	16.9	14.6	15.6	13.8	14.8	13	14	*M*	*M*	*M*	*M*	160
5月	1.0	16.2	17.2	14.9	15.9	14.1	15.1	13.3	14.3	13	14	*M*	*M*	103
6月	1.2	16.5	17.5	15.2	16.2	14.4	15.4	13.6	14.6	13.3	14.3	13.5	14.5	150
虚拟交货	*M*	0	0	0	0	0	0	0	0	0	0	0	0	36
产量/台	103	60	10	50	10	90	20	100	40	100	40	80	40	743

解得最优解如表 1-4-27 所示。

表 1-4-27

销售	生产													销量/台
	年初库存	1月正常	1月加班	2月正常	2月加班	3月正常	3月加班	4月正常	4月加班	5月正常	5月加班	6月正常	6月加班	
1月	63	41												104
2月	15			50	10									75
3月	5					90	20							115
4月	20							100	40					160
5月										100	3			103
6月											37	80	33	150
虚拟交货		19	10										7	36
产量/台	103	60	10	50	10	90	20	100	40	100	40	80	40	743

第五章

动态规划

第一节　学习要点及思考题

一、学习要点

1. 多阶段决策问题

动态规划是把多阶段决策问题作为研究对象。所谓多阶段决策问题，是指这样一类活动过程：根据问题本身的特点，可以将其求解的全过程划分为若干个相互联系的阶段（即将问题划分为许多个相互联系的子问题），在它的每一阶段都需要做出决策，并且在一个阶段的决策确定以后再转移到下一个阶段。往往前一个阶段的决策会影响后一个阶段的决策，从而影响整个过程。把一个问题划分成若干个相互联系的阶段选取其最优策略，这类问题就是多阶段决策问题。

多阶段决策过程最优化的目标是要达到整个活动过程的总体效果最优。由于各阶段决策间有机地联系着，本阶段决策的执行将会影响下一阶段的决策，以至于影响总体效果，所以决策者在每阶段决策时不应仅考虑本阶段最优，还应考虑对最终目标的影响，从而做出对全局来说最优的决策。动态规划就是符合这种要求的一种决策方法。

2. 动态规划求解的基本概念和基本原理

使用动态规划方法解决多阶段决策问题，首先要将实际问题写成动态规划模型，涉及如下概念：

（1）阶段和阶段变量。为便于求解和表示决策及过程的发展顺序，而把所给问题恰当地划分为若干个相互联系又有区别的子问题，称之为多段决策问题的阶段。通常，阶段是按决策进行的时间或空间上的先后顺序划分的。用以描述阶段的变量叫作阶段变量，一般以 k 表示。

（2）状态、状态变量和可能状态集合。用以描述事物（或系统）在某特定的时间与空间域中所处位置及运动特征的量，称为状态；反映状态变化的量叫作状态变量。状态变量必须包含在给定的阶段上确定全部允许决策所需要的信息。通常定义阶段的状态即指其初始状态，即阶段 k 的初始状态记作 s_k，终止状态记作 s_{k+1}。状态变量的取值范围或允许集合，称为可能状态集合。通常，可能状态集合用相应阶段状态 s_k 的大写字母 S_k 表示，即 $s_k \in S_k$。

（3）决策、决策变量和允许决策集合。决策就是确定系统过程发展的方案。决策的实质是关于状态的选择，是决策者从给定阶段状态出发对下一阶段状态做出的选择。用以描述决策变化的量称为决策变量，一般是状态变量的函数，记作 $u_k = u_k(s_k)$，表示在 k 阶段状态 s_k 时的决策变量。决策变量的取值往往也有一定的容许范围，称为允许决策集合。决策变量 $u_k(s_k)$ 的允许决策集用 $U_k(s_k)$ 表示，即 $u_k(s_k) \in U_k(s_k)$。

（4）策略和允许策略集合。策略（Policy）也叫决策序列，有全过程策略和 k 部子策略之分。全过程策略是指具有 n 个阶段的全部过程，由依次进行的 n 个阶段决策构成的决策序列，简称策略，表示为 $p_1 = \{u_1, u_2, \cdots, u_n\}$。从 k 阶段到第 n 阶段，依次进行的阶段决策构成的决策序列称为 k 部子策略，表示为 $p_k = \{u_k, u_{k+1}, \cdots, u_n\}$。在实践中，由于在各个阶段可供选择的决策有许多个，因此，它们的不同组合就构成了许多可供选择的决策序列（策略）。由它们组成的集合称为允许策略集合，记作 P_k。从允许策略集中，找出具有最优效果的策略称为最优策略。

（5）状态转移方程。系统在阶段 k 处于状态 s_k，执行决策 $u_k(s_k)$ 的结果是系统状态的转移，即系统由阶段 k 的初始状态 s_k 转移到终止状态 s_{k+1}。用数学公式描述即有

$$s_{k+1} = T_k(s_k, u_k(s_k)) \tag{1-5-1}$$

通常称式（1-5-1）为多阶段决策过程的状态转移方程。

（6）指标函数。用来衡量策略或子策略或决策的效果的某种数量指标，就称为指标函数。

1）阶段指标函数（也称阶段效应）。用 $g_k(s_k, u_k)$ 表示第 k 阶段处于 s_k 状态且所作决策为 $u_k(s_k)$ 时的指标，则它就是第 k 阶段指标函数，简记为 g_k。

2）过程指标函数（也称目标函数）。用 $R_k(s_k, u_k)$ 表示第 k 子过程的指标函数。对于 k 部子过程的指标函数可以表示为（下式中⊕表示某种运算）：

$$\begin{aligned} R_k &= R_k(s_k, u_k, s_{k+1}, u_{k+1}, \cdots, s_n, u_n) \\ &= g_k(s_k, u_k) \oplus g_{k+1}(s_{k+1}, u_{k+1}) \oplus \cdots \oplus g_n(s_n, u_n) \end{aligned} \tag{1-5-2}$$

（7）最优解。用 $f_k(s_k)$ 表示第 k 子过程指标函数 $R_k(s_k, p_k(s_k))$ 在 s_k 状态下的最优值，即

$$f_k(s_k) = \underset{p_k \in P_k(s_k)}{\mathrm{opt}} \{R_k(s_k, p_k(s_k))\} \quad (k = 1, 2, \cdots, n)$$

称 $f_k(s_k)$ 为第 k 子过程上的最优指标函数。

最优化原理（贝尔曼最优化原理）　作为一个全过程的最优策略具有这样的性质：对于最优策略过程中的任意状态而言，无论其过去的状态和决策如何，余下的诸决策必构成一个最优子策略。

3. 动态规划求解过程

动态规划方法的基本过程可分为三步：

（1）动态规划的建模。针对问题描述阶段 k、状态变量及其可能集合 s_k 与 S_k、决策变量及其允许集合 u_k 与 U_k、状态转移方程 $s_{k+1} = T_k(s_k, u_k(s_k))$、阶段指标 $g_k(s_k, u_k(s_k))$ 及动态规划基本方程：

$$\begin{cases} f_{n+1}(s_{n+1}) = \text{边界条件} \\ f_k(s_k) = \underset{u_k \in U_k}{\mathrm{opt}} \{g_k(s_k, u_k(s_k)) + f_{k+1}(u_{k+1}(s_{k+1}))\} \quad [k = n, n-1, \cdots, 2, 1(\text{加的情况})] \end{cases}$$

或

$$\begin{cases} f_{n+1}(s_{n+1}) = \text{边界条件} \\ f_k(s_k) = \underset{u_k \in U_k}{\text{opt}} \{ g_k(s_k, u_k(s_k)) \cdot f_{k+1}(u_{k+1}(s_{k+1})) \} \end{cases} \quad [k = n, n-1, \cdots, 2, 1(\text{乘的情况})]$$

（2）逆序递推求解动态规划基本方程，求出最优值。

（3）回溯，求出最优策略。

方法分类：标号法、离散变量的表格求解、连续变量的解析求解等。

二、思考题

（1）试述动态规划的“最优化原理”及它同动态规划基本方程之间的关系。

（2）动态规划的阶段如何划分？

（3）试述用动态规划求解最短路径问题的方法和步骤。

（4）试解释状态、决策、策略、最优策略、状态转移方程、指标函数、最优值函数、边界条件等概念。

（5）试述建立动态规划模型的基本方法。

（6）试述动态规划方法的基本思想、动态规划的基本方程的结构及正确写出动态规划基本方程的关键步骤。

三、本章学习思路建议

在动态规划的学习中，一方面，学生普遍反映理解上存在困难，另一方面，动态规划方法还有逆序法和顺序法两种求解途径，虽然全面掌握后在解题时运用合理可以使得计算变得简便，但是学起来会有很多困难。基于这些原因，建议学习中以逆序法为主，把逆序法掌握了，顺序法就很容易理解了。如果由于时间关系，在教学中只讲逆序法也可以。

在逆序法的学习中，注重三个主要步骤及其特点：

（1）动态规划建模。分析题目，建立几个关键要素：阶段、状态变量（可能的状态集合）、决策变量（针对一个状态的允许决策取值的集合）、状态转移方程、阶段指标（阶段效应），以及动态规划基本方程（终端条件和逆序递推公式）。这一步骤难度较大。

（2）从终端条件开始，逆序求解动态规划基本方程的递推公式（标号法、表格法或公式法），到第一阶段（即开始阶段）得到最优值。这里是主要的计算工作量。

（3）对（2）的过程回溯，得到最优策略（即最优解）。这里，回到问题本身才是真正的解题结束。

注意强调，动态规划的分类不是最短路径问题、资源分配问题、生产存储问题……而应是离散型动态规划问题、连续型动态规划问题、随机型动态规划问题……

第二节　课后习题参考解答

习　题

1. 设某工厂自国外进口一部精密机床，由制造厂家至出口港有三个港口可供选择，而进口港又有三个可供选择，进口后可以经由两个城市到达目的地，其间的运输成本如图 1-5-1 中各线段旁数字所示。试求运费最低的路线。

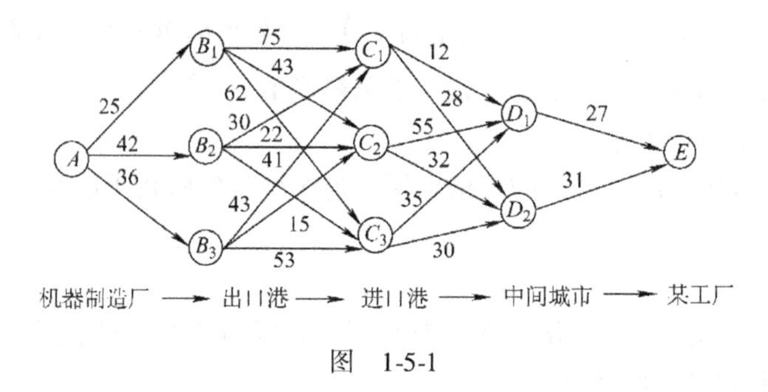

图 1-5-1

2. 要求从城市 1 到城市 12 建立一条客运线，各段路线所能获得的利润如表 1-5-1 所示，需要注意的是，从一个给定的城市出发，只能直接到达某些城市，例如，从城市 2 出发，只能直接到达城市 5、6、7、8。试问：从城市 1 到城市 12 应该走怎样的路线，才能取得最大利润？

表 1-5-1

出发城市	到达城市										
	2	3	4	5	6	7	8	9	10	11	12
1	5	4	2								
2				8	10	5	7				
3				6	3	8	10				
4				8	9	6	4				
5								8	4	3	
6								5	2	7	
7								4	6	10	
8								12	5	2	
9											7
10											3
11											6

3. 某厂有 100 台机床，能够加工两种零件，要安排下面四个月的任务，根据以往的经验，知道这些机床用来加工第一种零件，一个月以后损坏率为 1/3。而在加工第二种零件时，一个月后损坏率为 1/10。又知道，机床加工第一种零件时一个月的收益为 10 万美元，加工第二种零件时每个月的收益为 7 万美元。现在要安排四个月的任务。试问：怎样分配机床的任务，能使总收益最大？

4. 某公司有四名营业员要分配到三个销售点去，如果 m 个营业员分配到第 n 个销售点时，每月所得利润如表 1-5-2 所示。试问：该公司应该如何分配这四名营业员，使所获利润最大？

表　1-5-2　　（单位：千元）

n	m/人				
	0	1	2	3	4
1	0	16	25	30	32
2	0	12	17	21	22
3	0	10	14	16	17

5. 某市一工业局承接省经委一对外加工任务，现有4kt材料拟分配给可以接受该项任务的甲、乙、丙三家工厂。为计算简便起见，仅以千吨为单位进行分配。据事先了解，各厂在分得该种材料之后，可为国家净创外汇如表1-5-3所示。试问：

（1）拟分配给各厂各多少千吨材料，可使国家获得的外汇最多？

（2）各厂所创外汇分别为多少？

表　1-5-3　　（单位：万美元）

工厂	材料				
	0	1	2	3	4
甲	0	4	7	10	13
乙	0	5	9	11	13
丙	0	4	6	11	14

6. 某车队用一种4t的载货汽车为外单位进行长途运输，除去驾驶员自带燃料油、水、生活用具等重0.5t外，余下可装货物。现有*A*、*B*、*C*、*D*四种货物要运输，其每种每件的重量以及各运输1、2、3、4、5件货物，由甲地至乙地所需的运输费用等如表1-5-4所示，货物由驾驶员决定各装多少件。试问：采用何种装载方案可以使车队运输费用最小？

表　1-5-4

货　物	每件重量/t	带不同数量的货物所需运输费用				
		1	2	3	4	5
A	0.3	2	3	8	16	23
B	0.2	1	2	4	7	12
C	0.4	4	8	15	24	30
D	0.6	4	9	23	36	42

7. 某厂新买了一间25m^{2}的房屋作为生产车间，有四种机床可以放置于此安排生产，各机床占地面积各不相同，如表1-5-5所示。此外，根据统计经验，各种机床各台的收益情况估计如表1-5-5所示。为了获得最大收益，各种机床应各放置几台最好？

表 1-5-5

机　床	每台占地/m^2	每台收益/(百元/天)			
		第1台	第2台	第3台	第4台
A	4	10	7	4	1
B	5	9	9	8	8
C	6	11	10	9	8
D	3	8	6	4	2

8. 某厂根据上级主管部门的指令性计划，要求其下一年度的第1、2季度6个月交货任务如表1-5-6所示。表中数字为月底交货量。

表 1-5-6

月　份	1月	2月	3月	4月	5月	6月
交货量/百件	1	2	5	3	2	1

该厂的生产能力为每月400件，仓库的存储能力为每月300件，已知每百件产品的生产费用为1000元，在进行生产的月份，工厂要支出经常性费用4000元，仓库保管费为每百件每月1000元，设年初及6月底交货后无库存。试问：该厂应该如何决策（即每个月各生产多少件产品），才能既满足交货任务，又使总费用最少？

9. 某个地方加工厂生产任务因季节性变化而颇不稳定，为了降低生产成本，合适的办法是聘用季度合同工。但是，熟练的工人难以聘到，而新手培训费用较高。因此，厂长不想在淡季辞退工人，不过他又不想在生产没有需要时保持高额的工资支出，同时还反对在生产供货旺季时，让正常班的工人加班加点。由于所有业务是按客户订单来组织生产的，也不允许在淡季积累存货，所以关于应该采用多高的聘用工人水准问题使得厂长左右为难。

经过若干年对于生产所需的劳动力情况的统计，发现在一年四季中，劳动力的需求量不得低于表1-5-7所示的水平。

表 1-5-7

季　节	春	夏	秋	冬	春	…
需求量/人	255	220	240	200	255	…

超过这些水平的任何聘用则造成浪费，其代价大约每季度每人为2000元。又根据估计，聘用费与解聘费使得一个季度到下一个季度改变聘用水准的总费用是200乘上两个聘用水准之差的平方。由于有少数人为全时聘用人员，因而聘用水准可能取分数值，并且上述费用数据也在分数的基础上适用。该厂厂长应该确定：每个季度应该有怎样的聘用水平，可以使总费用最小？

10. 某面粉厂有个合同，在本月底向某食品厂提供甲种面粉20t，下个月底要提供140t，生产费用取决于销售部门与用户所签订的合同，即第1个月每吨为：$c_1(x_1)=7500+(x_1-50)^2$，第2个月每吨为：$c_2(x_2)=7500+(x_2-40)^2$，其中 x_1 和 x_2 分别为第1个月和第2个月面粉生产的吨数。如果面粉厂一个月的生产多于 20t，则超产部分可以转到下个月，其储运费用为 3 元/t。设没有初始库存，合同需求必须按月满足（不允许退回订货要求）。试制订出一总费用最小的生产计划。

11. 某建设公司有四个正在建设的项目，按目前所配给的人力、设备和材料，这四个项目分别可以在 15、20、18 和 25 周内完成。管理部门希望提前完成，并决定追加 35000 元资金分配给这四个项目。这样，新的完工时间以分配给各个项目的追加资金的函数形式给出，如表 1-5-8 所示。试问这 35000 元如何分配给这四个项目，以使得总完工时间提前得最多（假定追加的资金只能以 5000 元一组进行分配）？

表 1-5-8

追加的资金 x/千元	项目 1	项目 2	项目 3	项目 4
0	15	20	18	25
5	12	16	15	21
10	10	13	12	18
15	8	11	10	16
20	7	9	9	14
25	6	8	8	12
30	5	7	7	11
35	4	7	6	10

12. 某制造厂收到一种装有电子控制部件的机械产品的订货，制订了一个以后 5 个月的生产计划，除了其中的电子部件需要外购，其他部件均由本厂制造。负责购买电子部件的采购人员必须制订满足生产部门提出的需求量计划。经过与若干电子部件生产厂进行谈判，采购人员确定了计划阶段 5 个月中该电子部件最理想的可能的价格。表 1-5-9 给出了需求量计划和采购价格的有关资料。

表 1-5-9

月	需求量/千个	采购价格/(元/千个)
1	5	10
2	10	11
3	6	13
4	9	10
5	4	12

该厂储备这种电子部件的仓库容量最多是 12000 个，无初始存货，5 个月之后，这种部件也不再需要。假设这种电子部件的订货每月初安排一次，而提供货物所需的时间很短（可以认为实际上是即时供货），不允许退回订货。假定每 1000 个电子部件到月底的库存费用是 2. 50 元，试问如何安排采购计划，能既满足生产上的需要，又使采购费用和库存费用最少？

13. 用动态规划方法求下列非线性规划问题的最优解：

（1）$\max z=12x_1+3x_1^2-2x_1^3+12x_2-x_2^3$

$$\text{s. t.}\quad \begin{cases} x_1+x_2\leqslant 3 \\ x_1\geqslant 0,\ x_2\geqslant 0 \end{cases}$$

（2）$\max z=x_1x_2x_3$

$$\text{s. t.}\quad \begin{cases} x_1+x_2+x_3\leqslant 6 \\ x_1,\ x_2,\ x_3\geqslant 0 \end{cases}$$

习题解答

1. 第一阶段 $k=4$，状态 D_1、D_2。

设 $f_4(D_1)$ 和 $f_4(D_2)$ 分别表示 D_1、D_2 到 E 的最短距离，显然有 $f_4(D_1)=27$，$f_4(D_2)=31$。

第二阶段 $k=3$，状态 C_1、C_2、C_3。

$$\begin{aligned} f_3(C_1) &= \min\{d_3(C_1,D_1)+f_4(D_1),d_3(C_1,D_2)+f_4(D_2)\} \\ &= 39(C_1\to D_1\to E) \end{aligned}$$

$$\begin{aligned} f_3(C_2) &= \min\{d_3(C_2,D_1)+f_4(D_1),d_3(C_2,D_2)+f_4(D_2)\} \\ &= 63(C_2\to D_2\to E) \end{aligned}$$

$$\begin{aligned} f_3(C_3) &= \min\{d_3(C_3,D_1)+f_4(D_1),d_3(C_3,D_2)+f_4(D_2)\} \\ &= 61(C_3\to D_2\to E) \end{aligned}$$

第三阶段 $k=2$，状态 B_1、B_2、B_3。

$$\begin{aligned} f_2(B_1) &= \min\{d_2(B_1,C_1)+f_3(C_1),d_2(B_1,C_2)+f_3(C_2),d_2(B_1,C_3)+f_3(C_3)\} \\ &= 106(B_1\to C_2\to D_2\to E) \end{aligned}$$

$$\begin{aligned} f_2(B_2) &= \min\{d_2(B_2,C_1)+f_3(C_1),d_2(B_2,C_2)+f_3(C_2),d_2(B_2,C_3)+f_3(C_3)\} \\ &= 69(B_2\to C_1\to D_1\to E) \end{aligned}$$

$$\begin{aligned} f_2(B_3) &= \min\{d_2(B_3,C_1)+f_3(C_1),d_2(B_3,C_2)+f_3(C_2),d_2(B_3,C_3)+f_3(C_3)\} \\ &= 78(B_3\to C_2\to D_2\to E) \end{aligned}$$

第四阶段 $k=1$，状态 A。

$$\begin{aligned} f_1(A) &= \min\{d_1(A,B_1)+f_2(B_1),d_1(A,B_2)+f_2(B_2),d_1(A,B_3)+f_2(B_3)\} \\ &= 111(A\to B_2\to C_1\to D_1\to E) \end{aligned}$$

所以使运费最低的路线为：$A\to B_2\to C_1\to D_1\to E$，最低运费为111。

注：可以用标号法求解。

2. 分四个阶段，如图1-5-2所示。

（1）$k=4$

$$f_4(9)=7,\ f_4(10)=3,\ f_4(11)=6$$

（2）$k=3$

$$\begin{aligned} f_3(5) &= \max\{P_3(5,9)+f_4(9),P_3(5,10)+f_4(10),P_3(5,11)+f_4(11)\} \\ &= 15(5\to 9\to 12) \end{aligned}$$

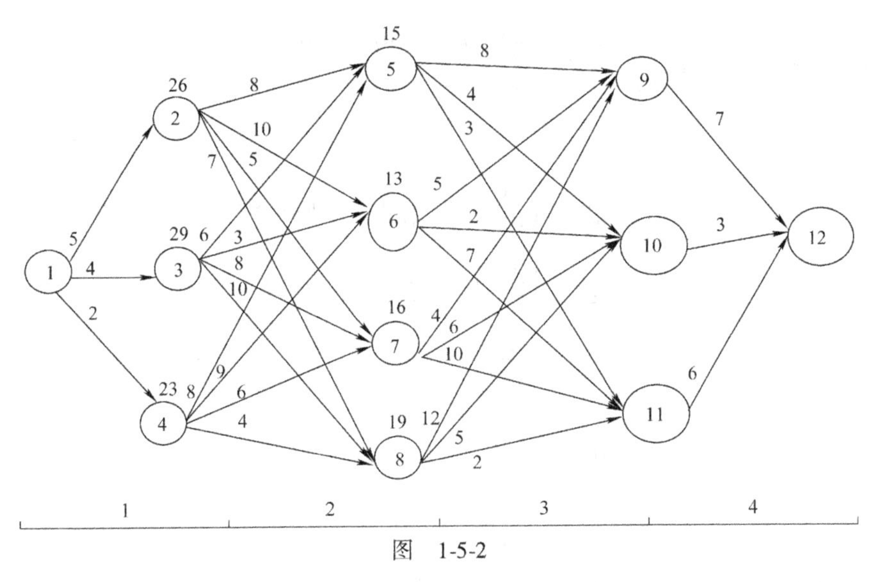

图　1-5-2

$$f_3(6)=\max\{P_3(6,9)+f_4(9),P_3(6,10)+f_4(10),P_3(6,11)+f_4(11)\}$$
$$=13(6\to11\to12)$$
$$f_3(7)=\max\{P_3(7,9)+f_4(9),P_3(7,10)+f_4(10),P_3(7,11)+f_4(11)\}$$
$$=16(7\to11\to12)$$
$$f_3(8)=\max\{P_3(8,9)+f_4(9),P_3(8,10)+f_4(10),P_3(8,11)+f_4(11)\}$$
$$=19(8\to9\to12)$$

(3) $k=2$

$$f_2(2)=\max\{P_2(2,5)+f_3(5),P_2(2,6)+f_3(6),P_2(2,7)+f_3(7),P_2(2,8)+f_3(8)\}$$
$$=26(2\to8\to9\to12)$$
$$f_2(3)=\max\{P_2(3,5)+f_3(5),P_2(3,6)+f_3(6),P_2(3,7)+f_3(7),P_2(3,8)+f_3(8)\}$$
$$=29(3\to8\to9\to12)$$
$$f_2(4)=\max\{P_2(4,5)+f_3(5),P_2(4,6)+f_3(6),P_2(4,7)+f_3(7),P_2(4,8)+f_3(8)\}$$
$$=23\begin{pmatrix}4\to5\to9\to12\\4\to8\to9\to12\end{pmatrix}$$

(4) $k=1$

$$f_1(1)=\max\{P_1(1,2)+f_2(2),P_1(1,3)+f_2(3),P_1(1,4)+f_2(4)\}$$
$$=33(1\to3\to8\to9\to12)$$

所以，从城市1→城市3→城市8→城市9→城市12可使利润最大，最大利润为33。

3. (1) 阶段：$k=4$，表示四个月。

(2) 状态变量：s_k 表示第 k 月开始时有 s_k 台机床可供使用。

(3) 决策变量：u_k 表示第 k 月分配给第一种零件的机床数。

(4) 状态转移方程：$s_{k+1}=\frac{2}{3}u_k+\frac{9}{10}(s_k-u_k)$。

(5) 指标函数：$g_k(s_k,u_k)=\frac{10}{100}u_k+\frac{7}{100}(s_k-u_k)$。

（6）最优指标函数：$\begin{cases} f_k(s_k) = \max\limits_{0 \leqslant u_k \leqslant s_k} \{ g_k(s_k, u_k) + f_{k+1}(s_{k+1}) \} \\ f_5(s_5) = 0 \end{cases}$

$k=4$

$$\begin{aligned} f_4(s_4) &= \max_{0 \leqslant u_4 \leqslant s_4} \left\{ \frac{10}{100}u_4 + \frac{7}{100}(s_4 - u_4) + f_5(s_5) \right\} \\ &= \max_{0 \leqslant u_4 \leqslant s_4} \left\{ \frac{10}{100}u_4 + \frac{7}{100}(s_4 - u_4) \right\} \\ &= \max_{0 \leqslant u_4 \leqslant s_4} \left\{ \frac{3}{100}u_4 + \frac{7}{100}s_4 \right\} \\ &= \frac{1}{10}s_4 (u_4^* = s_4) \end{aligned}$$

$k=3$

$$s_4 = \frac{2}{3}u_3 + \frac{9}{10}(s_3 - u_3)$$

$$\begin{aligned} f_3(s_3) &= \max_{0 \leqslant u_3 \leqslant s_3} \left\{ \frac{10}{100}u_3 + \frac{7}{100}(s_3 - u_3) + f_4(s_4) \right\} \\ &= \max_{0 \leqslant u_3 \leqslant s_3} \left\{ \frac{10}{100}u_3 + \frac{7}{100}(s_3 - u_3) + \frac{1}{10}\left[\frac{2}{3}u_3 + \frac{9}{10}(s_3 - u_3) \right] \right\} \\ &= \max_{0 \leqslant u_3 \leqslant s_3} \left\{ \frac{1}{150}u_3 + \frac{4}{25}s_3 \right\} \\ &= \frac{1}{6}s_3 (u_3^* = s_3) \end{aligned}$$

$k=2$

$$s_3 = \frac{2}{3}u_2 + \frac{9}{10}(s_2 - u_2)$$

$$\begin{aligned} f_2(s_2) &= \max_{0 \leqslant u_2 \leqslant s_2} \left\{ \frac{10}{100}u_2 + \frac{7}{100}(s_2 - u_2) + f_3(s_3) \right\} \\ &= \max_{0 \leqslant u_2 \leqslant s_2} \left\{ \frac{10}{100}u_2 + \frac{7}{100}(s_2 - u_2) + \frac{1}{6}\left[\frac{2}{3}u_2 + \frac{9}{10}(s_2 - u_2) \right] \right\} \\ &= \max_{0 \leqslant u_2 \leqslant s_2} \left\{ \frac{11}{50}s_2 - \frac{4}{450}u_2 \right\} \\ &= \frac{11}{50}s_2 (u_2^* = 0) \end{aligned}$$

$k=1$

$$s_2 = \frac{2}{3}u_1 + \frac{9}{10}(s_1 - u_1)$$

$$\begin{aligned} f_1(s_1) &= \max_{0 \leqslant u_1 \leqslant s_1} \left\{ \frac{10}{100}u_1 + \frac{7}{100}(s_1 - u_1) + f_2(s_2) \right\} \\ &= \max_{0 \leqslant u_1 \leqslant s_1} \left\{ \frac{10}{100}u_1 + \frac{7}{100}(s_1 - u_1) + \frac{11}{50}\left[\frac{2}{3}u_1 + \frac{9}{10}(s_1 - u_1) \right] \right\} \end{aligned}$$

$$= \max_{0 \leqslant u_1 \leqslant s_1} \left\{ \frac{67}{250}s_1 - \frac{8}{375}u_1 \right\}$$

$$= \frac{67}{250}s_1 (u_1^* = 0)$$

所以，最大收益为：$f_1(s_1) = \frac{67}{250}s_1 = \left(\frac{67}{250} \times 100\right)$万美元 = 26.8 万美元。

此时，$u_1^* = 0$，$u_2^* = 0$，$u_3^* = 81$，$u_4^* = 54$。

4.（1）阶段：$k = 3$ 表示三个销售点。

（2）状态变量：s_k 表示在第 k 阶段开始分配的营业员数。

（3）决策变量：u_k 表示第 k 阶段分配的营业员数。

（4）状态转移方程：$s_{k+1} = s_k - u_k$。

（5）指标函数 $g_k(s_k, u_k)$：表示第 k 个销售点分配 u_k 个营业员所获得的利润。

（6）最优指标函数：

$$\begin{cases} f_k(s_k) = \max\limits_{0 \leqslant u_k \leqslant s_k} \{ g_k(s_k, u_k) + f_{k+1}(s_{k+1}) \} \\ f_4(s_4) = 0 (\text{边界条件}) \end{cases}$$

$k = 3$

s_3	0	1	2	3	4
$f_3(s_3)$	0	10	14	16	17
u_3^*	0	1	2	3	4

$k = 2$

s_2	0	1		2			3				4				
u_2	0	0	1	0	1	2	0	1	2	3	0	1	2	3	4
$g_2(s_2, u_2) + f_3(s_3)$	0	10	12	14	22	17	16	26	27	21	17	28	31	31	22
$f_2(s_2)$	0	12			22			27					31		
u_2^*	0	1			1			2				2	3		

$k = 1$

s_1	4				
u_1	0	1	2	3	4
$g_1(s_1, u_1) + f_2(s_2)$	31	43	47	42	32
$f_1(s_1)$	47				
u_1^*	2				

所以最优解 $u_1^* = 2$，$u_2^* = 1$，$u_3^* = 1$，最优利润 47 千元。

5.（1）阶段：$k = 3$，表示甲、乙、丙三个工厂。

（2）状态变量：s_k 表示第 k 个阶段开始时可分配的材料。

（3）决策变量：u_k 表示分配给第 k 个阶段的材料。

(4) 状态转移方程：$s_{k+1}=s_k-u_k$。

(5) 指标函数：$g_k(s_k,u_k)$表示第 k 阶段分配 u_k 材料所创外汇。

(6) 最优指标函数：

$$\begin{cases} f_k(s_k) = \max\limits_{0\leqslant u_k\leqslant s_k}\{g_k(s_k,u_k)+f_{k+1}(s_{k+1})\} \\ f_4(s_4)=0(\text{边界条件}) \end{cases}$$

$k=3$(丙工厂)

s_3	0	1	2	3	4
$f_3(s_3)$	0	4	6	11	14
u_3^*	0	1	2	3	4

$k=2$(乙工厂)

s_2	0	1		2			3				4				
u_2	0	0	1	0	1	2	0	1	2	3	0	1	2	3	4
$g_2(s_2,u_2)+f_3(s_3)$	0	4	5	6	9	9	11	11	13	11	14	16	15	15	13
$f_2(s_2)$	0	5			9			13					16		
u_2^*	0	1		1	2			2					1		

$k=1$(甲工厂)

s_1	4				
u_1	0	1	2	3	4
$g_1(s_1,u_1)+f_2(s_2)$	16	17	16	15	13
$f_1(s_1)$	17				
u_1^*	1				

所以最优解 $u_1^*=1$，$u_2^*=2$，$u_3^*=1$，最优值 17 万美元。

此时，甲工厂创外汇 4 万美元，乙工厂创外汇 9 万美元，丙工厂创外汇 4 万美元。

6. (1) 阶段：$k=4$ 表示四种货物。

(2) 状态变量：s_k 表示在第 k 阶段可分配的重量，其中 $s_1=3.5$。

(3) 决策变量：u_k 表示装 k 货物的数量。

(4) 状态转移方程：$s_{k+1}=s_k-a_ku_k$(a_k 为单位 k 的重量)。

(5) 指标函数：$g_k(s_k,u_k)$表示第 k 种货物装 u_k 件的费用。

(6) 最优指标函数：

$$\begin{cases} f_k(s_k) = \min\limits_{0\leqslant u_k\leqslant s_k}\{g_k(s_k,u_k)+f_{k+1}(s_{k+1})\} \\ f_5(s_5)=0(\text{边界条件}) \end{cases}$$

$k=4$(D 货物)

s_4	0~0.5	0.6~1.1	1.2~1.7	1.8~2.3	2.4~2.9	3.0~3.5
$f_4(s_4)$	0	4	9	23	36	42
u_4^*	0	1	2	3	4	5

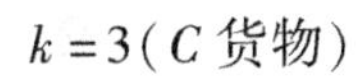

$k=3$（C 货物）

s_3	u_3	$g_3(s_3,u_3)+f_4(s_4)$	$f_3(s_3)$	u_3^*
0～0.3	0	0	0	0
0.4	0 1	0 4	0	0
0.5	0 1	0 4	0	0
0.6	0 1	4 4	4	0 1
0.7	0 1	4 4	4	0 1
0.8	0 1 2	4 4 8	4	0 1
0.9	0 1 2	4 4 8	4	0 1
1.0	0 1 2	4 8 8	4	0
1.1	0 1 2	4 8 8	4	0
1.2	0 1 2 3	9 8 8 15	8	1 2
1.3	0 1 2 3	9 8 8 15	8	1 2
1.4	0 1 2 3	9 8 12 15	8	1
1.5	0 1 2 3	9 8 12 15	8	1

（续）

s_3	u_3	$g_3(s_3,u_3)+f_4(s_4)$	$f_3(s_3)$	u_3^*
1.6	0	9	9	0
	1	13		
	2	12		
	3	15		
	4	24		
1.7	0	9	9	0
	1	13		
	2	12		
	3	15		
	4	24		
1.8	0	23	12	2
	1	13		
	2	12		
	3	19		
	4	24		
1.9	0	23	12	2
	1	13		
	2	12		
	3	19		
	4	24		
2.0	0	23	13	1
	1	13		
	2	17		
	3	19		
	4	24		
	5	30		
2.1	0	23	13	1
	1	13		
	2	17		
	3	19		
	4	24		
	5	30		
2.2	0	23	17	2
	1	27		
	2	17		
	3	19		
	4	28		
	5	30		

（续）

s_3	u_3	$g_3(s_3,u_3)+f_4(s_4)$	$f_3(s_3)$	u_3^*
2.3	0	23	17	2
	1	27		
	2	17		
	3	19		
	4	28		
	5	30		
2.4	0	36	17	2
	1	27		
	2	17		
	3	24		
	4	28		
	5	30		
2.5	0	36	17	2
	1	27		
	2	17		
	3	24		
	4	28		
	5	30		
2.6	0	36	24	3
	1	27		
	2	31		
	3	24		
	4	28		
	5	34		
2.7	0	36	24	3
	1	27		
	2	31		
	3	24		
	4	28		
	5	34		
2.8	0	36	24	3
	1	40		
	2	31		
	3	24		
	4	33		
	5	34		
2.9	0	36	24	3
	1	40		
	2	31		
	3	24		
	4	33		
	5	34		

（续）

s_3	u_3	$g_3(s_3,u_3)+f_4(s_4)$	$f_3(s_3)$	u_3^*
3.0	0	42	31	2
	1	40		
	2	31		
	3	38		
	4	33		
	5	34		
3.1	0	42	31	2
	1	40		
	2	31		
	3	38		
	4	33		
	5	34		
3.2	0	42	33	4
	1	40		
	2	44		
	3	38		
	4	33		
	5	39		
3.3	0	42	33	4
	1	40		
	2	44		
	3	38		
	4	33		
	5	39		
3.4	0	42	38	3
	1	46		
	2	44		
	3	38		
	4	47		
	5	39		
3.5	0	42	38	3
	1	46		
	2	44		
	3	38		
	4	47		
	5	39		

$k=2$

由于在 $k=1$ 阶段只需计算 $f_2(2.0)$、$f_2(2.3)$、$f_2(2.6)$、$f_2(2.9)$、$f_2(3.2)$，$f_2(3.5)$ 即可。

s_2	2.0						2.3						2.6					
u_2	0	1	2	3	4	5	0	1	2	3	4	5	0	1	2	3	4	5
$g_2(s_2,u_2)+f_3(s_3)$	13	13	11	12	15	16	17	14	14	13	15	20	24	18	19	17	19	21
$f_2(s_2)$	11						13						17					
u_2^*	2						3						3					
s_2	2.9						3.2						3.5					
u_2	0	1	2	3	4	5	0	1	2	3	4	5	0	1	2	3	4	5
$g_2(s_2,u_2)+f_3(s_3)$	24	25	19	21	20	24	33	32	26	28	24	29	38	34	33	28	31	29
$f_2(s_2)$	19						24						28					
u_2^*	2						4						3					

$k=1$

s_1	3.5					
u_1	0	1	2	3	4	5
$g_1(s_1,u_1)+f_2(s_2)$	28	26	22	25	29	34
$f_1(s_1)$	22					
u_1^*	2					

所以$f_1(s_1)=22$，最优解为：$u_1^*=2$，$u_2^*=2$，$u_3^*=2$，$u_4^*=2$。

7. (1) 阶段：$k=4$ 表示四台机床。

(2) 状态变量：s_k 表示在第 k 阶段开始时可分配的空间。

(3) 决策变量：u_k 表示分配给第 k 个机床的台数。

(4) 状态转移方程：$s_{k+1}=s_k-a_k u_k$ （a_k 为单位 k 种机床所占的空间）。

(5) 指标函数：$g_k(s_k,u_k)$表示 u_k 台第 k 种机床所产生的收益。

(6) 最优指标函数：

$$\begin{cases} f_k(s_k) = \max\limits_{0\leq u_k\leq s_k}\{g_k(s_k,u_k)+f_{k+1}(s_{k+1})\} \\ f_5(s_5) = 0(\text{边界条件}) \end{cases}$$

$k=4$

s_4	0~2	3~5	6~8	9~11	12~25
$f_4(s_4)$	0	8	14	18	20
u_4^*	0	1	2	3	4

$k=3$

s_3	0~2	3~5	6		7		8		9		10		11		12		
u_3	0	0	0	1	0	1	0	1	0	1	0	1	0	1	0	1	2
$g_3(s_3,u_3)+f_4(s_4)$	0	8	14	11	14	11	14	11	18	19	18	19	18	19	20	25	21
$f_3(s_3)$	0	8	14		14		14		19		19		19		25		
u_3^*	0	0	0		0		0		1		1		1		1		

（续）

s_3	13	14	15	16	17	18
u_3	0 1 2	0 1 2	0 1 2	0 1 2	0 1 2	0 1 2 3
$g_3(s_3,u_3)+f_4(s_4)$	20 25 21	20 25 21	20 29 29	20 29 29	20 29 29	20 31 35 30
$f_3(s_3)$	25	25	29	29	29	35
u_3^*	1	1	1 2	1 2	1 2	2

s_3	19	20	21	22	23
u_3	0 1 2 3	0 1 2 3	0 1 2 3	0 1 2 3	0 1 2 3
$g_3(s_3,u_3)+f_4(s_4)$	20 31 35 30	20 31 35 30	20 31 39 38	20 31 39 38	20 31 39 38
$f_3(s_3)$	35	35	39	39	35
u_3^*	2	2	2	2	2

s_3	24					25				
u_3	0	1	2	3	4	0	1	2	3	4
$g_3(s_3,u_3)+f_4(s_4)$	20	31	41	44	38	20	31	41	44	38
$f_3(s_3)$	44					44				
u_3^*	3					3				

$k=2$

由于 $k=1$ 阶段只需计算 $f_2(9)$、$f_2(13)$、$f_2(17)$、$f_2(21)$、$f_2(25)$ 即可。

s_2	9	13	17	21	25
u_2	0 1	0 1 2	0 1 2 3	0 1 2 3 4	0 1 2 3 4
$g_2(s_2,u_2)+f_3(s_3)$	19 17	25 23 26	29 34 32 26	39 38 37 40 34	44 48 47 45 42
$f_2(s_2)$	19	26	34	40	48
u_2^*	0	2	1	3	1

$k=1$

s_1	25				
u_1	0	1	2	3	4
$g_1(s_1,u_1)+f_2(s_2)$	48	50	51	47	41
$f_1(s_1)$	51				
u_1^*	2				

所以 $f_1(s_1)=51$ 百元，最优解为：$u_1^*=2$，$u_2^*=1$，$u_3^*=1$，$u_4^*=2$。

8. 阶段：$k=6$ 表示六个月。

状态变量：s_k 表示第 k 个月开始时的库存量。

决策变量：x_k 表示第 k 个月的生产量。

状态转移方程：$s_{k+1}=s_k+x_k-d_k$。

指标函数：

生产费用 $c_k(x_k)=\begin{cases}4000+1000x_k(x_k>0)\\0(x_k=0)\end{cases}$

存储费用 $h_k(s_k)=1000s_k$

$g_k(s_k,x_k)=c_k(x_k)+h_k(s_k)$

最优指标函数：

$$\begin{cases} f_k(s_k) = \min\limits_{0\leqslant u_k\leqslant s_k}\{g_k(s_k,u_k)+f_{k+1}(s_{k+1})\} \\ f_7(s_7) = 0(\text{边界条件}) \end{cases}$$

$k=6$

$s_7=s_6+x_6-1=0\Rightarrow s_6+x_6=1$

s_6	x_6	$g_6(s_6,x_6)$			s_7	$f_7(s_7)$	$g_6(s_6,x_6)+f_7(s_7)$
		$c_6(x_6)$	$h_6(s_6)$	$g_6(s_6,x_6)$			
0	1	5000	0	5000	0	0	5000
1	0	0	1000	1000	0	0	1000

$k=5$

s_5	x_5	$g_5(s_5,x_5)$			s_6	$f_6(s_6)$	$g_5(s_5,x_5)+f_6(s_6)$	$f_5(s_5)$	x_5^*
		$c_5(x_5)$	$h_5(s_5)$	$g_5(s_5,x_5)$					
0	2	6000	0	6000	0	5000	11000	8000	3
	3	7000	0	7000	1	1000	8000		
1	1	5000	1000	6000	0	5000	11000	8000	2
	2	6000	1000	7000	1	1000	8000		
2	0	0	2000	2000	0	5000	7000	7000	0
	1	5000	2000	7000	1	1000	8000		
3	0	0	3000	3000	1	1000	4000	4000	0

$k=4$

s_4	x_4	$g_4(s_4,x_4)$			s_5	$f_5(s_5)$	$g_4(s_4,x_4)+f_5(s_5)$	$f_4(s_4)$	x_4^*
		$c_4(x_4)$	$h_4(s_4)$	$g_4(s_4,x_4)$					
0	3	7000	0	7000	0	8000	15000	15000	3
	4	8000	0	8000	1	8000	16000		
1	2	6000	1000	7000	0	8000	15000		2
	3	7000	1000	8000	1	8000	16000		
	4	8000	1000	9000	2	7000	16000		
2	1	5000	2000	7000	0	8000	15000	14000	4
	2	6000	2000	8000	1	8000	16000		
	3	7000	2000	9000	2	7000	16000		
	4	8000	2000	10000	3	4000	14000		
3	0	0	3000	3000	0	8000	11000	11000	0
	1	5000	3000	8000	1	8000	16000		
	2	6000	3000	9000	2	7000	16000		
	3	7000	3000	10000	3	4000	14000		

$k=3$

s_3	x_3	$g_3(s_3,x_3)$			s_4	$f_4(s_4)$	$g_3(s_3,x_3)+f_4(s_4)$	$f_3(s_3)$	x_3^*
		$c_3(x_3)$	$h_3(s_3)$	$g_3(s_3,x_3)$					
1	4	8000	1000	9000	0	15000	24000	24000	4
2	3	7000	2000	9000	0	15000	24000	24000	3
	4	8000	2000	1000	1	15000	25000		
3	2	6000	3000	9000	0	15000	24000	24000	2
	3	7000	3000	10000	1	15000	25000		
	4	8000	3000	11000	2	14000	25000		

$k=2$

s_2	x_2	$g_2(s_2,x_2)$			s_3	$f_3(s_3)$	$g_2(s_2,x_2)+f_3(s_3)$	$f_2(s_2)$	x_2^*
		$c_2(x_2)$	$h_2(s_2)$	$g_2(s_2,x_2)$					
0	3	7000	0	7000	1	24000	31000	31000	3
	4	8000	0	8000	2	24000	32000		
1	2	6000	1000	7000	1	24000	31000	31000	2
	3	7000	1000	8000	2	24000	32000		
	4	8000	1000	9000	3	24000	33000		
2	0	0	3000	3000	1	24000	27000	27000	2
	1	5000	3000	8000	2	24000	32000		
	2	6000	3000	9000	3	24000	33000		
3	1	5000	2000	7000	1	24000	31000	31000	1
	2	6000	2000	8000	2	24000	32000		
	3	7000	2000	9000	3	24000	33000		

$k=1$

s_1	x_1	$g_1(s_1,x_1)$			s_2	$f_2(s_2)$	$g_1(s_1,x_1)+f_2(s_2)$	$f_1(s_1)$	x_1^*
		$c_1(x_1)$	$h_1(s_1)$	$g_1(s_1,x_1)$					
0	1	5000	0	5000	0	31000	36000	35000	4
	2	6000	0	6000	1	31000	37000		
	3	7000	0	7000	2	31000	38000		
	4	8000	0	8000	3	27000	35000		

最优解为：$x_1^*=4$，$x_2^*=0$，$x_3^*=4$，$x_4^*=3$，$x_5^*=3$，最优值为 35000 元。

9. 阶段：$k=4$ 表示四个季度。

状态变量：s_k 表示第 k 个季度初的人数。

决策变量：x_k 表示第 k 季度末需新聘用的人数（x_k 为负数表示解聘 $-x_k$ 人）。

状态转移方程：$s_{k+1}=s_k+x_k$。

指标函数：$g_k(s_k,x_k)=(s_k-d_k)\times 2000+200(s_{k+1}-s_k)^2=(s_k-d_k)\times 2000+200x_k^2$。

最优指标函数：

$$\begin{cases} f_k(s_k) = \min\limits_{0 \leqslant u_k \leqslant s_k} \{g_k(s_k, u_k) + f_{k+1}(s_{k+1})\} \\ f_5(s_5) = 0(\text{边界条件}) \end{cases}$$

$k = 4$(冬季)

$$f_4(s_4) = \min_{x_4 \geqslant 255 - s_4} \{(s_4 - 200) \times 2000 + 200 \times x_4^2 + f_5(s_5)\}$$

$$= \min_{x_4 \geqslant 255 - s_4} \{(s_4 - 200) \times 2000 + 200 \times x_4^2\}$$

$$h_4(s_4, x_4) = 2000s_4 - 400000 + 200x_4^2$$

$$h'_4(s_4, x_4) = 400x_4 = 0 \Rightarrow x_4 = 0$$

$$h''_4(s_4, x_4) = 400 > 0$$

所以 $h_4(s_4, x_4)$ 在 $x_4 = 0$ 处取得极小值。

所以

$$f_4(s_4) = \begin{cases} (s_4 - 200) \times 2000 + 200 \times (255 - s_4)^2 \quad (\text{当 } 255 - s_4 > 0 \text{ 时})。 & (1) \\ (s_4 - 200) \times 2000 \quad (\text{当 } 255 - s_4 \leqslant 0 \text{ 时})。 & (2) \end{cases}$$

当取式(1)时:

$k = 3$(秋季), $s_4 = s_3 + x_3$

$$f_3(s_3) = \min_{x_3 \geqslant 200 - s_3} \{(s_3 - 240) \times 2000 + 200x_3^2 + f_4(s_4)\}$$

$$= \min_{x_3 \geqslant 200 - s_3} \{(s_4 - 240) \times 2000 + 200x_3^2 + (x_3 + x_3 - 200) \times 2000 + 200(255 - s_3 - x_3)^2\}$$

$$= \min_{x_3 \geqslant 200 - s_3} \{-98000s_3 + 200s_3^2 + 400x_3^2 - 100000x_3 + 400s_3x_3 + 12125000\}$$

$$h_3(s_3, x_3) = -98000s_3 + 200s_3^2 + 400x_3^2 - 100000x_3 + 400s_3x_3 + 12125000$$

$$h'_3(s_3, x_3) = 800x_3 - 100000 + 400s_3 = 0 \Rightarrow x_3 = 125 - \frac{1}{2}s_3$$

$$h''_3(s_3, x_3) = 800 > 0$$

所以 $h_3(s_3, x_3)$ 在 $x_3 = 125 - \frac{1}{2}s_3$ 处取得极小值。

经分析得到，当 $s_3 \geqslant 150$ 时，$125 - \frac{1}{2}s_3$ 总比 $200 - s_3$ 大，而由题意可知 $s_3 \geqslant 240$。所以 $x_3 = 125 - \frac{1}{2}s_3$ 可以取得。

所以

$$f_3(s_3) = 100s_3^2 - 48000s_3 + 587500\left(x_3^* = 125 - \frac{1}{2}s_3\right)$$

$k = 2$(夏季), $s_3 = s_2 + x_2$

$$f_2(s_2) = \min_{x_2 \geqslant 240 - s_2} \{(s_2 - 220) \times 2000 + 200x_2^2 + f_3(s_3)\}$$

$$= \min_{x_2 \geqslant 240 - s_2} \{(s_2 - 220) \times 2000 + 200x_2^2 + 100(s_2 + x_2)^2 - 48000(s_2 + x_2) + 587500\}$$

$$= \min_{x_2 \geqslant 240 - s_2} \{100s_2^2 - 46000s_2 + 300x_2^2 - 48000s_2 + 200s_2x_2 + 5435000\}$$

$$h_2(s_2, x_2) = 100s_2^2 - 46000s_2 + 300x_2^2 - 48000x_2 + 200s_2x_2 + 5435000$$

$$h''_2(s_2, x_2) = 600x_2 - 48000 + 200s_2 = 0 \Rightarrow x_2 = 80 - \frac{1}{3}s_2$$

$$h''_2(s_2, x_2) = 600 > 0$$

所以 $h_2(s_2,x_2)$ 在 $x_2=80-\frac{1}{3}s$ 处取得极小值。

经分析得到，当 $s_2\geqslant 240$ 时，$80-\frac{1}{3}s_2$ 总比 $240-s_2$ 大，而由题意可知 $s_2\geqslant 220$。所以

$$f_2(s_2)=\begin{cases}200s_2^2-94000s_2+11195000 \quad (\text{当 } 220\leqslant s_2<240 \text{ 时})(x_2^*=240-s_2) & (3)\\ \frac{200}{3}s_2^2-30000s_2+3515000 \quad (\text{当 } s_2\geqslant 240 \text{ 时})\left(x_2^*=80-\frac{1}{3}s_2\right) & (4)\end{cases}$$

（取式(3)进行以下运算，取式(4)进行运算见后面补充）。

$k=1$（春季），$s_2=s_1+x_1$

$$f_1(s_1)=\min_{x_1\geqslant 220-s_1}\{(s_1-225)\times 2000+200x_1^2+f_2(s_2)\}$$

$$=\min_{x_1\geqslant 220-s_1}\{(s_1-225)\times 2000+200x_1^2+200(s_1+x_1)^2+94000(s_1+x_1)+11195000\}$$

$$=\min_{x_1\geqslant 220-s_1}\{200s_1^2-92000s_1+400x_1^2-94000x_1+400s_1x_1+10745000\}$$

$h_1(s_1,x_1)=200s_1^2-92000s_1+400x_1^2-94000x_1+400s_1x_1+10745000$

$h'_1(s_1,x_1)=800x_1-94000+400s_1=0\Rightarrow x_1=117.5-\frac{1}{2}s_1$

$h''_1(s_1,x_1)=800>0$

所以 $h_1(s_1,x_1)$ 在 $x_1=117.5-\frac{1}{2}s_1$ 处取得极小值。

经分析知，当 $s_1\geqslant 205$ 时，$117.5-\frac{1}{2}s_1$ 总比 $220-s_1$ 大，而由题意可知 $s_1\geqslant 225$。所以 $x_1=117.5-\frac{1}{2}s_1$ 可以取到。

所以

$$f_1(s_1)=100s_1^2-45000s_1+5222500\left(x_1^*=117.5-\frac{1}{2}s_1\right)$$

$f'_1(s_1)=200s_1-45000=0\Rightarrow s_1=225$

$f''_1(s_1)=200>0$

所以 $f_1(s_1)$ 在 $s_1=225$ 处取得极小值。

又因为 $s_1\geqslant 225$，所以 $s_1=225$ 可以取到，$f_1(s_1)=160000$（最优值）。

最优解为：$s_1=225$　　$x_1=5$

$s_2=230$　　$x_2=10$

$s_3=240$　　$x_3=5$

$s_4=245$　　$x_4=10$

故最后的最优值及最优解为上述所求。

当取式(2)时：

$k=4$（冬季）

取式(2)进行计算

$k=3$（秋季）

$$f_3(s_3)=\min_{x_3\geqslant 200-s_3}\{(s_3-240)\times 2000+200x_3^2+f_4(s_4)\}$$

$$= \min_{x_3 \geqslant 200 - s_3} \{(s_3 - 240) \times 2000 + 200x_3^2 + (s_4 - 200) \times 2000\}$$

解得

$$f_3(s_3) = 4000s_3 - 885000 \quad (当\ x_2^* = -5\ 时)$$

$k = 2$(夏季)

$$f_2(s_2) = \min_{x_2 \geqslant 240 - s_2} \{(s_2 - 220) \times 2000 + 220x_2^2 + 4000s_3 - 885000\}$$

解得

$$f_2(s_2) = \begin{cases} 6000s_2 - 1345000 & (当\ s_2 \geqslant 250\ 时)(x_2^* = -10) \\ 200s_2^2 - 94000s_2 + 11155000 & (当\ 220 \leqslant s_2 < 250\ 时)(x_2^* = 240 - s_2) \end{cases}$$

$k = 1$

取 $f_2(s_2) = 6000s_2 - 134500$

$$f_1(s_1) = \min_{x_1 \geqslant 220 - s_1} \{(s_1 - 225) \times 2000 + 220x_1^2 + 6000s_2 - 1345000\}$$

解得

$$f_1(s_1) = \begin{cases} 8000s_1 - 1840000 & (当\ s_1 \geqslant 235\ 时)(x_2^* = -15) \\ -798000s_1 + 9205000 & (当\ 225 \leqslant s_1 < 235\ 时)(x_2^* = 220 - s_1) \end{cases}$$

此时，对于 $f_1(s_1) = 8000s_1 - 1840000$ 是单调递增函数。所以，当 $s_1 = 235$ 时，$f_1(s_1)$ 取得最小值。

但此时 $s_2 = 220$ 与前面的假设 $s_2 \geqslant 250$ 矛盾，故舍去。

对于 $f_1(s_1) = -798000s_1 + 9205000$，当 $s_1 \geqslant 225$ 时，$f_1(s_1) < 0$ 与实际矛盾，故舍去。

取 $f_2(s_2) = 200s_2 - 94000s_2 + 11155000$

$$f_1(s_1) = \min_{x_1 \geqslant 220 - s_1} \{(s_1 - 225) \times 2000 + 220x_1^2 + 200s_2^2 - 94000s_2 + 11155000\}$$

解得

$$f_1(s_1) = -449000s_1 + 5182500 \left(x_1^* = 117.5 - \frac{1}{2}s_1\right)$$

但此时，$s_1 \geqslant 225$，$f_1(s_1) < 0$，故舍去。

取式(4)进行计算

$k = 2$

$$f_2(s_2) = \left(\frac{200}{3}\right)s_2^2 - 30000s_2 + 3515000$$

$k = 1$

$$f_1(s_1) = \min_{x_1 \geqslant 220 - s_1} \left\{(s_1 - 225) \times 2000 + 220x_1^2 + \frac{200}{3}s_2^2 - 30000s_2 + 3515000\right\}$$

解得在 $x_1 = 56.25 - \frac{1}{4}s_1$ 处时取得最优值。此时，$f_1(s_1) = 50(s_1^2 - 545s_1 + 7480) = 50[(s_1 - 272.5)^2 - 66776.25]$。

因为 $f_1(s_1) \geqslant 0$，所以在 $s_1 = 531$ 时 $f_1(s_1)$ 取得最小值，最小值为 0。此时，$s_1 = 531$，$x_1 = -76.5 \rightarrow s_1 = 454.5$，$x_1^* = -71.5$，$s_4 = 383$，$x_3^* = -66.5$，$s_4 = 316.5$ 与 $255 - s_4 > 0$ 矛盾，故舍去。

10. 阶段：$k = 2$ 表示两个月。

状态变量：s_k 表示第 k 个月开始时的库存量。

决策变量：x_k 表示第 k 阶段的生产量。

状态转移方程：$s_{k+1}=s_k+x_k-d_k$（d_k 为第 k 阶段的需求量）。

指标函数：生产费用 $c_k(x_k)$，存储费用 $h_k(s_k)=3s_k$，则

$$g_k(s_k,x_k)=c_k(x_k)+h_k(s_k)$$

最优指标函数：

$$\begin{cases} f_k(s_k)=\min\limits_{0\leqslant x_k\leqslant s_k}\{g_k(s_k,x_k)+f_{k+1}(s_{k+1})\} \\ f_3(s_3)=0\text{（边界条件）} \end{cases}$$

$k=2$ 时

$s_3=s_2+x_2-d_2=s_2+x_2-140=0$，所以 $s_2+x_2=140\Rightarrow x_2=140-s_2$。

$$f_2(s_2)=\min_{s_2+x_2=140}\{c_2(x_2)+h_2(s_2)+f_3(s_3)\}$$

$$=\begin{cases}\min\limits_{s_2+x_2=140}\{7500+(x_2-40)^2+3s_2+0\} \\ 3\times140\quad(\text{当 } s_2=140,\ x_2=0\text{ 时})\end{cases}$$

$$=\begin{cases}7500+(100-s_2)^2+3s_2\quad(\text{当 } s_2<140\text{ 时}) \\ 420\quad(\text{当 } s_2=140,\ x_2=0\text{ 时})\end{cases}$$

$k=1$ 时

$s_2=s_1+x_1-d_1=0+x_1-20$，所以 $s_2=x_1-20$。

$$f_1(s_1)=\min_{x_1\geqslant20}\{7500+(x_1-50)^2+f_2(s_2)\}$$

（1）当 $f_2(s_2)=7500+(100-s_2)^2+3s_2$ 时

$$f_1(s_1)=\min_{x_1\geqslant20}\{7500+(x_1-50)^2+7500+(100-s_2)^2+3s_2\}$$

$$=\min_{x_1\geqslant20}\{7500+(x_1-50)^2+7500+(120-x_1)^2+3(x_1-20)\}$$

$p_1(s_1,x_1)=15000+(x_1-50)^2+(120-x_1)^2+3(x_1-20)$

$p'_1(s_1,x_1)=2(x_1-50)-2(120-x_1)+3=0\quad\Rightarrow x_1=84.25$

$p''_1(s_1,x_1)=4\geqslant0$

则 $p_1(s_1,x_1)$ 在 $x_1=84.25$ 处取得极小值。

此时 $f_1(s_1)=17575.375$ 元，$x_1^*=81.25$，$x_2^*=75.75$。

（2）当 $f_2(s_2)=420$ 时

由于 $s_2=x_1-20=140$，所以 $x_1=160$。

$f_1(s_1)=7500+(160-50)^2+420=20020>17515.375$

所以最优值为 17515.375 元，最优解为：$x_1^*=81.25$，$x_2^*=75.75$。

11\. 阶段：$k=4$ 表示四个项目。

状态变量：s_k 表示第 k 阶段开始时可供分配的资金数。

决策变量：u_k 表示分配给第 k 个阶段的资金数。

状态转移方程：$s_{k+1}=s_k-u_k$。

指标函数：$g_k(s_k,u_k)$ 表示分配给第 k 阶段 u_k 资金时完工的周数。

最优指标函数：

$$\begin{cases} f_k(s_k) = \max\limits_{0 \leqslant u_k \leqslant s_k} \{ g_k(s_k, u_k) + f_{k+1}(s_{k+1}) \} \\ f_5(s_5) = 0(\text{边界条件}) \end{cases}$$

$k=4$(项目 4)

s_4	0	5	10	15	20	25	30	35
$f_4(s_4)$	25	21	18	16	14	12	11	10
u_4^*	0	5	10	15	20	25	30	35

$k=3$(项目 3)

s_3	0	5		10			15				20				
u_3	0	0	5	0	5	10	0	5	10	15	0	5	10	15	20
$g_3(s_3,u_3)+f_4(s_4)$	43	39	40	36	36	37	34	33	33	35	32	31	30	31	34
$f_3(s_3)$	43	39		36			33				30				
u_3^*	0	0		0 5			5 10				10				

s_3	25	30	35
u_3	0 5 10 15 20 25	0 5 10 15 20 25 30	0 5 10 15 20 25 30 35
$g_3(s_3,u_3)+f_4(s_4)$	30 29 28 28 30 33	29 27 26 26 27 29 32	28 26 24 24 26 28 31
$f_3(s_3)$	28	26	24
u_3^*	10 15	10 15	10 15

$k=2$(项目 2)

s_2	0	5	10	15	20
u_2	0	0 5	0 5 10	0 5 10 15	0 5 10 15 20
$g_2(s_2,u_2)+f_3(s_3)$	63	59 59	56 55 56	53 52 52 54	50 49 49 50 52
$f_2(s_2)$	63	59	55	52	49
u_2^*	0	0 5	5	5 10	5 10

s_3	25	30	35
u_2	0 5 10 15 20 25	0 5 10 15 20 25 30	0 5 10 15 20 25 30 35
$g_2(s_2,u_2)+f_3(s_3)$	48 46 46 47 48 51	46 44 43 44 45 47 50	44 42 41 41 42 44 46 50
$f_2(s_2)$	46	43	41
u_2^*	5 10	10	10 15

$k=1$(项目 1)

s_1	35							
u_1	0	5	10	15	20	25	30	35
$g_1(s_1,u_1)+f_2(s_2)$	56	55	56	57	59	61	64	67
$f_1(s_1)$	55							
u_1^*	5							

所以$f_1(s_1)=55$周，最优解为：$u_1^*=5$，$u_2^*=10$，$u_3^*=10$，$u_4^*=10$。

12. 阶段：$k=5$表示五个月。

状态变量：s_k表示第k个月初的库存量。

决策变量：u_k表示第k个月的购买量。

状态转移方程：$s_{k+1}=s_k+x_k-d_k$(d_k为第k个月的需求量)。

指标函数：$p_k u_k+2.5s_k=g_k(s_k,u_k)$($p_k$为第$k$个月的价格)。

最优指标函数：

$$\begin{cases} f_k(s_k)=\min\limits_{0\leqslant u_k\leqslant s_k}\{g_k(s_k,u_k)+f_{k+1}(s_{k+1})\} \\ f_6(s_6)=0(\text{边界条件}) \end{cases}$$

$k=5$

$s_6=s_5+u_5-d_5=s_5+u_5-4=0$，所以$s_5=\{0, 1, 2, 3, 4\}$，相应地，$u_5=\{4, 3, 2, 1, 0\}$。

s_5	u_5	$g_5(s_5,u_5)$			s_6	$f_6(s_6)$	$g_5(s_5,u_5)+f_6(s_6)$
		p_5u_5	$2.5s_5$	$g_5(s_5,u_5)$			
0	4	48	0	48	0	0	48
1	3	36	2.5	38.5	0	0	38.5
2	2	24	5	29	0	0	29
3	1	12	7.5	19.5	0	0	19.5
4	0	0	10	10	0	0	10

$k=4$

s_4	u_4	$g_4(s_4,u_4)$			s_5	$f_5(s_5)$	$g_4(s_4,u_4)+f_5(s_5)$	$f_4(s_4)$	u_4^*
		p_4u_4	$2.5s_4$	$g_4(s_4,u_4)$					
0	9	90	0	90	0	48	138	138	9
	10	100	0	100	1	38.5	138.5		
	11	110	0	110	2	29	139		
	12	120	0	120	3	19.5	139.5		
	13	130	0	130	4	10	140		
1	8	80	2.5	82.5	0	48	130.5	130.5	8
	9	90	2.5	92.5	1	38.5	131		
	10	100	2.5	102.5	2	29	131.5		
	11	110	2.5	112.5	3	19.5	132		
	12	120	2.5	122.5	4	10	132.5		
2	7	70	5	75	0	48	123	123	7
	8	80	5	85	1	38.5	123.5		
	9	90	5	95	2	29	124		
	10	100	5	105	3	19.5	124.5		
	11	110	5	115	4	10	125		
3	6	60	7.5	67.5	0	48	115.5	115.5	6
	7	70	7.5	77.5	1	38.5	116		
	8	80	7.5	87.5	2	29	116.5		
	9	90	7.5	97.5	3	19.5	117		
	10	100	7.5	107.5	4	10	117.5		

（续）

s_4	u_4	$g_4(s_4,u_4)$			s_5	$f_5(s_5)$	$g_4(s_4,u_4)+f_5(s_5)$	$f_4(s_4)$	u_4^*
		p_4u_4	$2.5s_4$	$g_4(s_4,u_4)$					
	5	50	10	60	0	48	108		
	6	60	10	70	1	38.5	108.5		
4	7	70	10	80	2	29	109	108	5
	8	80	10	90	3	19.5	109.5		
	9	90	10	100	4	10	110		
	4	40	12.5	52.5	0	48	100.5		
	5	50	12.5	62.5	1	38.5	101		
5	6	60	12.5	72.5	2	29	101.5	100.5	4
	7	70	12.5	82.5	3	19.5	102		
	8	80	12.5	92.5	4	10	102.5		
	3	30	15	45	0	48	93		
	4	40	15	55	1	38.5	93.5		
6	5	50	15	65	2	29	94	93	3
	6	60	15	75	3	19.5	94.5		
	7	70	15	85	4	10	95		
	2	20	17.5	37.5	0	48	85.5		
	3	30	17.5	47.5	1	38.5	86		
7	4	40	17.5	57.5	2	29	86.5	85.5	2
	5	50	17.5	67.5	3	19.5	87		
	6	60	17.5	77.5	4	10	87.5		
	1	10	20	30	0	48	78		
	2	20	20	40	1	38.5	78.5		
8	3	30	20	50	2	29	79	78	1
	4	40	20	60	3	19.5	79.5		
	5	50	20	70	4	10	80		
	0	0	22.5	22.5	0	48	70.5		
	1	10	22.5	32.5	1	38.5	71		
9	2	20	22.5	42.5	2	29	71.5	70.5	0
	3	30	22.5	52.5	3	19.5	72		
	4	40	22.5	62.5	4	10	72.5		
	0	0	25	25	0	38.5	63.5		
10	1	10	25	35	2	29	64	63.5	0
	2	20	25	45	3	19.5	64.5		
	3	30	25	55	4	10	65		
	0	0	27.5	27.5	2	29	56.5		
11	1	10	27.5	37.5	3	19.5	57	56.5	0
	2	20	27.5	47.5	4	10	57.5		
12	0	0	30	30	3	19.5	49.5	49.50	0
	1	10	30	40	4	10	50		

同理可得：

$k=3$

s_3	0	1	2	3	4	5	6	7	8	9	10	11	12
$f_3(s_3)$	216	2055	195	184.5	174	163.5	153	148	143	138	133	128	123
u_3^*	6	5	4	3	2	1	0	0	0	0	0	0	0

$k=2$

s_2	0	1	2	3	4	5	6	7	8	9	10	11	12
$f_2(s_2)$	326	317.5	309	300.5	292	283.5	275	266.5	258	249.5	241	233	225
u_2^*	10	9	8	7	6	5	4	3	2	1	0	0	0

$k=1$

s_1	u_1	$g_1(s_1,u_1)$			s_2	$f_2(s_2)$	$g_1(s_1,u_1)+f_2(s_2)$	$f_1(s_1)$	u_1^*
		p_1u_1	$2.5s_1$	$g_1(s_1,u_1)$					
	5	50	0	50	0	326	376		
	6	60	0	60	1	317.5	377.5		
	7	70	0	70	2	309	379		
	8	80	0	80	3	300.5	380.5		
	9	90	0	90	4	292	382		
	10	100	0	100	5	283.5	383.5		
0	11	110	0	110	6	275	385	376	5
	12	120	0	120	7	266.5	386.5		
	13	130	0	130	8	258	388		
	14	140	0	140	9	249.5	389.5		
	15	150	0	150	10	241	391		
	16	160	0	160	11	233	393		
	17	170	0	170	12	225	395		

所以最优值（即最小费用）为376元，最优解：$u_1^*=5$，$u_2^*=10$，$u_3^*=6$，$u_4^*=9$，$u_5^*=4$。

13.（1）$\max z=12x_1+3x_1^2-2x_1^3+12x_2-x_2^3$

$$\text{s.t.}\begin{cases}x_1+x_2\leqslant 3\\ x_1\geqslant 0,\ x_2\geqslant 0\end{cases}$$

阶段：$k=2$

状态变量：s_k。

决策变量：x_k。

状态转移方程：$s_1=3$，$s_2=s_1-x_1$。

指标函数：$\begin{cases}g_1(s_1,x_1)=12x_1+3x_1^2-2x_1^3\\ g_2(s_2,x_2)=12x_2-x_2^3\end{cases}$

最优指标函数：

$$\begin{cases} f_k(s_k) = \max\limits_{0 \leqslant x_k \leqslant s_k} \{g_k(s_k, x_k) + f_{k+1}(s_{k+1})\} \\ f_3(s_3) = 0(\text{边界条件}) \end{cases}$$

$k=2$

$f_2(s_2) = \max\limits_{0 \leqslant x_2 \leqslant s_2} \{12x_2 - x_2^3\}$

$g'_2(s_2, x_2) = 12 - 3x_2 = 0 \Rightarrow x_2 = 2, x_2 = -2$(舍去)

$g''_2(s_2, x_2) = -6x_2 \Big|_{x_2=2} = -12 < 0$

所以 $x_2 = 2$ 为极大值点。

所以

$$f_2(s_2) = \begin{cases} 16 \quad (\text{当 } s_2 \geqslant 2 \text{ 时}), \text{此时 } x_2^* = 2 \\ 12s_2 - s_2^3 \quad (\text{当 } s_2 < 2 \text{ 时}), \text{此时 } x_2^* = s_2 \end{cases}$$

$k=1$

$f_1(s_1) = \max\limits_{0 \leqslant x_1 \leqslant s_1} \{12x_1 + 3x_1^2 - 2x_1^3 + f_2(s_2)\}$

1）当 $f_2(s_2) = 16$ 时

$f_1(s_1) = \max\limits_{0 \leqslant x_1 \leqslant s_1} \{12x_1 + 3x_1^2 - 2x_1^3 + 16\}$

$h_1(s_1, x_1) = 12x_1 + 3x_1^2 - 2x_1^3 + 16$

$h'_1(s_1, x_1) = 12 + 6x_1 - 6x_1^2 = 0 \Rightarrow x_1 = 2, x_1 = -1$(舍去)

$h''_1(s_1, x_1) = (6 - 12x_1) \Big|_{x_1=2} = -18 < 0$

所以 x_2 为极大值点。但此时

$s_2 = s_1 - x_1 = 1 < 2$

所以与假设矛盾，故舍去。

2）$f_2(s_2) = 12s_2 - s_2^3$ 时

$f_1(s_1) = \max\limits_{0 \leqslant x \leqslant s_1} \{12x_1 + 3x_1^2 - 2x_1^3 + 12s_2 - s_2^3\}$

$\quad = \max\limits_{0 \leqslant x_1 \leqslant s_1} \{12x_1 + 3x_1^2 - 2x_1^3 + 12(s_1 - x_1) - (s_1 - x_1)^3\}$

$h_1(s_1, x_1) = 12x_1 + 3x_1^2 - 2x_1^3 + 12(s_1 - x_1) - (s_1 - x_1)^3 = 3x_1^2 - 2x_1^3 + 36 - (3 - x_1)^3$

$h'_1(s_1, x_1) = 6x_1 - 6x_1^2 + 3(3 - x_1)^2 = 0 \Rightarrow x_1 = -2 + \sqrt{13}, x_1 = -2 - \sqrt{13}$(舍去)

$h''_1(s_1, x_1) = [6 - 12x_1 - 6(3 - x_1)] \Big|_{x_1 = -2+\sqrt{13}} = -6\sqrt{13} < 0$

所以 $x_1 = -2 + \sqrt{13}$ 为极大值点。

所以

$$x_1^* = -2 + \sqrt{13}, x_2^* = s_1 - x_1^* = 3 + 2 - \sqrt{13} = 5 - \sqrt{13}$$

最优值 $z^* = 26\sqrt{13} - 61$。

（2）$\max z = x_1 x_2 x_3$

$$\text{s. t.} \begin{cases} x_1 + x_2 + x_3 \leqslant 6 \\ x_1, x_2, x_3 \geqslant 0 \end{cases}$$

阶段：$k=3$。

状态变量：s_k。

决策变量：x_k。

状态转移方程：$s_1=6, s_2=s_1-x_1, s_3=s_2-x_2$。

指标函数：$\begin{cases} g_1(s_1,x_1)=x_1 \\ g_2(s_2,x_2)=x_2 \\ g_3(s_3,x_3)=x_3 \end{cases}$

最优指标函数：

$$\begin{cases} f_k(s_k)=\max\limits_{0\leqslant x_k\leqslant s_k}\{g_k(s_k,x_k)f_{k+1}(s_{k+1})\} \\ f_4(s_4)=1\text{（边界条件）} \end{cases}$$

$k=3$

$$\begin{aligned} f_3(s_3) &= \max_{0\leqslant x_3\leqslant s_3}\{g_3(s_3,x_3)f_4(s_4)\} \\ &= \max_{0\leqslant x_3\leqslant s_3}\{x_3\} \\ &= s_3\text{（当 } x_3^*=s_3 \text{ 时）} \end{aligned}$$

$k=2$

$$\begin{aligned} f_2(s_2) &= \max_{0\leqslant x_2\leqslant s_2}\{g_2(s_2,x_2)f_3(s_3)\} \\ &= \max_{0\leqslant x_2\leqslant s_2}\{x_2\cdot s_3\} \\ &= \max_{0\leqslant x_2\leqslant s_2}\{x_2\cdot(s_2-x_2)\} \end{aligned}$$

$h_2(s_2,x_2)=x_2(s_2-x_2)$

$h'_2(s_2,x_2)=s_2-2x_2=0\Rightarrow x_2^*=\frac{1}{2}s_2$

$h''_2(s_2,x_2)=-2<0$

所以 $x_2=\frac{1}{2}s_2$ 为极大值点，$f_2(s_2)=\frac{1}{4}s_2^2$ （当 $x_2^*=\frac{1}{2}s_2$ 时）。

$k=1$

$$\begin{aligned} f_1(s_1) &= \max_{0\leqslant x_1\leqslant s_1}\{g_1(s_1,x_1)f_2(s_2)\} \\ &= \max_{0\leqslant x_1\leqslant s_1}\left\{x_1\cdot\frac{1}{4}s_2^2\right\} \\ &= \max_{0\leqslant x_1\leqslant s_1}\left\{x_1\cdot\frac{1}{4}(s_1-x_1)^2\right\} \end{aligned}$$

$h_1(s_1,x_1)=\frac{1}{4}x_1(s_1-x_1)^2=\frac{1}{4}x_1(s_1^2+x_1^2-2s_1x_1)=\frac{1}{4}s_1^2x_1+\frac{1}{4}x_1^3-\frac{1}{2}s_1x_1^2$

$h'_1(s_1,x_1)=\frac{1}{4}s_1^2+\frac{3}{4}x_1^2-s_1x_1=0\Rightarrow x_1^*=\frac{1}{3}s_1$ 或 s_1

$h''_1(s_1,x_1)=\frac{3}{2}x_1-s_1$

当 $x_1=\frac{1}{3}s_1$ 时，$h''_1(s_1,x_1)=-\frac{1}{2}s_1<0$，所以 $x_1=\frac{1}{3}s_1$ 是极大值点。

当 $x_1=s_1$ 时，$h''_1(s_1,x_1)=\frac{1}{2}s_1>0$，所以 $x_1=s_1$ 为极小值点，故舍去。

所以最优值 $f_1(s_1)=8$。

最优解为 $x_1^*=\frac{1}{3}s_1=\frac{1}{3}\times 6=2$，$x_2^*=\frac{1}{2}s_2=\frac{1}{2}(s_1-x_1)=\frac{1}{2}\times(6-2)=2$，

$x_3^*=s_3=s_2-x_2=4-2=2$

第六章 排 队 论

第一节 学习要点及思考题

一、学习要点

1. 排队问题的共同特征

有请求服务的人或物（排队论里把要求服务的对象统称为“顾客”）；有为顾客服务的人或物（把提供服务的人或物称为“服务员”或“服务台”）；顾客的到达时刻、为顾客提供服务的时间至少有一个是随机的，服从某种分布。

排队系统的结构如图 1-6-1 所示。

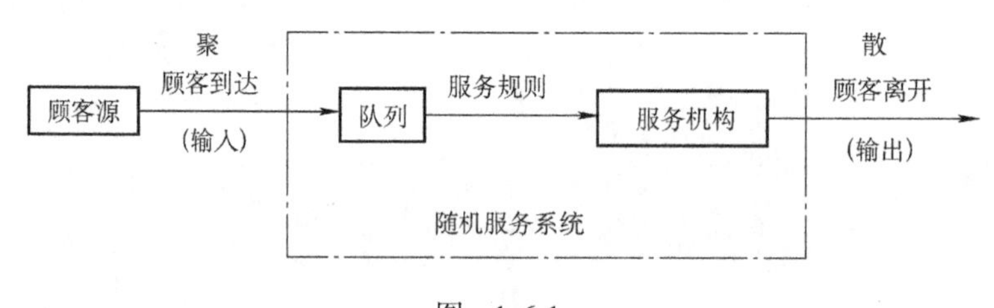

图 1-6-1

2. 排队系统模型的描述符号与分类

为了区别各种排队系统，根据输入过程、排队规则和服务机制的变化对排队模型进行描述或分类，目前在排队论中广泛采用“Kendall 记号”。其完整的表达方式通常用到六个符号并取固定格式：$X/Y/Z/A/B/C$。

各符号的意义为：

X——顾客相继到达间隔时间分布。

Y——服务时间的分布。

以上二者所用符号相同，常用下列符号表示到达（服务）过程或时间所服从的分布：M——泊松过程或负指数分布；D——定长输入；E_k——k 阶埃尔朗分布；G——一般相互独立的随机分布。

Z——服务台（员）个数：“1”表示单个服务台，“s”（$s>1$）表示多个服务台。

A——系统中顾客容量限额。如系统可容纳 k 个顾客（包括正在接受服务和等待的顾客），则 $s \leqslant k < \infty$，当 $k = s$ 时，为损失制系统。当 $k = \infty$ 时，为等待制系统。当 k 为有限整数时，为混合制系统。

B——顾客源限额，分有限与无限两种。

C——服务规则。常用下列符号：FCFS：表示先到先服务；LCFS：表示后到先服务；PR：表示优先权服务等。

某些情况下，排队问题仅用上述表达形式中的前 3 个、4 个、5 个符号。如不特别说明，3 个符号表示的排队系统理解为系统等待空间容量无限；顾客源无限，先到先服务，单个服务的等待制系统。

3. 排队系统的主要数量指标（主要是针对泊松到达-负指数服务时间的情况，有些对其他情况也适用）

泊松到达-负指数服务时间模型的参数指标（一般为已知）有：

s——系统中并联服务台的数目（指排成一队共享的服务台数）；

λ——平均到达率；

μ——平均服务率（二者必须单位相同，是顾客数/单位时间）；

$\frac{1}{\lambda}$——平均相继到达的时间间隔；

$\frac{1}{\mu}$——平均服务时间；

ρ——服务强度，即每个服务台单位时间内的平均服务时间，一般有 $\rho = \lambda/(s\mu)$。

排队系统的主要性能指标：

L——平均队长，即稳态系统任一时刻的所有顾客数的期望值；

L_q——平均等待队长，即稳态系统任一时刻等待服务的顾客数的期望值；

W——平均逗留时间，即（在任意时刻）进入稳态系统的顾客逗留时间的期望值；

W_q——平均等待时间，即（在任意时刻）进入稳态系统的顾客等待时间的期望值。

$p_n = P\{N = n\}$ ——稳态系统任一时刻状态为 n 的概率。特别当 $n = 0$ 时，p_0 即稳态系统所有服务台全部空闲（因系统中顾客数为 0）的概率；

λ_e——有效平均到达率，即每单位时间内进入系统的顾客数期望值（对于损失制和混合制的排队系统，顾客在到达服务系统时，若系统容量已满，则自行离去，即到达的顾客不一定全部进入系统。对于等待制的排队系统，有 $\lambda_e = \lambda$）。

研究中涉及的随机变量：

N——稳态系统任一时刻的状态（即系统中所有顾客数）；

U——任一顾客在稳态系统中的逗留时间；

Q——任一顾客在稳态系统中的等待时间。

重要计算公式：

在系统达到稳态时，假定平均到达率为常数 λ_e，则有下面的李特尔（John D. C. Little）公式：

$$L = \lambda_e W$$

$$L_q = \lambda_e W_q$$

$$W = W_q + \frac{1}{\mu}$$

$$L = L_q + \frac{\lambda_e}{\mu}$$

因此，只要知道 L、L_q、W、W_q 四者之一，则其余三者就可由李特尔公式求得。另外，还有

$$L = \sum_{n=0}^{\infty} np_n$$

$$L_q = \sum_{n=s}^{\infty}(n-s)p_n = \sum_{m=0}^{\infty} mp_{s+m}$$

计算时，只要知道 p_n（$n=0, 1, 2, \cdots$），则 L 或 L_q 就可求得，再由李特尔公式就能求得四项主要工作指标。

状态转移速度图：

为了便于研究分析泊松输入——指数服务排队系统的状态转移规律，引入状态转移速度图。排队系统的状态是指系统中的顾客数 0，1，2，…，$n-1$，n，$n+1$，…，那么系统位于各个状态的概率分别为 p_0，p_1，p_2，…，p_{n-1}，p_n，p_{n+1}，…。排队系统位于某一状态的概率仅与其相邻状态的概率以及从相邻状态转移到该状态的概率有关，可以建立相应的状态转移速度图，如图 1-6-2 所示。

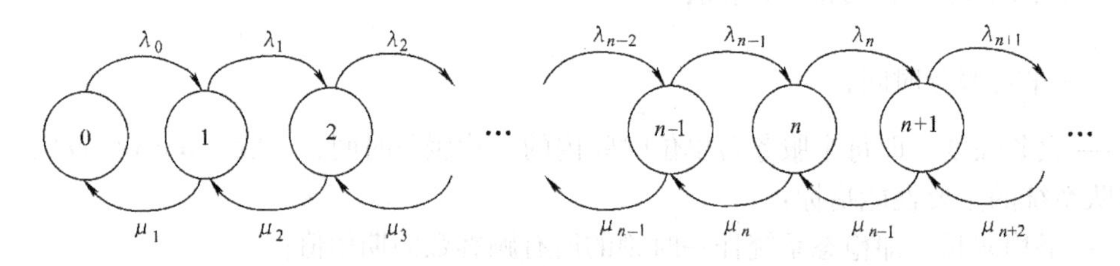

图 1-6-2

图中圆圈表示状态，其中的数字、符号表示系统中稳定的顾客数，箭头表示从一个状态到另一个状态的转移。λ_i 表示由状态 i 转移到状态 $i+1$ 的转移速率，$i=0, 1, 2, \cdots$；μ_j 表示由状态 j 转移到状态 $j-1$ 的转移速率，$j=1, 2, \cdots$。

根据上面的讨论，顾客的泊松输入和服务时间负指数分布意味着具有单个性（普通性），即在充分短的时间内至多到达或接受完服务 1 个顾客。在这个意义下，当时间单位充分小时，单位时间到达的顾客数 λ（单位时间接受完服务的顾客数 μ）可以视为这充分小的单位时间段内到达（离开）1 个顾客的可能性（转移速率）。

由图 1-6-2 可得到：转入率 = 转出率，于是

当 $n=0$ 时，$\lambda_0 p_0 = \mu_1 p_1$，可得 $p_1 = \dfrac{\lambda_0}{\mu_1} p_0$

当 $n=1$ 时，$\lambda_0 p_0 + \mu_2 p_2 = \lambda_1 p_1 + \mu_1 p_1$，将 $\lambda_0 p_0 = \mu_1 p_1$，可得 $\lambda_1 p_1 = \mu_2 p_2$，于是有：

$$p_2 = \frac{\lambda_1}{\mu_2} p_1 = \frac{\lambda_0 \lambda_1}{\mu_1 \mu_2} p_0$$

……

一般地，当 $n>0$ 时，$\lambda_{n-1} p_{n-1} + \mu_{n+1} p_{n+1} = \lambda_n p_n + \mu_n p_n$，可导出：

$$p_{n+1} = \frac{\lambda_n}{\mu_{n+1}} p_n = \cdots = \frac{\prod_{i=0}^{n} \lambda_i}{\prod_{j=1}^{n+1} \mu_j} p_0$$

根据概率性质，$\sum_{k=0}^{\infty} p_k = 1$，可计算 p_k，$k = 0, 1, 2, \cdots$。

4. 对于泊松输入-负指数分布服务的排队系统的一般决策过程

（1）根据已知条件绘制状态转移速度图。

（2）依据状态转移速度图写出各稳态概率之间的关系。

（3）求出 p_0 及 p_n。

（4）计算各项数量运行指标。

5. 排队系统优化问题

（1）$M/M/1/\infty$ 系统的最优平均服务率 μ^*，设 c_1 为当 $\mu = 1$ 时服务系统单位时间的平均费用；c_w 为平均每个顾客在系统逗留单位时间的损失；y 为整个系统单位时间的平均总费用。其中 c_1、c_w 均为可知，则目标函数为

$$y = c_1\mu + c_w L$$

把 $L = \lambda/(\mu - \lambda)$ 代入，得

$$y = c_1\mu + c_w\lambda \frac{1}{\mu - \lambda}$$

显而易见，y 是关于决策变量 μ 的一元非线性函数。由一阶条件解得驻点 μ^*，即解。

（2）$M/M/s/\infty$ 系统的最优服务台数 s^*。设目标函数为

$$f(s) = c_2 s + c_w L(s)$$

式中 s——并联服务台的个数（待定）；

$f(s)$——整个系统单位时间的平均总费用，它是关于服务台数 s 的函数；

c_2——单位时间内平均每个服务台的费用；

c_w——平均每个顾客在系统中逗留（或等待）单位时间的损失；

$L(s)$——平均队长（或平均等待队长），它是关于服务台数 s 的函数。

要确定最优服务台数 $s^* \in \{1, 2, \cdots\}$，使 $f(s^*) = \min f(s) = c_2 s + c_w L(s)$。

由于 s 取值离散，不能采用微分法或非线性规划的方法，因此采用差分法。显然有

$$\begin{cases} f(s^*) \leqslant f(s^* - 1) \\ f(s^*) \leqslant f(s^* + 1) \end{cases}$$

容易推得

$$L(s^*) - L(s^* + 1) \leqslant \frac{c_2}{c_w} \leqslant L(s^* - 1) - L(s^*)$$

利用以上两式之一，可依次计算 $s = 1, 2, \cdots$ 时的 $L(s)$ 值或 $f(s)$ 值，就可确定 s^*。

例 某汽车加油站有 2 台加油泵为汽车加油，加油站内最多能容纳 6 辆汽车。已知顾客到达的时间间隔服从负指数分布，平均每小时到达 18 辆汽车。若加油站中已有 k 辆汽车，当 $k \geqslant 2$ 时，有 $k/6$ 的顾客将自动离去。加油时间服从负指数分布，平均每辆汽车加油需要 5min。试求：

（1）系统空闲的概率为多少？

（2）系统满的概率是多少？

（3）系统服务台不空的概率为多少？

（4）若服务 1 个顾客，加油站可以获得利润 10 元，那么平均每小时可获得利润为多少元？

（5）每小时有多少顾客因等待问题没有接受服务而离去？

（6）加油站平均有多少辆汽车在等待加油？平均有多少个车位被占用？进入加油站的顾客需要等待多长时间才能开始加油？进入加油站的顾客需要多长时间才能离去？

解：本例的模型是非标准的 $M/M/2/6$ 模型。按照问题的实际情况，绘出状态转移速度图，如图 1-6-3 所示，注意当状态 $n>1$ 时，转出速率为 2μ，这是因为有 2 个顾客接受服务，考虑有 1 个顾客离去的速率。参数以小时为单位，$\lambda=18$，$\mu=60/5=12$。

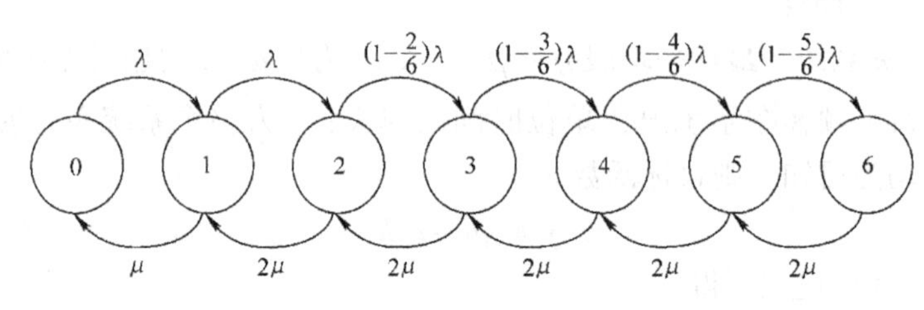

图 1-6-3

稳态概率关系：

$$p_1=\frac{\lambda}{\mu}p_0=\frac{3}{2}p_0,\ p_2=\frac{\lambda}{2\mu}p_1=\frac{9}{8}p_0,\ p_3=\frac{\frac{2}{3}\lambda}{2\mu}p_2=\frac{9}{16}p_0,$$

$$p_4=\frac{\frac{1}{2}\lambda}{2\mu}p_3=\frac{27}{128}p_0,\ p_5=\frac{\frac{1}{3}\lambda}{2\mu}p_4=\frac{27}{512}p_0,\ p_6=\frac{\frac{1}{6}\lambda}{2\mu}p_5=\frac{27}{4096}p_0$$

由 $p_0+p_1+p_2+p_3+p_4+p_5+p_6=1$，得到

$$p_0=0.22433,\ p_1=0.33649,\ p_2=0.25237,\ p_3=0.12618,$$
$$p_4=0.04732,\ p_5=0.01183,\ p_6=0.00148$$

计算运行指标：

（1）系统空闲的概率 $p_0=0.22433$。

（2）系统满的概率 $p_6=0.00148$。

（3）系统服务台不空的概率 $p_{忙}=p_2+p_3+p_4+p_5+p_6=1-p_0-p_1=0.43918$。

（4）每小时服务的平均顾客数，即平均有效离去率为

$$\mu_e=\sum\mu_n p_n=0p_0+\mu p_1+2\mu(p_2+p_3+p_4+p_5+p_6)=14.578$$

服务 1 个顾客，加油站可以获得利润 10 元，故平均每小时可获利润 $10\mu_e=145.78$ 元。

（5）每小时顾客因等待问题没有接受服务而离去的期望值，称为平均损失量，则

$$\lambda_{损}=\lambda-\lambda_e=18-14.578=3.422\ （注意：\lambda_e=\mu_e）$$

（6）首先计算 $L_q=\sum_{n=3}^{6}(n-2)p_n=p_3+2p_4+3p_5+4p_6=0.26223$，再利用李特尔公式求其他量：

$$W_q = \frac{L_q}{\lambda_e} = 0.018\text{h} = 1.08\text{min}$$

$$W = W_q + \frac{1}{\mu} = 6.08\text{min}$$

$$L = L_q + \frac{\lambda_e}{\mu} = 1.47706$$

故加油站平均有 0.26223 辆汽车在等待加油，平均有 1.47706 个车位被占用，进入加油站的顾客需要等 1.08min 才能开始加油，进入加油站的顾客需要 6.08min 才能离去。

二、思考题

(1) 排队论主要研究的问题是什么?

(2) 试述排队模型的种类及各部分的特征。

(3) Kendall 记号中各符号分别代表什么意义?

(4) 理解平均到达率、平均服务率、平均服务时间和顾客到达间隔时间等概念。

(5) 分别写出泊松分布、负指数分布的密度函数，说明分布的主要性质。

(6) 试述队长和排队长、等待时间和逗留时间、忙期和闲期等概念及它们之间的联系与区别。

三、本章学习思路建议

本章学习的重点是对排队系统的分析和认识。通过生灭系统状态转移速度图进行泊松输入——指数服务排队系统的分析研究。此类模型的求解步骤主要有:

(1) 根据已知条件绘制状态转移速度图。

(2) 依据状态转移速度图写出各稳态概率之间的关系。

(3) 求出 p_0、p_n，及有效平均到达率 λ_e。

(4) 利用李特尔公式计算各项数量运行指标。

(5) 用系统运行指标构造目标函数，对系统进行优化。

学习本章内容时，应理解分析的思路和过程，通过分析推导标准的三类泊松输入——指数服务排队系统。对于优化问题，本章只介绍了较简单的两种情况，目的是建立优化的思路和方法。

大家学习时常把注意力集中在公式的记忆方面，而本章公式很多又不易记住，因此大家认为困难在于公式记忆。实际上，本章的重点应放在对公式的分析、推导上。学习中应理解上述思路，把 $M/M/1$、$M/M/s$ 及顾客源有限的排队系统的公式推导作为学习重点，不强调公式记忆。重点掌握 $M/M/1$、$M/M/1/r$ 公式的详细推导，$M/M/s$ 的公式可以结合主教材第六章案例导引中的例 6-2 来学习，顾客源有限的排队系统只需要了解它们的状态转移速度图即可。

第二节　课后习题参考解答

习　题

1. 按照 Kendall 分类法，为下列系统分类或叙述其含义:

（1）泊松输入、定长服务、3 个并联服务台、系统容量为 r。

（2）一般独立输入、指数服务、单服务台。

（3）$G/E_3/1/1$。

（4）$M/G/3/15/15$。

2. 某机关文书室有 3 名打字员，每名打字员每小时能打 6 份普通公文，公文平均到达率为 15 份/h。假设该室为 $M/M/s/\infty$ 系统。试求：

（1）3 名打字员都忙于打字的概率及该室的主要工作指标。

（2）若 3 名打字员分工包打不同科室的公文，每名打字员平均每小时接到 5 份公文，试计算此情况下该室的各项工作指标。

（3）将（1）与（2）的结果列表加以对照，问从中能得出什么结论？

3. 某医院手术室根据病人来诊和完成手术时间的记录，经统计分析算出每小时病人平均到达率为 2.1 人/h，为泊松分布。每次手术平均时间为 0.4h/人，即平均服务率是 2.5 人/h，服从负指数分布。求：

（1）病房中病人的平均数（L）。

（2）排队等待手术病人的平均数（L_q）。

（3）病人在病房中平均逗留时间（W）。

（4）病人排队等待时间（期望值队 W_q）。

4. 某医院急诊室每小时到达 1 个病人，输入为最简单流，急诊室仅有 1 名医生，病人接受紧急护理平均需要 20min，服务时间为负指数分布，试求：

（1）稳态情况下：①没有病人的概率；②有 2 个病人的概率；③急诊室里病人的平均数；④排队中病人的平均数；⑤病人在急诊室中的平均时间。

（2）为了保证病人所花总时间少于 25min，平均服务时间必须降至多少分钟？

5. 某机场有 2 条跑道，每条跑道只能供 1 架飞机降落，平均降落时间为 2min，并假定飞机在空中等待的时间不得超过 10min，试问该机场最多能接受多少架飞机降落？

6. 有一条电话线，平均每分钟有 0.8 次呼叫，每次平均通话时间为 1.5min。若呼叫间隔与通话时间都相互独立且均为指数分布，试问该电话线每小时：①能接通多少次电话？②有多少次呼叫不通？

7. 某电话站有 2 台电话机，打电话的人按泊松流到达，平均每小时 24 人。设每次通话时间服从负指数分布，平均为 2min。求该系统的各项运行指标 L、L_q、W、W_q。

8. 某消防大队由 3 个消防中队组成，每一消防中队在某一时刻只能执行一处消防任务。据火警统计资料可知，火警为泊松流，平均每天报警 2 次；消防时间为指数分布，平均一天完成消防任务 1 次。试求：

（1）报警而无中队可派前往的概率。

（2）每天执行消防任务的中队平均数。

（3）若要求（1）中概率小于 3%，则应配备多少中队？

9. 2 人理发馆有 5 把椅子供顾客等待，当全部坐满时，后来者便自动离去。顾客到达间隔与理发时间均为相互独立的指数分布，每小时平均到达 3.7634 人，每人理发平均需要 15min。试求潜在顾客的损失率及平均逗留时间。

10. 设某车间有 1 名工人，负责照看 6 台自动机床。当需要上料、发生故障或刀具磨损时就自动停车等待工人照管。设平均每台机床两次停车的间隔时间为1h，服从负指数分布，而每台机床停车时，由工人平均照管的时间为0.1h，亦服从负指数分布。试计算该系统的各项指标及工人的忙期。

11.2个技术程度相同的工人共同照管5台自动机床，每台机床平均每小时需要照管1次，每次需要1个工人照管的平均时间为15min。每次照管时间及每相继两次照管间隔都相互独立且为指数分布。试求：

（1）每人平均空闲时间、系统四项主要指标以及机床利用率。

（2）若由1名工人照管2台自动机床，其他数据不变，试求系统工作指标。

12. 设某高炮基地有4个火炮系统，每个系统在任意时刻只能对1架敌视瞄准射击，平均瞄准时间为2min。设战时敌机按泊松流到来，平均每分钟到达1.5架，瞄准时间服从负指数分布，把系统看作损失制系统，即当4个瞄准系统分别对4架敌机进行瞄准时，若又有别的敌机到来，则这些敌机就会窜入我方目标。试求窜入我方目标未受瞄准的概率。

13. 在某重型机器厂，桥式吊车的效率为80%，据观察知平均吊运时间为10min，标准差为8min，需要吊运的物品是随机地到达，问平均需求率是多少？平均等待时间是多少？

14. 某机场每小时有30架飞机到达，控制塔和跑道能力为每小时40架，飞机等待降落时每小时燃料费为500元。试求4h内由于等待降落所花的燃料费用。

15. 一个装卸队长期为来到某码头仓库的货车装卸货物，设货车的到达服从泊松分布，平均每10min一辆，而装卸车的时间与装卸工人数成反比。又设该装卸队每班（8h）的生产费用为$20+4x$，其中x为装卸工人数，汽车在码头装卸货时停留时间的损失为每台每小时15元。若：①装卸时间为常数，1名装卸工装卸一辆汽车需30min；②装卸时间为负指数分布，1名装卸工装卸1辆汽车需30min。试分别确定上述两种情况下该装卸队各应配备多少装卸工人比较经济合理。

16. 某检验中心为各工厂服务，要求做检验的工厂（顾客）的到来服从泊松流，平均到达率λ为每天48次，每次来检验由于停工等原因损失为6元，做检验的时间服从负指数分布，平均服务率为每天25次，每设置一个检验员成本（工资及设备损耗）为每天4元，其他条件适合标准的$M/M/s$模型。问应设置几个检验员才能使总费用的期望值最小？

17. 送到某仪表维修部的需修理仪器为泊松流，到达率为每小时6台，每台仪器的平均修理时间需7min，可认为修理时间为负指数分布。该修理部经理打听到，有一种新仪器故障检验设备可使每台仪器的修理时间减少到5min，但这台设备每分钟需花费10元，所送维修仪器估计在每分钟里将造成生产损失5元。问修理部要不要购买这种新设备？

18. 图书馆出借室每小时平均有50个读者到达借书，为泊松流，管理员查出和办理好出借手续平均需要2min。问欲使读者平均等待时间不超过5min，需要几名管理人员？

19. 某车间有4台自动车床可自动运转，仅在故障时需要工人调整一下，平均每小时有2台需要调整，调整一次平均时间为1h，调整工人工资每小时0.4元，机床停工损失每小时1.2元。试求应由几个工人看管，才能使总费用最小？

习 题 解 答

1.（1）泊松输入、定长服务、3个并联服务台、系统容量为r：$M/D/3/r$。

（2）一般独立输入、指数服务、单服务台：$G/M/1$。

(3) $G/E_3/1/1$：一般独立输入、3阶埃尔朗分布、单服务台、系统容量为1。

(4) $M/G/3/15/15$：泊松输入、一般独立服务、3个并联服务台、系统容量为15，顾客源限额为15。

2. $\lambda=15$ 份/h，$\mu=6$ 份/h。该室为 $M/M/s/\infty$ 系统。其中

$$s=3,\ \delta=\frac{\lambda}{\mu}=\frac{15}{6}=2.5,\ \rho=\frac{\lambda}{s\mu}=\frac{15}{3\times 6}=0.83$$

(1) $p_0=\left[\sum_{k=0}^{2}\frac{\delta^k}{k!}+\frac{\delta^3}{3!(1-\rho)}\right]^{-1}=\left[\sum_{k=0}^{2}\frac{2.5^k}{k!}+\frac{2.5^3}{3!\times(1-0.83)}\right]^{-1}=0.046$

$p_1=\frac{2.5}{1}p_0=2.5\times 0.046=0.115$

$p_2=\frac{\delta^2}{2!}p_0=\frac{2.5^2}{2}\times 0.046=0.144$

$P\{n\geqslant 3\}=1-P\{n<3\}=1-(p_0+p_1+p_2)$

$\qquad\qquad=1-0.046-0.115-0.144=0.695$

所以3个打字员都忙于打字的概率是0.695。主要工作指标为：

$L_q=\frac{\delta^s\rho}{s!(1-\rho)^2}p_0=\frac{2.5^3\times 0.83}{3!\times(1-0.83)^2}\times 0.046=3.44$

$L=L_q+\delta=3.44+2.5=5.94$

$W=\frac{L}{\lambda}=\frac{5.94}{15}=0.396$

$W_q=\frac{L_q}{\lambda}=\frac{3.44}{15}=0.229$

(2) $\lambda=5$ 份/h，$\mu=6$ 份/h。该室为 $M/M/1/\infty$ 系统，则

$\rho=\frac{\lambda}{\mu}=\frac{5}{6}=0.83$

$p_0=1-\rho=0.17$

$L=\frac{\lambda}{\mu-\lambda}=\frac{5}{6-5}=5$

$L_q=L\rho=5\times 0.83=4.15$

$W=\frac{1}{\mu-\lambda}=\frac{1}{6-5}=1$

$W_q=\frac{\lambda}{\mu(\mu-\lambda)}=\omega\rho=1\times 0.83=0.83$

(3)

表 1-6-1

指　标	$s=1$ 系统	$s=3$ 系统
p_0	0.17	0.046
$P\{Q>0\}$	0.83	0.695
L_q	4.15 份	3.44 份
L	5 份	5.94 份
W	1h	0.396h
W_q	0.83h	0.229h

由表 1-6-1 可以得出, 3 个打字员不分工包打不同科室的公文比较合理。

3. $\lambda = 2.1$ 人/h, $\mu = 2.5$ 人/h, $\rho = \frac{\lambda}{\mu} = \frac{2.1}{2.5} = 0.8$。该手术室为 $M/M/1/\infty$ 系统。

(1) 病房中病人的平均数: $L = \frac{\lambda}{\mu - \lambda} = \frac{2.1}{2.5 - 2.1}$人 $= 5.25$ 人

(2) 排队等待手术病人的平均数: $L_q = L\rho = (5.25 \times 0.84)$ 人 $= 4.41$ 人

(3) 病人在病房中的平均逗留时间: $W = \frac{1}{\mu - \lambda} = \frac{1}{2.5 - 2.1}\mathrm{h} = 2.5\mathrm{h}$

(4) 病人排队等待时间: $W_q = W\rho = (2.5 \times 0.84)\mathrm{h} = 2.1\mathrm{h}$

4. $\lambda = 1$ 人/h, $\mu = 3$ 人/h, $\rho = \frac{\lambda}{\mu} = \frac{1}{3}$。该医院急诊室为 $M/M/1/\infty$ 系统。

(1) $p_0 = 1 - \rho = 1 - \frac{1}{3} = \frac{2}{3} = 0.67$。

所以没有病人的概率为 0.67。

有 2 个病人的概率为

$$p_2 = \rho^2(1 - \rho) = (\frac{1}{3})^2 \times (1 - \frac{1}{3}) = \frac{2}{27} = 0.074$$

急诊室里的病人的平均数: $L = \frac{\lambda}{\mu - \lambda} = \frac{1}{3 - 1}$人 $= 0.5$ 人

排队中病人的平均数: $L_q = L\rho = \left(\frac{1}{2} \times \frac{1}{3}\right)$人 $= \frac{1}{6}$ 人 $= 0.167$ 人

病人在急诊室里的平均时间: $W = \frac{1}{\mu - \lambda} = \frac{1}{3 - 1}\mathrm{h} = 0.5\mathrm{h}$

(2) $W = \frac{1}{\mu - \lambda} = \frac{1}{\mu - 1} < \frac{25}{60} = \frac{5}{12}$

$\mu - 1 > \frac{12}{5} \Rightarrow \mu > \frac{17}{5} = 3.4$

$\frac{1}{\mu} = \frac{1}{3.4}\mathrm{h}/人 = 0.294\mathrm{h}/人 = 17.64\mathrm{min}/人$

所以为了保证病人所花总时间少于 25min, 平均服务时间必须降至17.64min/人。

5. $M/M/2$

$W_q = 10\mathrm{min}$, $\mu = 0.5$ 架/min, 所以

$$p_0 = \left[\sum_{k=0}^{s-1} \frac{\sigma^k}{k!} + \frac{\sigma^s}{s!(1 - \rho)}\right]^{-1} = \frac{1}{1 + \sigma + \frac{\sigma^2}{2(1 - \rho)}} = \frac{1}{1 + \frac{\lambda}{\mu} + \frac{\lambda^2}{2\mu^2\left(1 - \frac{\lambda}{2\mu}\right)}}$$

$$L_q = \frac{\sigma^2\rho}{2!(1 - \rho)^2}p_0 = \frac{\frac{\lambda^3}{2\mu^3}}{2!\left(1 - \frac{\lambda}{2\mu}\right)^2} \frac{1}{1 + \frac{\lambda}{\mu} + \frac{\lambda^2}{2\mu^2\left(1 - \frac{\lambda}{2\mu}\right)}}$$

$$= \frac{\lambda^3}{\mu(4\mu^2 - \lambda^2)}$$

$$W_q = \frac{L_q}{\lambda} = \frac{\lambda^2}{\mu(4\mu^2 - \lambda^2)} = 10 \longrightarrow \lambda = 0.91$$

$L_q = W_q\lambda = (10 \times 0.91)$ 架 $= 9.1$ 架

$L = L_q + \sigma = \left(9.1 + \frac{0.91}{0.5}\right)$架 $= 10.92$ 架 ≈ 11 架

即该机场最多能接受 11 架飞机降落。

6. $M/M/1/1$ 系统

$$\lambda = 0.8 \text{ 次/min},\ \mu = \frac{1}{1.5} \text{ 次/min} = 0.67 \text{ 次/min},\ \delta = \frac{\lambda}{\mu} = 1.2,\ s = 1$$

$$p_0 = \left(\sum_{k=0}^{s} \frac{\delta^k}{k!}\right)^{-1} = \frac{1}{1 + \frac{1.2}{1}} = \frac{1}{2.2} = 0.455$$

$$p_1 = \frac{\delta}{1!}p_0 = 1.2 \times 0.455 = 0.546$$

平均每小时呼叫次数为：(0.8×60) 次 $= 48$ 次

能接通的次数为：$48p_0 = (48 \times 0.455)$ 次 $= 21.84$ 次

不通的次数为：$48p_1 = (48 \times 0.546)$ 次 $= 26.208$ 次

7. $M/M/2$ 系统

$$\lambda = 24 \text{ 人/h},\ \mu = 30 \text{ 人/h},\ \delta = \frac{24}{30} = 0.8,\ \rho = \frac{\lambda}{s\mu} = \frac{24}{2 \times 30} = 0.4$$

$$p_0 = \left[\sum_{k=0}^{s-1} \frac{\delta^k}{k!} + \frac{\delta^2}{s!(1-\rho)}\right]^{-1} = \frac{1}{1 + 0.8 + \frac{0.8^2}{2! \times (1-0.4)}}$$

$$= \frac{1}{1 + 0.8 + 0.53} = 0.43$$

$$L_q = \frac{\delta^s\rho}{s!(1-\rho)^2}p_0 = \left(\frac{0.8^2 \times 0.4}{2! \times (1-0.4)^2} \times 0.43\right)\text{人} = 0.15 \text{ 人}$$

$L = L_q + \delta = (0.15 + 0.8)$ 人 $= 0.95$ 人

$$W = \frac{L}{\lambda} = \frac{0.95}{24}\text{h} = 0.04\text{h}$$

$$W_q = \frac{L_q}{\lambda} = \frac{0.15}{24}\text{h} = 0.006\text{h}$$

8. $M/M/3$ 系统

$$\lambda = 2 \text{ 次/天},\ \mu = 1 \text{ 次/天},\ \delta = \frac{\lambda}{\mu} = 2,\ \rho = \frac{\lambda}{s\mu} = \frac{2}{3} = 0.67$$

(1) $$p_0 = \left[\sum_{k=0}^{s-1} \frac{\delta^k}{k!} + \frac{\delta^s}{s!(1-\rho)}\right]^{-1} = \frac{1}{1 + 2 + \frac{2^2}{2!} + \frac{2^3}{3! \times (1 - 2/3)}}$$

$$= \frac{1}{1 + 2 + 2 + 4} = 0.111$$

$$p_1 = \frac{\delta}{1!}p_0 = \frac{2}{1} \times 0.111 = 0.222$$

$$p_2 = \frac{\delta^2}{2!}p_0 = \frac{2^2}{2} \times 0.111 = 0.222$$

$$p_3 = \frac{\delta^3}{3!}p_0 = \frac{2^3}{6} \times 0.111 = 0.148$$

$$P\{n > 3\} = 1 - P\{n \leqslant 3\} = 1 - (p_0 + p_1 + p_2 + p_3) = 0.297$$

所以报警而无中队可派前往的概率为0.297。

(2) 设每天执行消防任务的中队为x，则

$$\begin{aligned} E(x) &= 0p_0 + 1p_1 + 2p_2 + 3\sum_{n=3}^{\infty} p_n \\ &= 0p_0 + 1p_1 + 2p_2 + 3(1 - p_1 - p_2 - p_0) \\ &= 0.222 + 2 \times 0.222 + 3 \times (1 - 0.111 - 0.222 - 0.222) = 2 \end{aligned}$$

即每天执行消防任务的中队平均数为2。

(3) 若要求(1)中的概率小于3%，则应配备多少中队？

$s = 4$, $\lambda = 2$次/天, $\mu = 1$次/天, $\delta = \dfrac{\lambda}{\mu} = 2$, $\rho = \dfrac{\lambda}{s\mu} = \dfrac{2}{4 \times 1} = 0.5$

$$p_0 = \left[\sum_{k=0}^{s-1} \frac{\delta^k}{k!} + \frac{\delta^s}{s!(1-\rho)}\right]^{-1} = \frac{1}{1 + 2 + \dfrac{2^2}{2!} + \dfrac{2^4}{4! \times (1 - 0.5)}}$$

$$= \frac{1}{1 + 2 + 2 + 1.33 + 1.33} = 0.131$$

$$p_1 = \frac{\delta}{1!}p_0 = \frac{2}{1} \times 0.131 = 0.262$$

$$p_2 = \frac{\delta^2}{2!}p_0 = \frac{2^2}{2} \times 0.131 = 0.262$$

$$p_3 = \frac{\delta^3}{3!}p_0 = \frac{2^3}{6} \times 0.131 = 0.175$$

$$p_4 = \frac{\delta^4}{4!}p_0 = \frac{2^4}{24} \times 0.131 = 0.087$$

$$\begin{aligned} P\{n > 4\} &= 1 - P\{n \leqslant 4\} \\ &= 1 - (0.131 + 0.262 + 0.262 + 0.175 + 0.087) \\ &= 0.083 \end{aligned}$$

$s = 5$, $\lambda = 2$次/天, $\mu = 1$次/天, $\delta = \dfrac{\lambda}{\mu} = 2$, $\rho = \dfrac{\lambda}{s\mu} = \dfrac{2}{5 \times 1} = 0.4$

$$p_0 = \left[\sum_{k=0}^{s-1} \frac{\delta^k}{k!} + \frac{\delta^s}{s!(1-\rho)}\right]^{-1} = \frac{1}{1 + 2 + \dfrac{2^2}{2!} + \dfrac{2^3}{3!} + \dfrac{2^4}{4!} + \dfrac{2^5}{5! \times (1 - 0.4)}} = 0.134$$

$$p_1 = \frac{\delta}{1!}p_0 = \frac{2}{1} \times 0.134 = 0.268$$

$$p_2 = \frac{\delta^2}{2!}p_0 = \frac{2^2}{2} \times 0.134 = 0.268$$

$$p_3 = \frac{\delta^3}{3!}p_0 = \frac{2^3}{6} \times 0.134 = 0.179$$

$$p_4=\frac{\delta^4}{4!}p_0=\frac{2^4}{24}\times 0.134=0.089$$

$$p_5=\frac{\delta^5}{5!}p_0=\frac{2^5}{120}\times 0.134=0.036$$

$$\begin{aligned}P\{n>5\}&=1-P\{n\leqslant 5\}\\&=1-(0.134+0.268+0.268+0.179+0.089+0.036)\\&=0.026<3\%\end{aligned}$$

所以应配备5个中队。

9. $M/M/2/7$ 系统

$\lambda=3.7634$ 人/h, $\mu=4$ 人/h, $\delta=\frac{\lambda}{\mu}=0.9409$, $\rho=\frac{\lambda}{s\mu}=\frac{3.7634}{2\times 4}=0.4704$

$$p_0=\left[\sum_{k=0}^{s}\frac{\delta^k}{k!}+\frac{s^s\rho(\rho^s-\rho^r)}{s!(1-\rho)}\right]^{-1}$$

$$=\frac{1}{1+\frac{0.9409}{1}+\frac{0.9409^2}{2!}+\frac{2^2\times 0.4704(0.4704^2-0.4704^7)}{2!\times(1-0.4704)}}=0.3603$$

$$p_7=\frac{s^s\rho^7}{s!}p_0=\frac{2^2\times 0.4704^7}{2!}\times 0.3603=0.0037=0.37\%$$

所以潜在顾客的损失率为0.37%。

$$L_q=\frac{\rho\delta^2}{2!(1-\rho)^2}\{1-\rho^5[1+5(1-\rho)]\}p_0$$

$$=\frac{0.4704\times 0.9409^2}{2!\times(1-0.4704)^2}\times\{1-0.4704^5\times[1+5(1-0.4704)]\}\times 0.3603\text{人}$$

$$=0.2454\text{人}$$

$$L=L_q+\delta(1-p_7)$$

$$=[0.2454+0.9409\times(1-0.0037)]\text{人}$$

$$=1.1828\text{人}$$

$$W=\frac{L}{\lambda_e}=\frac{L}{\lambda(1-p_r)}=\frac{1.1828}{3.7634\times(1-0.0037)}\text{h}=0.3155\text{h}$$

所以平均逗留时间为0.3155h。

10. $M/M/1/6/6$

$\lambda=1$ 次/h, $\mu=6$ 次/h, $\sigma=\frac{\lambda}{\mu}=\frac{1}{6}=0.1667$, $\rho=\frac{m\lambda}{s\mu}=\frac{6\times 1}{1\times 6}=1$

$$p_0=\left[\sum_{k=0}^{m}\frac{m!}{(m-k)!}\sigma^k\right]^{-1}$$

$$=\frac{1}{1+\frac{6!}{5!}\times 0.1667+\frac{6!}{4!}\times 0.1667^2+\frac{6!}{3!}\times 0.1667^3+\frac{6!}{2!}\times 0.1667^4+\frac{6!}{1!}\times 0.1667^5+\frac{6!}{1!}\times 0.1667^6}$$

$$=\frac{1}{1+1.0002+0.8337+0.5559+0.2780+0.0927+0.0155}$$

$$=0.2648$$

所以 $P\{n\geqslant 1\}=1-p_0=1-0.2648=0.7352$，即工人忙期的概率为0.7352。

$$L = m - \frac{\mu}{\lambda}(1 - p_0) = \left[6 - \frac{6}{1} \times (1 - 0.2648)\right]次 = 1.5888 次$$

$$L_q = L - (1 - p_0) = (1.5888 - 0.7352)次 = 0.8536 次$$

$$\lambda_e = \mu(1 - p_0) = (6 \times 0.7352)次/h = 4.4112 次/h$$

$$W = \frac{L}{\lambda_e} = \frac{1.5888}{4.4112}h = 0.3602h$$

$$W_q = \frac{L}{\lambda_e} = \frac{0.8536}{4.4112}h = 0.1935h$$

11. (1) $M/M/2/5/5$

$$\lambda = 1 次/h, \mu = 4 次/h, \sigma = \frac{\lambda}{\mu} = \frac{1}{4} = 0.25, \rho = \frac{m\lambda}{s\mu} = \frac{5}{2 \times 4} = 0.625,$$

$$\gamma = \frac{\lambda}{s\mu} = \frac{1}{2 \times 4} = 0.125。$$

$$p_0 = \left[\sum_{k=0}^{2} \frac{5!}{(5-k)!k!}\sigma^k + \frac{2^2}{2!}\sum_{k=3}^{5} \frac{5!}{(5-k)!}\gamma^k\right]^{-1}$$

$$= \frac{1}{1 + \frac{5!}{4!} \times 0.25 + \frac{5!}{3! \times 2!} \times 0.25^2 + 2 \times \frac{5!}{2!} \times 0.125^3 + \frac{2 \times 5!}{1!} \times 0.125^4 + \frac{2 \times 5!}{1!} \times 0.1125^5}$$

$$= \frac{1}{1 + 1.25 + 0.625 + 0.2344 + 0.0586 + 0.0073}$$

$$= 0.3149$$

$$p_1 = \frac{5!}{4!}\sigma p_0 = 5 \times 0.25 \times 0.3149 = 0.3936$$

$$p_2 = \frac{5!}{3! \times 2!}\sigma^2 p_0 = \frac{5!}{3! \times 2!} \times 0.25^2 \times 0.3149 = 0.1969$$

$$p_3 = \frac{5! \times 2^2}{2! \times 2!}\gamma^3 p_0 = \frac{5! \times 2^2}{2! \times 2!} \times 0.125^3 \times 0.3149 = 0.0738$$

$$p_4 = \frac{5! \times 2^2}{1! \times 2!}\gamma^4 p_0 = \frac{5! \times 2^2}{1! \times 2!} \times 0.125^4 \times 0.3149 = 0.0185$$

$$p_5 = \frac{5! \times 2^2}{0! \times 2!}\gamma^5 p_0 = \frac{5! \times 2^2}{2!} \times 0.125^5 \times 0.3149 = 0.0023$$

$$L = \sum_{n=1}^{5} np_n = p_1 + 2p_2 + 3p_3 + 4p_4 + 5p_5$$

$$= (0.3936 + 2 \times 0.1969 + 3 \times 0.0738 + 4 \times 0.0185 + 5 \times 0.0023)次$$

$$= 1.0943 次$$

$$L_q = \sum_{n=1}^{3} np_{n+2} = p_3 + 2p_4 + 3p_5$$

$$= (0.0738 + 2 \times 0.0185 + 3 \times 0.0023)次$$

$$= 0.1177 次$$

$$\lambda_e = \lambda(m - L) = 1 \times (5 - 1.0943) = 3.9057$$

$$W = \frac{L}{\lambda_e} = \frac{1.0943}{3.9057}h = 0.2802h$$

$$W_q = \frac{L_q}{\lambda_e} = \frac{0.1177}{3.9057}\text{h} = 0.0301\text{h}$$

$$\xi = \frac{L}{m} = \frac{1.0943}{5} = 0.2189$$

$$\eta = 1 - \xi = 1 - 0.2189 = 0.7811$$

所以机床利用率为 78.11%。

(2) $M/M/1/2/2$

$$\lambda = 1\text{次/h}, \mu = 4\text{次/h}, \sigma = \frac{\lambda}{\mu} = 0.25, \rho = \frac{2\lambda}{\mu} = 0.5$$

$$p_0 = \left[\sum_{k=0}^{m} \frac{m!}{(m-k)!}\sigma^k\right]^{-1} = \frac{1}{1 + \frac{2!}{1!} \times 0.25 + \frac{2!}{1!} \times 0.25^2} = 0.6154$$

$$L = m - \frac{\mu}{\lambda}(1 - p_0) = \left[2 - \frac{4}{1}(1 - 0.6154)\right]\text{次} = 0.4616\text{次}$$

$$L_q = L - (1 - p_0) = [0.4616 - (1 - 0.6154)]\text{次} = 0.077\text{次}$$

$$\lambda_e = \lambda(m - L) = \mu(1 - p_0) = 4 \times (1 - 0.6154) = 1.5384$$

$$W = \frac{L}{\lambda_e} = \frac{0.4616}{1.5384}\text{h} = 0.3001\text{h}$$

$$W_q = \frac{L_q}{\lambda_e} = \frac{0.077}{1.5384}\text{h} = 0.0501\text{h}$$

$$\xi = \frac{L}{m} = \frac{0.4616}{2} = 0.2308$$

$$\eta = 1 - \xi = 1 - 0.2308 = 0.7692$$

所以机床利用率为 76.92%。

12. $M/M/4/4$

$$\lambda = 1.5\text{架/min}, \mu = 0.5\text{架/min}, \sigma = \frac{\lambda}{\mu} = \frac{1.5}{0.5} = 3, \rho = \frac{\lambda}{s\mu} = \frac{1.5}{4 \times 0.5} = 0.75$$

$$p_0 = \left(\sum_{k=0}^{s} \frac{\sigma^k}{k!}\right)^{-1}$$

$$= \frac{1}{1 + \frac{3!}{1!} + \frac{3^2}{2!} + \frac{3^3}{3!} + \frac{3^4}{4!}}$$

$$= \frac{1}{1 + 3 + 4.5 + 4.5 + 3.375}$$

$$= 0.061$$

$$p_4 = \frac{\sigma^4}{4!}p_0 = \frac{3^4}{4!} \times 0.061 = 0.206$$

所以窜入我方目标而未受瞄准的概率是 0.206。

13. $M/G/1$

$\mu = 0.1$ 次/min

因为 $\eta = 80\%$，所以 $p_0 = 1 - \eta = 0.2$。

所以 $\rho = 1 - p_0 = 1 - 0.2 = 0.8$，$\lambda = \rho\mu = 0.8 \times 0.1 = 0.08$，即平均需求率。

$$L_q = \frac{\rho^2 + \lambda^2\sigma^2}{2(1-\rho)} = \frac{0.8^2 + 0.08^2 \times 8}{2 \times (1 - 0.8)}\text{min} = 1.728\text{min}$$

14. $M/M/1$

$\lambda = 30$ 架/h，$\mu = 40$ 架/h，$\rho = \dfrac{\lambda}{\mu} = 0.75$

$$W_q = \frac{\lambda}{\mu(\mu - \lambda)} = \frac{30}{40 \times (40 - 30)}\text{h} = 0.075\text{h}$$

4h 的费用:$4\lambda \times 500W_q = (4 \times 30 \times 500 \times 0.075)$ 元 $= 4500$ 元

15. (1) $M/D/1$

$\lambda = 6$ 辆/h，$\mu = 2x$ 辆/h，$\rho = \dfrac{\lambda}{\mu} = \dfrac{6}{2x} = \dfrac{3}{x}$

$$\text{总费用 } F(x) = \frac{1}{8}(20 + 4x) + 15L(x)$$

$$= 2.5 + 0.5x + 15L(x)$$

设 $G(x) = 0.5x + 15L(x)$

因为 $G(x^*) \leqslant G(x^* - 1)$

$G(x^*) \leqslant G(x^* + 1)$

即 $0.5x^* + 15L(x^*) \leqslant 0.5(x^* - 1) + 15L(x^* - 1)$

$0.5x^* + 15L(x^*) \leqslant 0.5(x^* + 1) + 15L(x^* + 1)$

所以 $L(x^*) - L(x^* + 1) \leqslant \dfrac{0.5}{15} \leqslant L(x^* - 1) - L(x^*)$

令 $\theta = \dfrac{0.5}{15} = 0.03$

$$L_q(x) = \frac{\rho^2}{2(1-\rho)} = \frac{\frac{9}{x^2}}{2\left(1 - \frac{3}{x}\right)} = \frac{9}{2x(x-3)}$$

$$L(x) = L_q + \rho = \frac{9}{2x(x-3)} + \frac{3}{x} = \frac{6x - 9}{2x(x-3)}$$

表 1-6-2

x	4	5	6	7	8	9	10	11	12
$L(x)$	1.875	1.05	0.75	0.59	0.49	0.42	0.36	0.32	0.29
$L(x) - L(x+1)$	0.825	0.3	0.16	0.1	0.07	0.06	0.04	0.03	
$\theta = 0.03$									

由表 1-6-2 及 θ 所落位置可知，$x^* = 11$，即配备 11 个工人比较经济合理。

(2) $M/M/1$

$\lambda = 6$ 辆/h，$\mu = 2x$ 辆/h，$\rho = \dfrac{3}{x}$

总费用 $F(x)=\frac{1}{8}(20+4x)+15L(x)=2.5+0.5x+15L(x)$

令 $G(x)=0.5x+15L(x)$

由前面可知 $L(x^*)-L(x^*+1)\leqslant\frac{0.5}{15}\leqslant L(x^*-1)-L(x^*)$

$$L(x)=\frac{\lambda}{\mu-\lambda}=\frac{6}{2x-6}=\frac{3}{x-3}$$

表 1-6-3

x	4	5	6	7	8	9	10	11	12	13
$L(x)$	3	1.5	1	0.75	0.6	0.5	0.43	0.38	0.33	0.3
$L(x)-L(x+1)$	1.5	0.5	0.25	0.15	0.1	0.07	0.05	0.05	0.03	
$\theta=0.03$										

由表 1-6-3 及 θ 所落位置可知，$x^*=12$，即配备 12 个工人比较经济合理。

16. $\lambda=48$ 次/天，$\mu=25$ 次/天，$\delta=\frac{\lambda}{\mu}=\frac{48}{25}=1.92$，$F(s)=4s+6L(s)$

$L(s^*)-L(s^*+1)\leqslant 4/6\leqslant L(s^*-1)-L(s^*)$

当 $s=2$ 时，$\rho=\frac{\lambda}{s\mu}=\frac{48}{2\times25}=0.96$

$$p_0=\left[\sum_{k=0}^{s-1}\frac{\delta^k}{k!}+\frac{\delta^s}{s!(1-\rho)}\right]^{-1}=\frac{1}{1+1.92+\frac{1.92^2}{2!\times(1-0.96)}}$$

$$=\frac{1}{1+1.92+46.08}$$

$$=0.02$$

$$L_q=\frac{\delta^s\rho}{s!\ (1-\rho)^2}p_0=\frac{1.92^2\times0.96\times0.02}{2!\times(1-0.96)^2}=\frac{0.071}{0.0032}=22.188$$

$L=L_q+\delta=22.188+1.92=24.108$

当 $s=3$ 时，$\rho=\frac{\lambda}{s\mu}=\frac{48}{3\times25}=0.64$

$$p_0=\left[\sum_{k=0}^{s-1}\frac{\delta^k}{k!}+\frac{\delta^s}{s!(1-\rho)}\right]^{-1}$$

$$=\frac{1}{1+1.92+\frac{1.92^2}{2}+\frac{1.92^3}{3!\times(1-0.64)}}=\frac{1}{1+1.92+1.8432+3.2768}$$

$$=0.124$$

$$L_q=\frac{\delta^s\rho}{s!\ (1-\rho)^2}p_0=\frac{1.92^3\times0.64}{3!\times(1-0.64)^2}\times0.124=0.722$$

$L=L_q+\delta=0.722+1.92=2.642$

当 $s=4$ 时，$\rho=\frac{\lambda}{s\mu}=\frac{48}{4\times25}=0.48$

$$p_0 = \left[\sum_{k=0}^{s-1}\frac{\delta^k}{k!}+\frac{\delta^s}{s!(1-\rho)}\right]^{-1} = \frac{1}{1+1.92+\frac{1.92^2}{2}+\frac{1.92^3}{3!}+\frac{1.92^3}{4!\times(1-0.48)}}$$

$$= \frac{1}{1+1.92+1.8432+1.18+1.089}$$

$$= 0.142$$

$$L_q = \frac{\delta^s\rho}{s!(1-\rho)^2}p_0 = \frac{1.92^4\times 0.48}{4!\times(1-0.48)^2}\times 0.142 = 0.143$$

$L = L_q + \delta = 0.143 + 1.92 = 2.063$

因为，$L(s=2) - L(s=3) = 24.108 - 2.642 = 21.466$

$L(s=3) - L(s=4) = 2.642 - 2.063 = 0.579$

所以，$L(s=3) - L(s=4) \leqslant \frac{4}{6} = 0.667 \leqslant L(s=2) - L(s=3)$

所以，$s^* = 3$，即应设置 3 个检验员才能使总费用的期望值最小。

17. 不购买该种新设备时造成的损失：

$\lambda = 6$ 台/h，$\mu = 8.57$ 台/h，$\rho = \frac{\lambda}{\mu} = \frac{6}{8.57} = 0.70$

$M/M/1$ 系统

$L = \frac{\lambda}{\mu-\lambda} = \frac{6}{8.57-6}$ 台 $= 2.33$ 台

所以，造成的损失为：$(2.33\times 5\times 60)$ 元/h = 699 元/h

购买该种新设备所生产的总费用：

$\lambda = 6$ 台/h，$\mu = 12$ 台/h，$\rho = \frac{\lambda}{\mu} = \frac{6}{12} = 0.5$，$L' = \frac{\lambda}{\mu-\lambda} = \frac{6}{12-6}$ 台 $= 1$ 台

造成的损失：$(1\times 5\times 60)$ 元/h = 300 元/h

造成的费用：(10×60) 元/h = 600 元/h

所以总费用：$(300+600)$ 元/h = 900 元/h > 699 元/h

所以，不购买这种新设备。

18. $M/M/s$

$\lambda = 50$ 人/h，$\mu = 30$ 人/h，$\sigma = \frac{\lambda}{\mu} = \frac{50}{30} = 1.667$

当 $s = 2$ 时，$\rho = \frac{\lambda}{s\mu} = \frac{50}{2\times 30} = 0.833$

$$p_0 = \left[\sum_{k=0}^{s-1}\frac{\sigma^k}{k!}+\frac{\sigma^s}{s!(1-\rho)}\right]^{-1} = \frac{1}{1+1.667+\frac{1.667^2}{2\times(1-0.833)}} = \frac{1}{1+1.667+8.32}$$

$$= 0.091$$

$$L_q = \frac{\sigma^s\rho}{s!(1-\rho)^2}p_0 = \frac{1.667^2\times 0.833}{2!\times(1-0.833)^2}\times 0.091 = 3.777$$

$$W_q = \frac{L_q}{\lambda} = \frac{3.777}{50}\text{h} = 0.0755\text{h} = 4.53\text{min} < 5\text{min}$$

所以需要2名管理员。

19. $M/M/s/4/4$

$\lambda=2$ 台/h，$\mu=1$ 台/h，$\sigma=\frac{\lambda}{\mu}=2$，$F(s)=0.4s+1.2L(s)$

$L(s^*)-L(s^*+1)\leqslant\frac{0.4}{1.2}=0.33\leqslant L(s^*-1)-L(s^*)$

当 $s=1$ 时

$$p_0=\left[\sum_{k=0}^{m}\frac{m!}{(m-k)!}\sigma^k\right]^{-1}=\frac{1}{1+\frac{4!}{3!}\times 2+\frac{4!}{2!}\times 2^2+\frac{4!}{1!}\times 2^3+\frac{4!}{1}\times 2^4}$$

$$=\frac{1}{1+8+48+192+384}=0.0016$$

$$L=m-\frac{\mu}{\lambda}(1-p_0)=4-\frac{1}{2}\times(1-0.0016)=3.5008$$

当 $s=2$ 时，$\gamma=\frac{\lambda}{s\mu}=\frac{2}{2\times 1}=1$

$$p_0=\left[\sum_{k=0}^{s}\frac{m!}{k!(m-k)!}\sigma^k+\frac{s^s}{s!}\sum_{k=s+1}^{m}\frac{m!}{(m-k)!}\gamma^k\right]^{-1}$$

$$=\frac{1}{1+\frac{4!}{3!}\times 2+\frac{4!}{2!\times 2!}\times 2^2+\frac{2^2}{2!}\times\left(\frac{4!}{1!}+\frac{4!}{1}\right)}$$

$$=\frac{1}{1+8+24+2\times(24+24)}=0.0078$$

$p_1=0.0624$，$p_2=0.1872$，$p_3=0.3744$，$p_4=0.3744$

$$L=\sum_{n=1}^{4}np_n=0.0624+2\times 0.1872+3\times 0.3744+4\times 0.3744=3.0576$$

当 $s=3$ 时，$\gamma=\frac{2}{3}=0.667$

$$p_0=\left[\sum_{k=0}^{s}\frac{m!}{k!(m-k)!}\sigma^k+\frac{s^s}{s!}\sum_{k=s+1}^{m}\frac{m!}{(m-k)!}\gamma^k\right]^{-1}$$

$$=\frac{1}{1+\frac{4!}{3!}\times 2+\frac{4!}{2!\times 2!}\times 2^2+\frac{4!}{1!\times 3!}\times 2^3+\frac{3^3\times 4!\times 0.667^4}{3!\times 1}}$$

$$=\frac{1}{1+8+24+32+21.376}=0.0116$$

$p_1=0.0928$，$p_2=0.2784$，$p_3=0.3712$，$p_4=0.2480$

$$L=\sum_{n=1}^{4}np_n=0.0928+2\times 0.2784+3\times 0.3712+4\times 0.2480=2.7552$$

$L(s=1)-L(s=2)=3.5008-3.0576=0.4432$

$L(s=2)-L(s=3)=3.0576-2.7552=0.3024$

所以，$L(s=2)-L(s=3)\leqslant 0.33\leqslant L(s=1)-L(s=2)$

所以，$s^*=2$，即应由2个工人看管，才能使总费用最小。

第七章

目 标 规 划

第一节 学习要点及思考题

一、学习要点

1. 目标规划的基本特征、基本概念和模型

（1）目标规划的基本特征。当人们在实践中遇到一些矛盾的目标，由于资源有限和其他各种原因，这些目标可能无法达到时，可以把任何起作用的约束都称为“目标”，不论它们能否达到，总的目的是要给出一个最优的结果，使之尽可能地接近指定的目标。人们把目标按重要性分成不同的优先等级，并对同一个优先等级中的不同目标加权，使目标规划方法在理论上取得长足的进展，并在许多领域获得广泛应用。

（2）基本概念

1）正、负偏差变量 d^+、d^-。设第 j 个目标函数为 $f_j(x)$，其右端的目标为 $\hat{f}_j$，$j=1, 2, \cdots, K$。对每个目标 $j(j=1, 2, \cdots, K)$ 引入正偏差变量 d_j^+ 和负偏差变量 d_j^-，其中

$$d_j^+ = 0.5\{|f_j(x) - \hat{f}_j| + [f_j(x) - \hat{f}_j]\}$$

$$d_j^- = 0.5\{|f_j(x) - \hat{f}_j| - [f_j(x) - \hat{f}_j]\}$$

显然，当 $f_j(x) \geqslant \hat{f}_j$ 时，$d_j^+ \geqslant 0$，$d_j^- = 0$；当 $f_j(x) \leqslant \hat{f}_j$ 时，$d_j^- \geqslant 0$，$d_j^+ = 0$；两者不可能同时为正，因此有 $d_j^+ d_j^- = 0$。

这样，用正偏差变量 d^+ 表示决策值超过目标值的部分；用负偏差变量 d^- 表示决策值不足目标值的部分。

2）绝对约束和目标约束。绝对约束是指必须严格满足的等式约束和不等式约束；目标约束是目标规划特有的。可以把约束右端项看作要努力追求的目标值，但允许发生正、负偏差，用在约束中加入正、负偏差变量来表示，于是称它们为目标约束，又称软约束。

3）优先因子与权系数。对于多目标问题，设有 K 个目标函数 $f_1, f_2, \cdots, f_K$，决策者在要求达到这些目标时，一般有主次之分。为此，引入优先因子 $P_i(i=1, 2, \cdots, L)$。把要求第一位达到的目标赋予优先因子 P_1，次位的目标赋予优先因子 P_2……并规定 $P_i >> P_{i+1}$

($i=1, 2, \cdots, L-1$)。即在计算过程中，首先保证 P_1 级目标的实现，这时可不考虑次级目标；而 P_2 级目标是在实现 P_1 级目标的基础上考虑的，以此类推。当需要区别具有相同优先因子的若干个目标的差别时，可分别赋予它们不同的权系数 w_j。优先因子及权系数的值均由决策者按具体情况来确定。

4）目标规划的目标函数。目标规划的目标函数是通过各目标约束的正、负偏差变量和赋予相应的优先等级来构造的。决策者的要求是尽可能从某个方向缩小偏离目标的数值。于是，目标规划的目标函数应该是求极小：$\min f=f(d^+, d^-)$。其基本形式有三种：

- 要求恰好达到目标值，即使相应目标约束的正、负偏差变量都要尽可能地小。这时取 $\min(d^+ + d^-)$。
- 要求不超过目标值，即使相应目标约束的正偏差变量要尽可能地小。这时取 $\min(d^+)$。
- 要求不低于目标值，即使相应目标约束的负偏差变量要尽可能地小。这时取 $\min(d^-)$。

（3）目标规划模型的一般形式

$$
(\mathrm{LGP})\begin{cases}\min & \sum_{l=1}^{L} P_l\left[\sum_{k=1}^{K}(w_{lk}^- d_k^- + w_{lk}^+ d_k^+)\right] \\ \text{s.t.} & \sum_{j=1}^{n} c_{kj}x_j + d_k^- - d_k^+ = g_k \quad (k=1,2,\cdots,K) \\ & \sum_{j=1}^{n} a_{ij}x_j = (\leqslant, \geqslant) b_i \quad (i=1,2,\cdots,m) \\ & x_j, d_k^-, d_k^+ \geqslant 0 \quad (j=1,2,\cdots,n;\ k=1,2,\cdots,K)\end{cases}
$$

(LGP)中的第二部分是 K 个目标约束，第三部分是 m 个绝对约束，c_{kj} 和 g_k 是目标约束的参数。

2. 目标规划的图解法

对于只有两个变量的线性目标规划问题(LGP)，可以在二维直角坐标平面上作图表示线性目标规划问题的有关概念，并求解：

（1）分别取决策变量 x_1、x_2 为坐标向量，建立直角坐标系。

（2）对每个绝对约束(包括非负约束)条件，做法同线性规划的约束处理：先取其等式在坐标系中作出直线，通过判断确定不等式所决定的半平面，得到各绝对约束半平面交汇出的区域。

对每个目标约束条件，先取其不考虑正、负偏差变量的等式在坐标系中作出直线，判断其变大、变小的方向，标出正、负偏差变量的变化方向。综合绝对约束得到的区域，产生所有约束(绝对约束和目标约束)交汇出的区域。进行(3)。

（3）依据优先的顺序及权重的比例关系，对目标函数中各偏差变量取值进行优化。最终得到最优解(或最优解集合)。

3. 解目标规划的单纯形法

根据线性目标规划与线性规划的不同点，在组织、构造算法时，要考虑线性目标规划数学模型的一些特点，做以下规定：

(1) 因为目标规划问题的目标函数都是求最小化，这里检验数与线性规划检验数相差一个符号，所以检验数的最优准则与线性规划是相同的。

(2) 因为非基变量的检验数中含有不同等级的优先因子，$P_i >> P_{i+1}(i=1,\ 2,\ \cdots,\ L-1)$，于是从每个检验数的整体来看：$P_{i+1}(i=1,\ 2,\ \cdots,\ L-1)$优先级第 k 个检验数的正、负首先决定于 P_1，P_2，…，P_i 优先级第 k 个检验数的正、负。若 P_1 级第 k 个检验数为 0，则此检验数的正、负取决于 P_2 级第 k 个检验数；若 P_2 级第 k 个检验数仍为 0，则此检验数的正、负取决于 P_3 级第 k 个检验数，以此类推。换句话说，当某 P_i 级第 k 个检验数为负数时，计算中不必再考察 $P_j(j>i)$ 级第 k 个检验数的正、负情况。

(3) 根据（LGP）模型的特征，当不含绝对约束时，d_i^-（$i=1,\ 2,\ \cdots,\ K$）构成了一组基本可行解。在寻找单纯形法初始可行点时，这个特点是很有用的。

下面给出求解目标规划问题的单纯形法的计算步骤：

(1) 建立初始单纯形表。在表中将检验数行按优先因子个数分别列成 K 行。初始的检验数需根据初始可行解计算出来，方法同基本单纯形法。当不含绝对约束时，d_i^-（$i=1,\ 2,\ \cdots,\ K$）构成了一组基本可行解，这时只需利用相应单位向量把各级目标行中对应 d_i^-（$i=1,\ 2,\ \cdots,\ K$）的量消成 0 即可得到初始单纯形表。置 $k=1$。

(2) 检查确定进基变量。当前第 k 行中是否存在大于 0 且对应的前 $k-1$ 行的同列检验数为 0 的检验数。若存在，则取其中最大者对应的变量为换入变量，转（3）。若不存在这样的检验数，则转（5）。

(3) 确定出基变量。按单纯形法中的最小比值规则确定换出变量，当存在两个或两个以上相同的最小比值时，选取具有较高优先级别的变量为换出变量，转（4）。

(4) 换基运算。按单纯形法的相关步骤进行基变换运算，建立新的单纯形表（注意：要对所有的目标行进行转轴运算），返回（2）。

(5) 终止或迭代。当 $k=K$ 时，计算结束。表中的解即为满意解。否则置 $k=k+1$，返回（2）。

二、思考题

(1) 目标规划模型与线性规划模型有什么相同之处？

(2) 目标规划模型与线性规划模型有哪些区别？

(3) 在目标规划模型中，优先因子的意义及作用是什么？

(4) 正、负偏差变量的取值有什么限制？

(5) 目标规划模型中，如果不含绝对约束，是否一定有解？为什么？

(6) 在目标规划模型中，是否必须有绝对约束？

(7) 目标规划中的满意解与最优解有什么区别？

(8) 目标规划的单纯形法与线性规划的单纯形法有什么异同？

(9) 目标规划的图解法与线性规划的图解法有什么异同？

(10) 叙述目标规划的单纯形法。

三、本章学习思路建议

本章以一个例题贯穿整章内容，学习的重点是目标规划模型的建立，以及求解目标规划的图解法和单纯形法。

在学习本章内容时，需要掌握以下两点：

(1) 目标规划建模——原问题的各个目标表示为等式、不等式系统，通过正、负偏差变量建立目标约束，根据原问题目标的等级和重要度差异建立此目标规划的目标函数，加入绝对约束及其他因素，得到目标规划模型。

(2) 理解线性规划单纯形法针对目标规划的改造，特别要理解其迭代过程中各级检验数最优性的判断规则。

第二节　课后习题参考解答

习　题

1. 用图解法找出下列目标规划的满意解：

(1) $\min f = P_1 d_1^+ + P_2(d_2^+ + d_3^-) + P_3 d_1^-$

$$\text{s.t.}\begin{cases}2x_1 + 3x_2 + d_1^- - d_1^+ = 10\\ x_1 - 2x_2 + d_2^- - d_2^+ = 5\\ 3x_1 + x_2 + d_3^- - d_3^+ = 12\\ x_1,\ x_2,\ d_j^-,\ d_j^+ \geqslant 0 \quad (j = 1,\ 2,\ 3)\end{cases}$$

(2) $\min f = P_1(d_3^+ + d_4^+) + P_2 d_1^+ + P_3 d_2^- + P_4(d_3^- + 1.5d_4^-)$

$$\text{s.t.}\begin{cases}x_1 + x_2 + d_1^- - d_1^+ = 4\\ 2x_1 + x_2 + d_2^- - d_2^+ = 10\\ x_1 + d_3^- - d_3^+ = 3\\ x_2 + d_4^- - d_4^+ = 2\\ x_1,\ x_2,\ d_j^-,\ d_j^+ \geqslant 0 \quad (j = 1,\ 2,\ 3,\ 4)\end{cases}$$

2. 用单纯形法求解下列目标规划的满意解：

(1) $\min f = P_1 d_2^+ + P_2 d_2^- + P_3(d_1^+ + d_3^+)$

$$\text{s.t.}\begin{cases}x_1 + 2x_2 + d_1^- - d_1^+ = 8\\ 10x_1 + 5x_2 + d_2^- - d_2^+ = 63\\ 2x_1 - x_2 + d_3^- - d_3^+ = 5\\ x_1,\ x_2,\ d_j^-,\ d_j^+ \geqslant 0 \quad (j = 1,\ 2,\ 3)\end{cases}$$

(2) $\min f = P_1 d_1^- + P_2(d_2^+ + d_2^-)$

$$\text{s.t.}\begin{cases}x_1 + x_2 \leqslant 10\\ x_1 - x_2 + d_1^- - d_1^+ = 4.5\\ 2x_1 + 3x_2 + d_2^- - d_2^+ = 6\\ x_1,\ x_2,\ d_j^-,\ d_j^+ \geqslant 0 \quad (j = 1,\ 2)\end{cases}$$

3. 考虑下列目标规划问题：

$$\min f = P_1 d_1^- + P_2 d_4^+ + P_3(5d_2^- + 3d_2^+ + 3d_3^- + 5d_3^+)$$

$$\text{s.t.} \begin{cases} x_1 + x_2 + d_1^- - d_1^+ = 8 \\ x_1 + d_2^- - d_2^+ = 5 \\ x_2 + d_3^- - d_3^+ = 4.5 \\ x_1 + x_2 - d_1^+ - d_4^- + d_4^+ = 3.5 \\ x_1,\ x_2,\ d_j^-,\ d_j^+ \geqslant 0 \quad (j = 1, 2, 3, 4) \end{cases}$$

（1）用单纯形法求解此问题。

（2）目标函数改为

$$\min f = P_1 d_1^- + P_2(5d_2^- + 3d_2^+ + 3d_3^- + 5d_3^+) + P_3 d_4^+$$

求解，并比较与（1）的结果有什么不同？

（3）若第一个目标约束右端项改为12，求解后满意解有什么变化？

4. 某公司生产并销售三种产品 A、B、C，在组装时要经过同一条组装线，三种产品装配时间分别为30h、40h与50h。组装线每月工作600h。这三种产品的销售利润为：A 每台25000元、B 每台32500元、C 每台40000元。每月的销售计划为：A 8台、B 6台、C 4台。该公司决策者有如下考虑：

（1）争取利润达到每月490000元。

（2）要充分发挥生产能力，不使组装线空闲。

（3）如果加班，加班时间尽量不超过30h。

（4）努力按销售计划来完成生产数量。

试建立生产计划的数学模型，不计算。

5. 某企业生产两种产品 A、B，市场销售前景很好。这两种产品的单件销售利润为：A 每台1000元，B 每台800元。两种产品需要同一种材料，分别为6kg和4kg。该材料的每周计划供应量为240kg，若不够时可议价购入此种材料不超过80kg。由于议价原材料价格高于计划内价格，导致 A、B 产品的利润同样地降低100元。该企业的决策者考虑：

（1）企业要满足客户每周的基本需求：A 24台、B 18台。

（2）计划内的材料要充分使用完。

（3）努力使获得的利润更高。

试建立生产计划的数学模型，不计算。

习题解答

1. （1）在平面直角坐标系内，作出与各约束条件所对应的直线，如图1-7-1所示，根据目标函数的优先因子来分析，得到最优解为：满足 $2x_1 + 3x_2 = 10$ 的点（26/7，6/7）到点（5，0）线段上的所有点。

（2）在平面直角坐标系内，作出与各约束条件所对应的直线，如图1-7-2所示。根据目标函数的优先因子来分析，得到最优解为：点（3，1）。

2. （1）对目标规划问题建立如表1-7-1所示目标规划的初始表格。

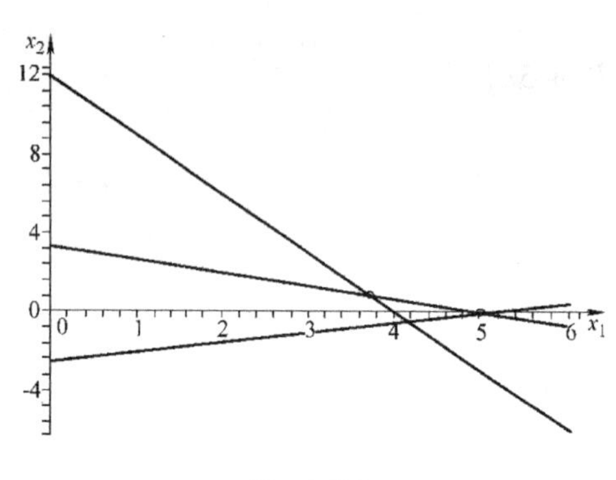

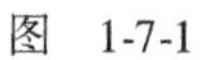
图 1-7-1

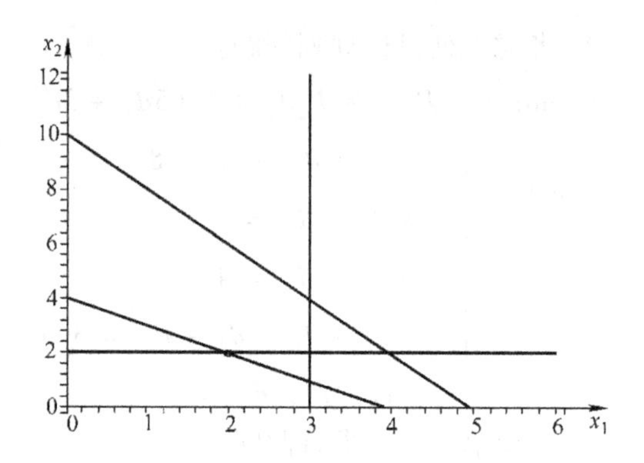

图 1-7-2

表 1-7-1

	x_1	x_2	d_1^-	d_1^+	d_2^-	d_2^+	d_3^-	d_3^+	RHS
P_1	0	0	0	0	0	−1	0	0	
P_2	10	5	0	0	0	−1	0	0	
P_3	0	0	0	−1	0	0	0	−1	
d_1^-	1	2	1	−1	0	0	0	0	8
d_2^-	10	5	0	0	1	−1	0	0	63
d_3^-	2	−1	0	0	0	0	1	−1	5

得到最优单纯形表如表 1-7-2 所示。

表 1-7-2

	x_1	x_2	d_1^-	d_1^+	d_2^-	d_2^+	d_3^-	d_3^+	RHS
P_1	0	0	0	0	0	−1	0	0	
P_2	0	0	0	0	−1	0	0	0	
P_3	0	0	−1	0	0.25	−0.25	−0.75	−0.25	
x_2	0	1	0	0	0.1	−0.1	−0.5	0.5	3.8
d_1^+	0	0	−1	1	0.25	−0.25	−0.75	0.75	4
x_1	1	0	0	0	0.05	−0.05	0.25	−0.25	4.4

即 $x_1=4.4$，$x_2=3.8$，$d_1^+=4$，$d_1^-=d_2^-=d_2^+=d_3^-=d_3^+=0$

（2）设 $x_5\geqslant 0$，使 $x_1+x_2+x_5\leqslant 10$。对目标规划问题建立如表 1-7-3 所示目标规划的初始表格。

表 1-7-3

	x_1	x_2	x_3	d_1^-	d_1^+	d_2^-	d_2^+	RHS
P_1	1	−1	0	0	−1	0	0	
P_2	2	3	0	0	0	0	−2	
x_3	1	1	1	0	0	0	0	10
d_1^-	1	−1	0	1	−1	0	0	4.5
d_2^-	2	3	0	0	0	1	−1	6

得到最优单纯形表如表 1-7-4 所示。

表　1-7-4

	x_1	x_2	x_3	d_1^-	d_1^+	d_2^-	d_2^+	RHS
P_1	0	0	0	-1	0	0	0	
P_2	0	-5	0	2	-2	-2	0	
x_3	0	2	1	-1	1	0	0	5.5
d_2^+	0	-5	0	2	-2	-1	1	3
x_1	1	-1	0	1	-1	0	0	4.5

即 $x_1=4.5$，$x_3=5.5$，$d_2^+=3$，$x_2=d_1^-=d_2^-=d_3^-=d_3^+=0$

3. (1) 目标规划问题可化为

$$\min f = P_1 d_1^- + P_2 d_4^+ + P_3(5d_2^- + 3d_2^+ + 3d_3^- + 5d_3^+)$$

$$\text{s. t.} \begin{cases} x_1 + x_2 + d_1^- - d_1^+ = 8 \\ x_1 + d_2^- - d_2^+ = 5 \\ x_2 + d_3^- - d_3^+ = 4.5 \\ x_1 + x_2 - d_1^+ - d_4^- + d_4^+ = 3.5 \\ x_1,\ x_2,\ d_j^-,\ d_j^+ \geqslant 0 \quad (j = 1,2,3,4) \end{cases}$$

建立初始单纯形表，如表 1-7-5 所示。

表　1-7-5

	x_1	x_2	d_1^-	d_1^+	d_2^-	d_2^+	d_3^-	d_3^+	d_4^-	d_4^+	RHS
P_1	1	1	0	-1	0	0	0	0	0	0	
P_2	1	1	0	-1	0	0	0	0	-1	0	
P_3	5	3	0	0	0	-8	0	-8	0	0	
d_1^-	1	1	1	-1	0	0	0	0	0	0	8
d_2^-	1	0	0	0	1	-1	0	0	0	0	5
d_3^-	0	1	0	0	0	0	1	-1	0	0	4.5
d_4^+	1	1	0	-1	0	0	0	0	-1	1	3.5

用单纯形法求解此问题得到最优单纯形表，如表 1-7-6 所示。

表　1-7-6

	x_1	x_2	d_1^-	d_1^+	d_2^-	d_2^+	d_3^-	d_3^+	d_4^-	d_4^+	RHS
P_1	0	0	-1	0	0	0	0	0	0	0	
P_2	0	0	0	0	0	0	0	0	0	-1	

（续）

	x_1	x_2	d_1^-	d_1^+	d_2^-	d_2^+	d_3^-	d_3^+	d_4^-	d_4^+	RHS
P_3	0	0	0	0	-5	-3	-3	-5	0	0	
x_2	0	1	0	0	0	0	1	-1	0	0	4.5
d_4^-	0	0	1	0	0	0	0	0	1	-1	4.5
d_1^+	0	0	-1	1	1	-1	1	-1	0	0	1.5
x_1	1	0	0	0	1	-1	0	0	0	0	5

即最满意解为：$x_1=5$，$x_2=4.5$，$d_1^+=1.5$，$d_4^-=4.5$，其余变量为0。

（2）目标函数改为 $\min f=P_1d_1^-+P_2(5d_2^-+3d_2^++3d_3^-+5d_3^+)+P_3d_4^+$，只要将初始单纯形表中 P_2 和 P_3 两行交换即可，如表1-7-7所示。

表 1-7-7

	x_1	x_2	d_1^-	d_1^+	d_2^-	d_2^+	d_3^-	d_3^+	d_4^-	d_4^+	RHS
P_1	1	1	0	-1	0	0	0	0	0	0	
P_2	5	3	0	0	0	-8	0	-8	0	0	
P_3	1	1	0	-1	0	0	0	0	-1	0	
d_1^-	1	1	1	-1	0	0	0	0	0	0	8
d_2^-	1	0	0	0	1	-1	0	0	0	0	5
d_3^-	0	1	0	0	0	0	1	-1	0	0	4.5
d_4^+	1	1	0	-1	0	0	0	0	-1	1	3.5

通过计算得到最满意解，与(1)相同。

（3）若第一个目标约束右端项改为12，初始单纯形表如表1-7-8所示。

表 1-7-8

	x_1	x_2	d_1^-	d_1^+	d_2^-	d_2^+	d_3^-	d_3^+	d_4^-	d_4^+	RHS
P_1	1	1	0	-1	0	0	0	0	0	0	
P_2	1	1	0	-1	0	0	0	0	-1	0	
P_3	5	3	0	0	0	-8	0	-8	0	0	
d_1^-	1	1	1	-1	0	0	0	0	0	0	12
d_2^-	1	0	0	0	1	-1	0	0	0	0	5
d_3^-	0	1	0	0	0	0	1	-1	0	0	4.5
d_4^+	1	1	0	-1	0	0	0	0	-1	1	7.5

得到如表1-7-9所示的最优单纯形表。

表 1-7-9

	x_1	x_2	d_1^-	d_1^+	d_2^-	d_2^+	d_3^-	d_3^+	d_4^-	d_4^+	RHS
P_1	0	0	-1	0	0	0	0	0		0	
P_2	0	0	0	0	0	0	0	0		-1	
P_3	0	0	3	-3	-8	0	-6	-2		0	
d_4^-	0	0	1	0	0	0	0	0		-1	4.5
x_1	1	0	1	-1	0	0	-1	1		0	7.5
x_2	0	1	0	0	0	0	1	-1		0	4.5
d_2^+	0	0	1	-1	-1	1	-1	1		0	2.5

即最满意解为：$x_1=7.5$，$x_2=4.5$，$d_2^+=2.5$，$d_4^-=4.5$，其余变量为0。

4. 设三种产品的产量分别为 x_1、x_2、x_3，根据题意建模，得到：

$$\min f = P_1d_1^- + P_2d_2^- + P_3d_3^+ + P_4(d_4^- + d_4^+ + d_5^- + d_5^+ + d_6^- + d_6^+)$$

$$\text{s. t.} \begin{cases} 25000x_1 + 32500x_2 + 40000x_3 + d_1^- - d_1^+ = 490000 \\ 30x_1 + 40x_2 + 50x_3 + d_2^- - d_2^+ = 600 \\ d_2^+ + d_3^- - d_3^+ = 30 \\ x_1 + d_4^- - d_4^+ = 8 \\ x_2 + d_5^- - d_5^+ = 6 \\ x_3 + d_6^- - d_6^+ = 4 \\ x_i,\ d_j^-,\ d_j^+ \geqslant 0 \quad (i=1,2,3;j=1,2,3,4,5,6) \end{cases}$$

5. 解：设 A、B 两种产品由计划内材料制成的产量分别为 x_1、x_2，计划外议价采购的为 x_3、x_4，由题意建模得到：

$$\min f = P_1(d_1^- + d_2^-) + P_2d_3^- + P_3d_4^-$$

$$\text{s. t.} \begin{cases} x_1 + x_3 + d_1^- - d_1^+ = 24 \\ x_2 + x_4 + d_2^- - d_2^+ = 18 \\ 6(x_1 + x_3) + 4(x_2 + x_4) + d_3^- - d_3^+ = 240 \\ 1000x_1 + 800x_2 + 900x_3 + 700x_4 + d_4^- - d_4^+ = 62000 \\ d_3^+ \leqslant 80 \\ x_i,\ d_j^-,\ d_j^+ \geqslant 0 \quad (i=1,2,3,4;\ j=1,2,3,4) \end{cases}$$

第八章

图与网络分析

第一节　学习要点及思考题

一、学习要点

1. 图的基本概念与基本定理

（1）图论中的图是由点和点与点之间的线组成的。通常，把点与点之间不带箭头的线叫作边，带箭头的线叫作弧。

如果一个图是由点和边构成的，那么称它为无向图，记作 $G=(V,E)$，其中 V 表示图 G 的点集合，E 表示图 G 的边集合。连接点 v_i，$v_j \in V$ 的边记作［v_i,v_j］，或者［v_j，v_i］。

如果一个图是由点和弧构成的，那么称它为有向图，记作 $D=(V,A)$，其中 V 表示有向图 D 的点集合，A 表示有向图 D 的弧集合。一条方向从 v_i 指向 v_j 的弧记作（v_i,v_j）。

下面介绍一些常用的名词：

一个图 G 或有向图 D 中的点数记作 $p(G)$ 或 $p(D)$，简记作 p，边数或者弧数记作 $q(G)$ 或者 $q(D)$，简记作 q。

如果边［v_i,v_j］$\in E$，那么称 v_i、v_j 是边的端点，或者 v_i、v_j 是相邻的。如果一个图 G 中一条边的两个端点是相同的，那么称这条边是环。如果两个端点之间有两条以上的边，那么称它们为多重边。一个无环、无多重边的图称为简单图；一个无环、有多重边的图称为多重图。

（2）点的度。以点 v 为端点的边的个数称为点 v 的度，记作 $d(v)$。

奇点：$d(v)=$奇数；偶点：$d(v)=$偶数；悬挂点：$d(v)=1$；悬挂边：与悬挂点连接的边；孤立点：$d(v)=0$；空图：$E=\varnothing$，即无边图。

定理 8-1　在一个图中，全部点的度之和是边数的 2 倍。

定理 8-2　在任意一个图中，奇点的个数必为偶数。

（3）图的连通性。链：由两两相邻的点及其相关联的边构成的点边序列；简单链：链中所含的边均不相同；初等链：链中所含的点均不相同，也称通路；回路：若链的两个端点（起点和终点）不相同，则称该链为开链，否则称为闭链或回路；圈：除起点和终点外链中所含的点均不相同的闭链；连通图：图中任意两点之间均至少有一条通路，否则称作不连通图。

对有向图（关联边有方向），有下列概念：弧：有向图的边，设 $a=(u,v)$，起点 u，终点 v；路：若有从 u 到 v 不考虑方向的链，且各方向一致，则称之为从 u 到 v 的路；初等路：各顶点都不相同的路；初等回路：$u=v$ 的初等路；连通图：若不考虑方向是无向连通图；强连通图：任两点有路。

（4）子图。如果 $V_2 \subseteq V_1$，$E_2 \subseteq E_1$，称 G_2 是 G_1 的子图；如果 $V_2 \subset V_1$，$E_2 \subset E_1$，称 G_2 是 G_1 的真子图；如果 $V_2 = V_1$，$E_2 \subset E_1$，称 G_2 是 G_1 的部分图；如果 $V_2 \subseteq V_1$，$E_2 = \{[v_i, v_j] \mid v_i, v_j \in V_2\}$，称 G_2 是 G_1 中由 V_2 导出的导出子图。

2. 树和最小支撑树

（1）树。一个无圈的连通图叫作树。

树的重要性质：

1）**定理 8-3**　设图 $G=(V,E)$ 是一个树 $p(G) \geqslant 2$，那么图 G 中至少有两个悬挂点。

2）**定理 8-4**　图 $G=(V,E)$ 是一个树的充分必要条件是 G 不含圈，并且有且仅有 $p-1$ 条边。

3）**定理 8-5**　图 $G=(V,E)$ 是一个树的充分必要条件是 G 是连通图，并且有且仅有 $p-1$ 条边。

4）**定理 8-6**　图 G 是一个树的充分必要条件是任意两个顶点之间有且仅有一条链。

（2）支撑树。设图 $K=(V,E')$ 是图 $G=(V,E)$ 的一支撑子图，如果图 $K=(V,E')$ 是一个树，那么称 K 是 G 的一个支撑树。

定理 8-7　一个图 G 有支撑树的充分必要条件是 G 是连通图。

（3）最小支撑树问题。

1）赋权图。如果图 $G=(V,E)$，对于 G 中的每一条边 $[v_i,v_j]$，相应地有一个数 w_{ij}，那么称这样的图 G 为赋权图，w_{ij} 称为边 $[v_i,v_j]$ 的权。

2）最小支撑树。如果图 $T=(V,E')$ 是图 G 的一个支撑树，那么称 E' 上所有边的权的和为支撑树 T 的权，记作 $s(T)$。

如果图 G 的支撑树 T^* 的权 $s(T^*)$，在 G 的所有支撑树 T 中的权最小，即 $s(T^*)=\min s(T)$，那么称 T^* 是 G 的最小支撑树。

（4）求最小支撑树的方法。常用的方法有破圈法和生长法（避圈法）。

1）破圈法。

第一步：在网络图中寻找一个圈。若不存在圈，则已经得到最小支撑树或网络不存在最小支撑树。若存在圈，转第二步。

第二步：去掉该圈中权数最大的边。

重复第一、第二两步，直到得到最小支撑树。

2）生长法（避圈法）。从网络图中依次寻找权数较小的边。寻找过程中，节点不得重复，即不得构成圈。注意在找较小权数边时不考虑已选过的边和可能造成圈的边。如此反复进行，直到得到最小支撑树。

3. 最短路径问题

1）路的权。设赋权有向图 $D=(V,A)$，对于每一个弧 $a=(v_i,v_j)$，相应地有一个权 w_{ij}。v_s、v_t 是 D 中的两个顶点，P 是 D 中从 v_s 到 v_t 的任意一条路，定义路的权是 P 中所有弧的权的和，记作 $s(P)$。

2）最短路径问题。在赋权有向图 $D=(V,A)$ 的所有从 v_s 到 v_t 的路 P 中，寻找一个权

最小的路 P_0，即 $s(P_0)=\min\limits_P s(P)$。$P_0$叫作从 v_s 到 v_t 的最短路径。P_0 的权 $s(P_0)$ 叫作从 v_s 到 v_t 的距离，记作 $d(v_s,v_t)$。由于 D 是有向图，很明显 $d(v_s,v_t)$ 与 $d(v_t,v_s)$ 一般不相等。

3）Dijkstra 算法。在所有的权 $w_{ij}\geqslant 0$ 时，是寻求最短路径问题最好的算法之一。算法可以给出寻求从一个始定点 v_s 到任意一个点 v_j 的最短路径。

算法的基本思想是从 v_s 出发，逐步向外寻找最短路径。在运算过程中，与每个点对应，记录一个数，叫作一个点的标号。它或者表示从 v_s 到该点的最短路权（叫作 P 标号），或者表示从 v_s 到该点最短路权的上界（叫作 T 标号）。算法的每一步是去修改 T 标号，把某一个具有 T 标号的点改变为具有 P 标号的点，使图 D 中具有 P 标号的顶点多一个。这样，至多经过 $p-1$ 步，就可求出从 v_s 到各点 v_j 的最短路径。

Dijkstra 算法过程：

开始（$i=0$）令 $S_0=\{v_s\}$，$P(v_s)=0$，$\lambda(v_s)=0$，对每一个 $v\neq v_s$，令 $T(v)=+\infty$，$\lambda(v)=M$，令 $k=s$。

第一步，如果 $S_i=V$，则算法结束，对每一个 $v\in S_i$，$d(v_s,v)=P(v)$。否则转入第二步。

第二步，考察每一个使 $(v_k,v_j)\in A$，且 $v_j\notin S_i$ 的点 v_j，如果$T(v_j)>P(v_k)+w_{kj}$，则把 $T(v_j)$ 改变为 $P(v_k)+w_{kj}$，把 $\lambda(v_j)$ 改变为 k。否则转入第三步。

第三步，令 $T(v_{j_i})=\min\limits_{v_j\notin S_i}\{T(v_j)\}$，如果 $T(v_{j_i})<+\infty$，则把 v_{j_i}的 T 标号改变为 P 标号 $P(v_{j_i})=T(v_{j_i})$，令 $S_{i+1}=S_i\cup\{v_{j_i}\}$，$k=j_i$，把 i 换成 $i+1$，转入第一步，否则结束。

这时，对每一个 $v\in S_i$，$d(v_s,v)=P(v)$。对每一个 $v\notin S_i$，$d(v_s,v)=T(v)$。

4）福特（Ford）算法。Dijkstra 算法只适用于网络权值 $w_{ij}\geqslant 0$ 的情况。当网络中出现 $w_{ij}<0$ 的路权时，不能应用 Dijkstra 算法，此时可采用福特算法解决这类有负权但无负回路的网络最短路问题。福特算法可以求出从起点 v_1 到任何一点 v_j（$j=1,2,\cdots,p$）的最短路径。其主要步骤为：

开始令 $d_j^{(1)}=w_{1j}(j=2,3,\cdots,p)$，其中 w_{1j}为起点 v_1 到 v_j 的弧的权。

第一步，用下列递推公式进行迭代：

$$d_j^{(k)}=\min_i\{d_j^{(k-1)}+w_{ij}\}\quad(j=2,3,\cdots,p)$$

其中 $d_j^{(k)}$ 表示从起点到 v_j 点至多含 $p-1$ 个中间点的最短路权。

第二步，当迭代到第 p 步，有 $d_j^{(p)}=d_j^{(p-1)}$ 时，收敛，$d_j^{(p)}$ 就是从起点 v_1 到各点的最短路权。

第三步，反向追踪求出最短路线。

4. 网络系统最大流问题

（1）基本概念

1）设一个赋权有向图 $D=(V,A)$，在 V 中指定一个发点 v_s 和一个收点 v_t，其他的点叫作中间点。对于 D 中的每一个弧 $(v_i,v_j)\in A$，都有一个权 c_{ij}，叫作弧的容量。把这样的图 D 叫作一个网络系统，简称网络，记作 $D=(V,A,C)$。

2）网络 D 上的流。它是指定义在弧集合 A 上的一个函数 $f=\{f(v_i,v_j)\}=\{f_{ij}\}$，$f(v_i,v_j)=f_{ij}$叫作弧 (v_i,v_j) 上的流量。

3）网络系统上流的特点。网络系统上的流有如下特点：

- 发点的总流出量和收点的总流入量必相等；
- 每一个中间点的流入量与流出量的代数和等于零；
- 每一个弧上的流量不能超过它的最大通过能力（即容量）。

网络上的一个流 f 叫作可行流，如果 f 满足以下条件：

容量条件：对于每一个弧 $(v_i,v_j)\in A$，有 $0\leqslant f_{ij}\leqslant c_{ij}$

平衡条件：对于发点 v_s，有 $\sum f_{sj}-\sum f_{js}=v(f)$

对于收点 v_t，有 $\sum f_{tj}-\sum f_{jt}=-v(f)$

对于中间点，有 $\sum f_{ij}-\sum f_{ji}=0$

其中发点的总流出量（或收点的总流入量）$v(f)$ 叫作这个可行流的流量。

任意一个网络上的可行流总是存在的。例如零流 $v(f)=0$，就是满足以上条件的可行流。网络系统中最大流问题就是在给定的网络上寻求一个可行流 f，其流量 $v(f)$ 达到最大值。

4）增广链。设流 $f=\{f_{ij}\}$ 是网络 D 上的一个可行流。把 D 中 $f_{ij}=c_{ij}$ 的弧叫作饱和弧，$f_{ij}<c_{ij}$ 的弧叫作非饱和弧，$f_{ij}>0$ 的弧为非零流弧，$f_{ij}=0$ 的弧叫作零流弧。

设 μ 是网络 D 中连接发点 v_s 和收点 v_t 的一条链。定义链的方向是从 v_s 到 v_t，于是链 μ 上的弧被分为两类：一是弧的方向与链的方向相同，叫作前向弧，前向弧的集合记作 μ^+；二是弧的方向与链的方向相反，叫作后向弧，后向弧的集合记作 μ^-。

如果链 μ 满足以下条件，称它为增广链：

- 在弧 $(v_i,v_j)\in\mu^+$ 上，有 $0\leqslant f_{ij}<c_{ij}$，即 μ^+ 中的每一条弧是非饱和弧。
- 在弧 $(v_i,v_j)\in\mu^-$ 上，有 $0<f_{ij}\leqslant c_{ij}$，即 μ^- 中的每一条弧是非零流弧。

5）截集。

- 设一个网络 $D=(V,A,C)$。如果点集 V 被剖分为两个非空集合 V_1 和 $\overline{V}_1$，发点 $v_s\in V_1$，收点 $v_t\in\overline{V}_1$，那么将弧集 $(V_1,\overline{V}_1)$ 叫作分离 v_s 和 v_t 的截集。
- 设一个截集 $(V_1,\overline{V}_1)$，将截集 $(V_1,\overline{V}_1)$ 中所有弧的容量之和叫作截集的截量，记作 $s(V_1,\overline{V}_1)$，即 $s(V_1,\overline{V}_1)=\sum\limits_{(v_i,v_j)\in(V_1,\overline{V}_1)}c_{ij}$。

下面的事实是显然的：一个网络 D 中，任何一个可行流 f 的流量 $v(f)$ 都小于或等于这个网络中任何一个截集 $(V_1,\overline{V}_1)$ 的截量，并且，如果网络上的一个可行流 f^* 和网络中的一个截集 $(V_1{}^*,\overline{V}_1{}^*)$，满足条件 $v(f^*)=c(V_1{}^*,\overline{V}_1{}^*)$，那么 f^* 一定是 D 上的最大流，而 $(V_1{}^*,\overline{V}_1{}^*)$ 一定是 D 的所有截集中截量最小的一个（即最小截集）。

（2）网络系统最大流特征。

1）**定理 8-8**　网络中的一个可行流 f^* 是最大流的充分必要条件是，不存在关于 f^* 的增广链。

2）**定理 8-9**　在一个网络 D 中，最大流的流量等于分离 v_s 和 v_t 的最小截集的截量。

上述定理 8-8 实际上提供了一个寻求网络系统最大流的方法：如果网络 D 中有一个可行流 f，只要判断网络中是否存在关于可行流 f 的增广链。如果没有增广链，那么 f 一定是最大流。如果有增广链，那么可以按照上述定理8-9，不断改进和增大可行流f的流量，最终可以得到网络中的一个最大流。

（3）标号法求解网络系统最大流问题。

从网络中的一个可行流f出发（如果D中没有f，可以令f是零流），运用标号法，经过标号过程和调整过程，可以得到网络中的一个最大流。

用给顶点标号的方法来定义$V_1{}^*$。在标号过程中，有标号的顶点是$V_1{}^*$中的点，没有标号的点不是$V_1{}^*$中的点。如果v_t被标号，表示存在一条关于f的增广链。如果标号过程无法进行下去，并且v_t未被标号，则表示不存在关于f的增广链。这样，就得到了网络中的一个最大流和最小截集。

1）标号过程。在标号过程中，网络中的点或者是标号点（分为已检查和未检查两种），或者是未标号点。每个标号点的标号包含两部分：第一个标号表示这个标号是从哪一点得到的，以便找出增广链。第二个标号是为了用来确定增广链上的调整量θ。

标号过程开始，先给v_s标号$(0, +\infty)$。这时，v_s是标号未检查的点，其他都是未标号点。一般地，取一个标号未检查点v_i，对一切未标号点v_j：

第一步，如果在弧(v_i,v_j)上，$f_{ij} < c_{ij}$，那么给v_j标号$(v_i,l(v_j))$。其中$l(v_j) = \min\{l(v_i), c_{ij} - f_{ij}\}$。这时，$v_j$成为标号未检查的点。

第二步，如果在弧(v_j,v_i)上，$f_{ji} > 0$，那么给v_j标号$(-v_i,l(v_j))$。其中$l(v_j) = \min\{l(v_i), c_{ij} - f_{ji}\}$。这时，$v_j$成为标号未检查的点。

于是v_i成为标号已检查的点。重复以上步骤，如果所有的标号都已经检查过，而标号过程无法进行下去，则标号法结束。这时的可行流就是最大流。但是，如果v_t被标上号，表示得到一条增广链μ，转入下一步调整过程。

2）调整过程。首先按照v_t和其他点的第一个标号，反向追踪，找出增广链μ。例如，令v_t的第一个标号是v_k，则弧(v_k,v_t)在μ上。再看v_k的第一个标号，若是v_i，则弧(v_i, v_k)都在μ上。以此类推，直到v_s为止。这时，所找出的弧就成为网络D的一条增广链μ。取调整量$\theta = l(v_t)$，即v_t的第二个标号。令

$$f'_{ij} = \begin{cases} f_{ij} + \theta, (v_i,v_j) \in \mu^+ \\ f_{ij} - \theta, (v_i,v_j) \in \mu^- \\ \text{其他不变} \end{cases}$$

再去掉所有的标号，对新的可行流$f' = \{f'_{ij}\}$重新进行标号过程，直到找到网络D的最大流为止。

5. 网络系统的最小费用最大流问题及求解思路

（1）最小费用最大流问题。在实际的网络系统中，当涉及有关流的问题的时候，往往不仅要考虑流量，还经常要考虑费用。例如一个铁路系统的运输网络流，既要考虑网络流的货运量最大，又要考虑总费用最小。最小费用最大流问题就是要解决这一类问题。

（2）求解思路。设一个网络$D = (V,A,C)$，对于每一个弧$(v_i,v_j) \in A$，给定一个单位流量的费用$b_{ij} \geqslant 0$，网络系统的最小费用最大流问题，是指要寻求一个最大流f，并且流的总费用$b(f) = \sum\limits_{(v_i,v_j) \in A} b_{ij} f_{ij}$达到最小。

在一个网络D中，当沿可行流f的一条增广链μ，以调整量$\theta = 1$改进f，得到的新可行流

f'的流量，有 $v(f')=v(f)+1$，而此时总费用 $b(f')$ 比 $b(f)$ 增加了 $b(f')-b(f)=\sum_{\mu^+}b_{ij}(f_{ij}'-f_{ij})-\sum_{\mu^-}b_{ij}(f_{ij}-f_{ij}')=\sum_{\mu^+}b_{ij}-\sum_{\mu^-}b_{ij}$，称之为这条增广链的费用。

如果可行流在流量为 $v(f)$ 的所有可行流中的费用最小，并且是 μ 关于 f 的所有增广链中的费用最小的增广链，那么沿增广链 μ 调整可行流 f，得到的新可行流 f'，也是流量为 $v(f')$ 的所有可行流中的最小费用流。以此类推，当 f' 是最大流时，就是所要求的最小费用最大流。

显然，零流 $f=\{0\}$ 是流量为 0 的最小费用流。一般地，寻求最小费用流，总可以从零流 $f=\{0\}$ 开始。下面的问题是：如果已知 f 是流量为 $v(f)$ 的最小费用流，那么就要去寻找关于 f 的最小费用增广链。

对此，重新构造一个赋权有向图 $M(f)$，其顶点是原网络 D 的顶点，而将 D 中的每一条弧 (v_i,v_j) 变成两个相反方向的弧 (v_i,v_j) 和 (v_j,v_i)，并且定义 $M(f)$ 中弧的权 w_{ij} 为

$$w_{ij}=\begin{cases}b_{ij}, & f_{ij}<c_{ij}\\ +\infty, & f_{ij}=c_{ij}\end{cases}$$

$$w_{ij}=\begin{cases}-b_{ij}, & f_{ij}>0\\ +\infty, & f_{ij}=0\end{cases}$$

并且将权为 $+\infty$ 的弧从 $M(f)$ 中略去。即当 $0<f_{ij}<c_{ij}$ 时，成为两条方向相反、权绝对值相等的弧；否则不变。

这样，在网络 D 中寻找关于 f 的最小费用增广链就等价于在 $M(f)$ 中寻求从 v_s 到 v_t 的最短路径。

（3）算法过程。

1）算法开始，取零流 $f(0)=\{0\}$。一般地，如果在第 $k-1$ 步得到最小费用流 $f^{(k-1)}$，则构造图 $M(f^{(k-1)})$。在图 $M(f^{(k-1)})$ 中，寻求从 v_s 到 v_t 的最短路。如果不存在最短路，则 $f^{(k-1)}$ 就是最小费用最大流。如果存在最短路，则在原网络 D 中得到相对应（一一对应）的增广链 μ。

2）在增广链 μ 上对 $f^{(k-1)}$ 进行调整，取调整量

$$\theta=\min\{\min_{\mu^+}(c_{ij}-f_{ij}^{(k-1)}),\min_{\mu^-}(f_{ij}^{(k-1)})\}$$

令

$$f_{ij}^{(k)}=\begin{cases}f_{ij}^{(k-1)}+\theta,(v_i,v_j)\in\mu^+\\ f_{ij}^{(k-1)}-\theta,(v_i,v_j)\in\mu^-\\ \text{其他不变}\end{cases}$$

得到一个新的可行流 $f^{(k)}$，再对 $f^{(k)}$ 重复以上步骤，直到在 D 中找不到相对应的增广链时为止。

6. 中国邮递员问题

中国邮递员问题，用图的语言来描述，就是给定一个连通图 G，在每条边上有一个非负的权，要寻求一个圈，经过 G 的每条边至少一次，并且圈的权数最小。

（1）一笔画问题。一笔画问题也称为遍历问题，有很强的实际意义。

设有一个连通多重图 G，如果在 G 中存在一条链，经过 G 的每条边一次且仅一次，那么这条链叫作欧拉链。如在 G 中存在一个简单圈，经过 G 的每条边一次，那么这个圈叫作欧拉圈。一个图如果有欧拉圈，那么这个图叫作欧拉图。很明显，一个图 G 如果能够一笔画出，那么这个图一定是欧拉图或者含有欧拉链。

定理 8-10　一个连通多重图 G 是欧拉图的充分必要条件是 G 中无奇点。

推论　一个连通多重图 G 有欧拉链的充分必要条件是 G 有且仅有两个奇点。

（2）中国邮递员问题的图上作业法。从一笔画问题的讨论可知，一个邮递员在他所负责投递的街道范围内，如果街道构成的图中没有奇点，那么他就可以从邮局出发，经过每条街道一次，且仅一次，并最终回到原出发地。但是，如果街道构成的图中有奇点，他就必然要在某些街道重复走几次。

1）解题思路。在连通图 G 中，如果在边 $[v_i,v_j]$ 上重复走几次，那么就在点 v_i、v_j 之间增加了几条相应的边，每条边的权和原来的权相等，并把新增加的边叫作重复边。显然，这条路线构成新图中的欧拉圈。而且邮递员的两条行走路线总路程的差等于新增加重复边总权的差。

中国邮递员问题也可以表示为：在一个有奇点的连通图中，要求增加一些重复边，使得新的连通图不含有奇点，并且增加的重复边总权最小。

把增加重复边后不含奇点的新的连通图叫作邮递路线，而总权最小的邮递路线叫作最优邮递路线。

2）方法与准则。一般地，在邮递路线上，如果在边 $[v_i,v_j]$ 旁边有两条以上的重复边，从中去掉偶数条，那么可以得到一个总长度较小的邮递路线。

判定标准 1　在最优邮递路线上，图中的每一条边至多有一条重复边。

如果把图中某个圈上的重复边去掉，而给原来没有重复边的边上加上重复边，图中仍然没有奇点。因此，如果在某个圈上重复边的总权大于这个圈总权的一半，按照以上所说的做一次调整，将会得到一个总权减小的邮递路线。

判定标准 2　在最优邮递路线上，图中每一个圈的重复边的总权小于或者等于该圈总权的一半。

一个最优邮递路线一定满足判定标准 1 和判定标准 2。反之，不难证明，一个邮递路线如果满足判定标准 1 和判定标准 2，那么它一定是最优邮递路线。也就是这两个判定标准是最优邮递路线判定的充分必要条件。

二、思考题

（1）解释下列名词，并说明相互之间的区别与联系：①顶点，相邻，关联边；②环，多重边，简单图；③链，初等链；④圈，初等圈，简单圈；⑤回路，初等路；⑥节点的度，悬挂点，孤立点；⑦连通图，部分图，支撑子图；⑧有向图，基础图，赋权图；⑨子图，部分图，真子图。

（2）通常用记号 $G=(V,E)$ 表示一个图，解释 V 及 E 的含义及这个表达式的含义。

（3）通常用记号 $D=(V,A)$ 表示一个有向图，解释 V 及 A 的含义及这个表达式的含义。

（4）图论中的图与一般几何图形的主要区别是什么？

（5）试述树与一般图的区别与联系。

（6）试述求最短路径问题的 Dijkstra 算法和福特算法的基本思想及其计算步骤。

（7）试述寻求最大流的标号法的步骤与方法。

（8）简述最小费用最大流的概念及其求解的基本思想和方法。

（9）通常用记号 $D=(V,A,C)$ 表示一个网络，试解释这个表达式的含义。

（10）在最大流问题中，为什么当存在增广链时可行流不是最大流？

（11）试叙述最小支撑树、最大流、最短路等问题能解决哪些实际问题。

（12）什么是欧拉链、欧拉圈、欧拉图？

（13）简述中国邮递员问题的概念及其求解的基本思想和方法。

三、本章学习思路建议

本章学习的重点是图的基本概念，首先要了解图论是运筹学的一个研究领域，它是研究利用图论的有关概念，把一类问题抽象化，提炼基本元素与关系，利用图论与代数等数学工具解决问题，图论的优点是可以通过一些直观的认识与理解，深入解决相关问题。

图论中的基本概念较多，开始不容易记住，要通过图例与理解来记忆。在图论的基本解题方法中，本章重点介绍了以下几个问题：

（1）最小支撑树——介绍问题及例题，破圈法。此方法简单，且容易掌握。

（2）最短路径——介绍问题及例题，Dijkstra 算法、福特算法。这里重要的是理解算法的思路，两种算法的适用范围。根据个人的基础及能力，如果想提高理解程度，可以考虑与动态规划中的最短路径问题做比较，理解图论的最短路径问题解法本质上也是动态规划的方法，只是在这里是无法事前确定的。

（3）网络系统最大流问题——介绍问题及例题，重点分析网络系统最大流问题的求解思路，掌握几个基本概念：容量条件、平衡条件、可行流、饱和弧与非饱和弧、前向弧与后向弧、增广链、截集与截量等。在此基础上，掌握标号法的过程。根据个人的基础及能力，如果想提高理解程度，可以了解在网络系统最大流问题中，最大流的流量与最小截集的截量是一种对偶关系。

（4）网络系统的最小费用最大流问题——根据时间及能力，此内容可以作为拓展学习的内容，只了解问题的意义，而略去方法的学习。

（5）中国邮递员问题——根据时间及能力，此内容可以作为拓展学习的内容，只了解问题的意义，而略去方法的学习。

第二节　课后习题参考解答

习　题

1. 用破圈法求出图 1-8-1 中的最小支撑树。

2. 用 Dijkstra 算法求图 1-8-2 中从 v_1 到 v_9 的最短路。

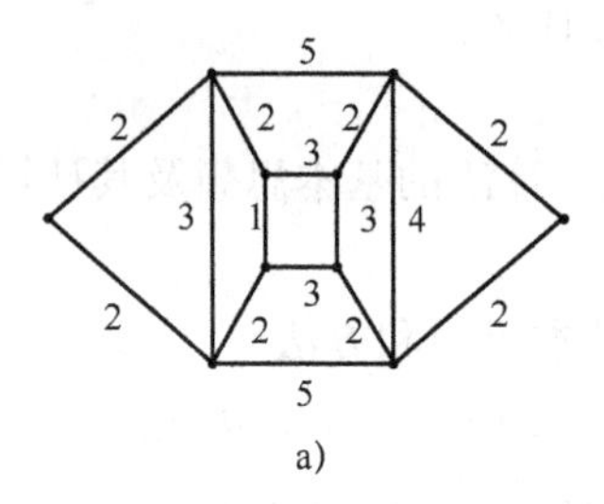

a)　　　　b)

图　1-8-1

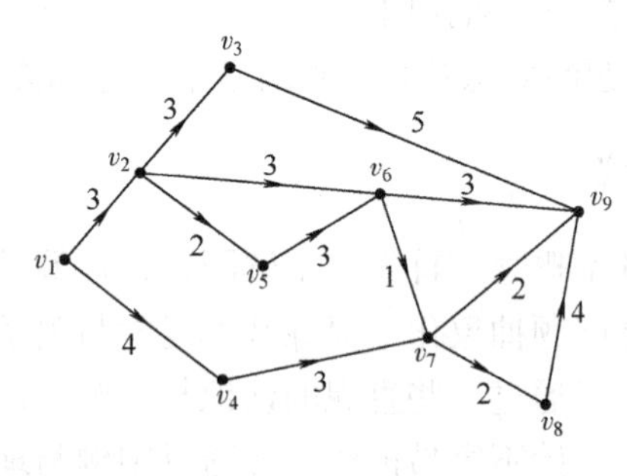

图　1-8-2

3. 求图 1-8-3 中所示网络的最大流。

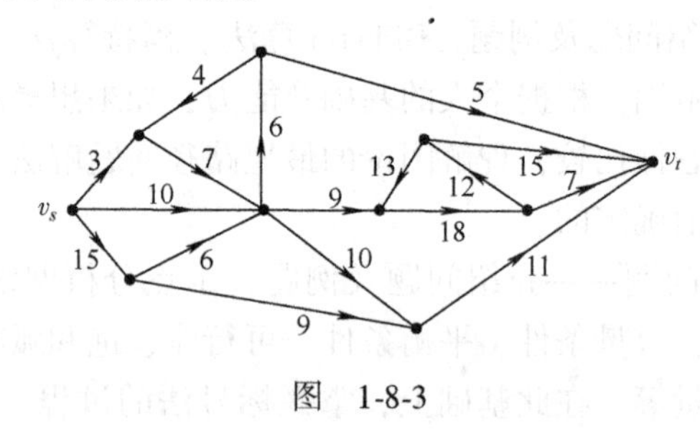

图　1-8-3

4. 解图 1-8-4 所示的中国邮递员问题（A 是邮局所在地）。

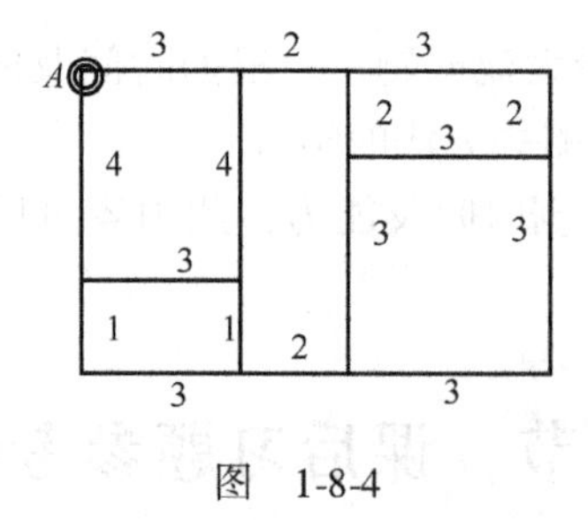

图　1-8-4

习题解答

1. 对图 1-8-1a 的求解过程如图 1-8-5 所示。

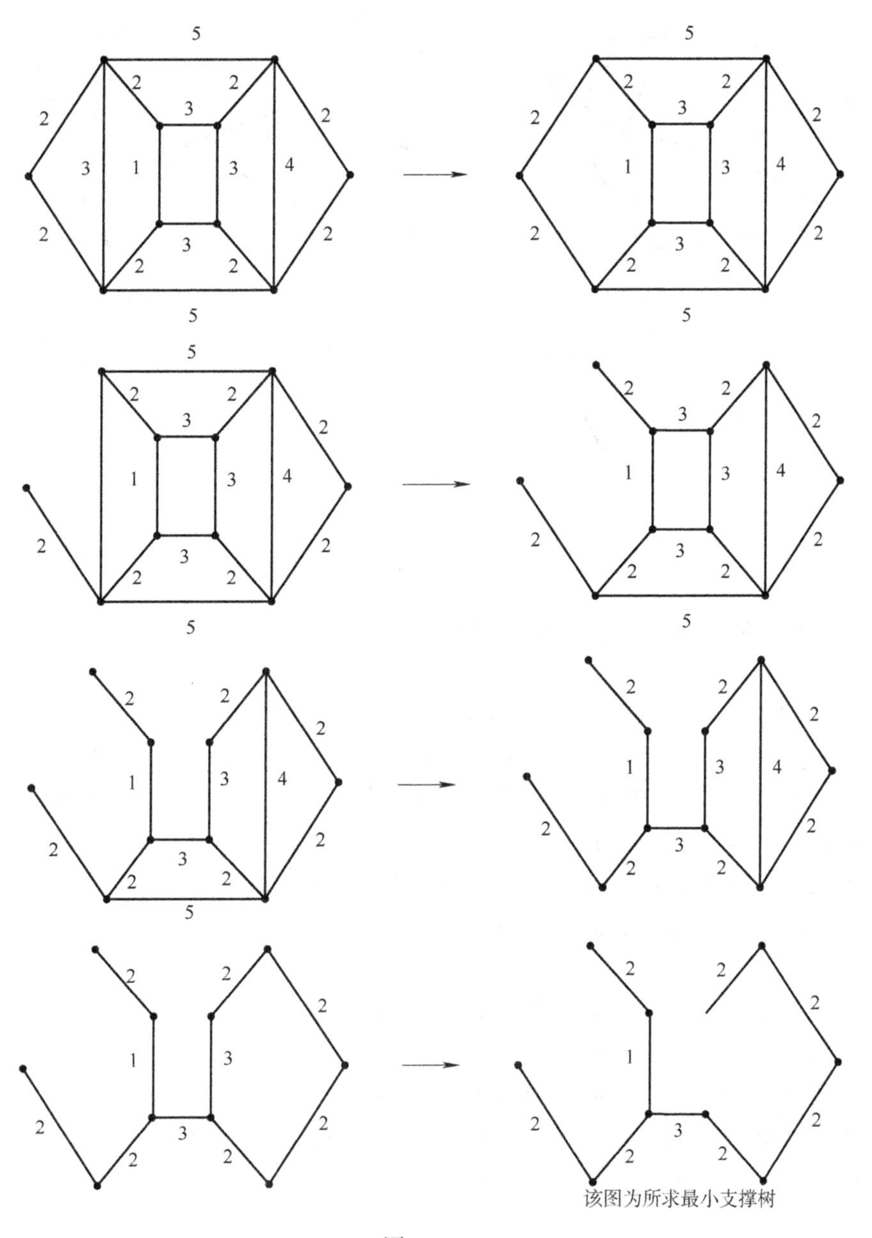

图　1-8-5

对图 1-8-1b 的求解过程如图 1-8-6 所示。

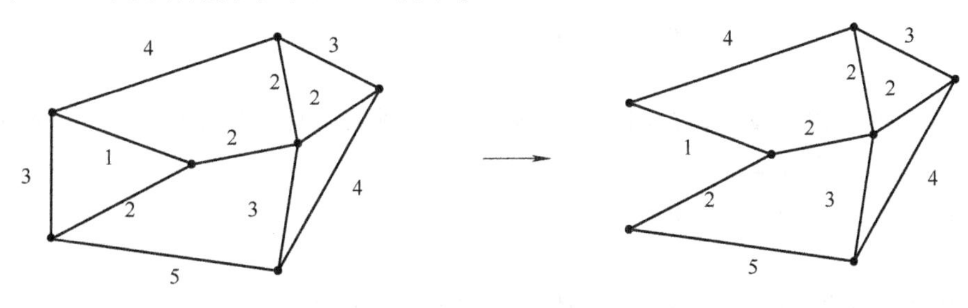

图　1-8-6

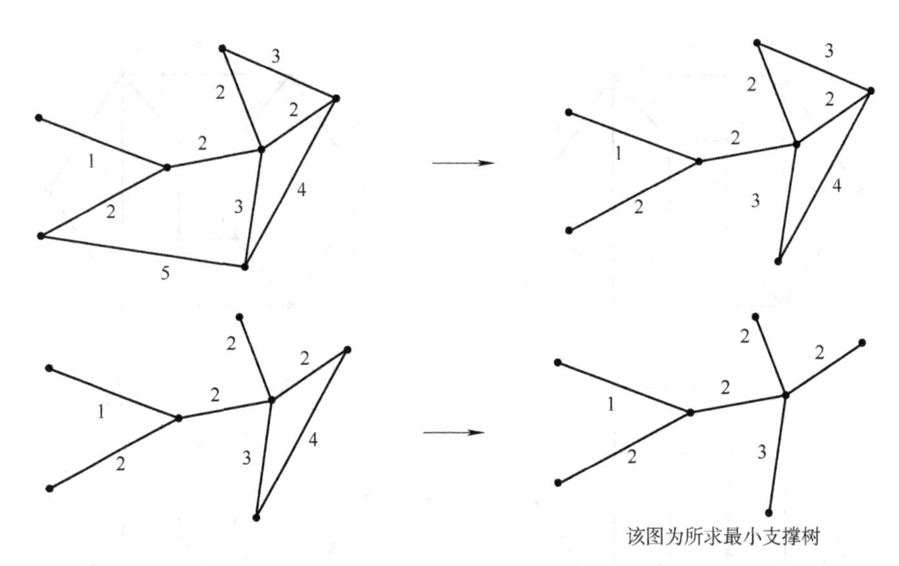

图 1-8-6（续）

2. 计算过程参照主教材中 Dijkstra 算法的步骤。

$i=0$:

$S_0=\{v_1\}$, $P(v_1)=0$, $\lambda(v_1)=0$, $T(v_i)=+\infty$, $\lambda(v_i)=M$ $(i=2, \cdots, 9)$, $k=1$。

(2) 因为 $(v_1, v_2)\in A$, $v_2\in S_0$; $P(v_1)+w_{12}<T(v_2)$，故将 $T(v_2)$ 变为 $P(v_1)+w_{12}=3$，$\lambda(v_2)$ 改变为1。同理，将 $T(v_4)$ 改变为 $P(v_1)+w_{14}=4$，$\lambda(v_4)=1$。此时：$T(v_2)=3$，$\lambda(v_2)=1$；$T(v_4)=4$，$\lambda(v_4)=1$。

(3) 所有 T 标号中 $T(v_2)=3$ 最小，于是令 $P(v_2)=3$。

$S_1=S_0\cup\{v_2\}=\{v_1, v_2\}$ $k=2$

$i=1$:

(2) 因为 $T(v_3)>P(v_2)+w_{23}$，所以 $T(v_3)=6$，$\lambda(v_3)=2$；

因为 $T(v_6)>P(v_2)+w_{26}$，所以 $T(v_6)=6$，$\lambda(v_6)=2$；

因为 $T(v_5)>P(v_2)+w_{25}$，所以 $T(v_5)=5$，$\lambda(v_5)=2$。

(3) 所有 T 标号中 $T(v_4)=4$ 最小，所以 $P(v_4)=4$，$\lambda(v_4)=1$。

$S_2=S_1\cup\{v_4\}=\{v_1, v_2, v_4\}$ $k=4$

$i=2$:

(2) 因为 $T(v_7)>P(v_4)+w_{47}$，所以 $T(v_7)=7$，$\lambda(v_7)=4$。

(3) 所有 T 标号中 $T(v_5)=5$ 最小，所以 $P(v_5)=5$，$\lambda(v_5)=2$。

$S_3=S_2\cup\{v_5\}=\{v_1, v_2, v_4, v_5\}$ $k=5$

$i=3$:

(2) 因为从 v_5 出发没有弧指向不属于 S_3 的点，所以所有 T 标号中 $T(v_6)=6$ 最小，令 $P(v_6)=6$，$\lambda(v_6)=2$，$k=6$。

$S_4=\{v_1, v_2, v_4, v_5, v_6\}$

$i=4$:

(2) 因为 $T(v_9)>P(v_6)+w_{69}$，令 $P(v_9)=9$，$\lambda(v_9)=6$。

(3) 所有 T 标号中 $T(v_3)=6$ 最小，令 $P(v_3)=6$，$\lambda(v_3)=2$，$k=3$。

$S_5=S_4\cup\{v_3\}=\{v_1,v_2,v_4,v_5,v_6,v_3\}$

$i=5$：

(2) 因为 $T(v_9)<P(v_3)+w_{39}$，令 $T(v_9)=9$，$\lambda(v_9)=6$。

(3) 所有 T 标号中 $T(v_7)=7$ 最小，所以 $P(v_7)=7$，$\lambda(v_7)=4$ 或 6，$k=7$。

$S_6=\{v_1,v_2,v_4,v_5,v_6,v_3,v_7\}$

$i=6$：

(2) $T(v_9)=P(v_7)+w_{79}$，所以 $T(v_9)=9$，$\lambda(v_9)=6$ 或 7。

$T(v_8)>P(v_7)+w_{78}$，所以 $T(v_8)=9$，$\lambda(v_8)=7$。

(3) 所有 T 标号中 $T(v_8)=9$ 最小，令 $P(v_8)=9$，$\lambda(v_8)=7$，$k=8$。

$S_7=\{v_1,v_2,v_4,v_5,v_6,v_3,v_7,v_8\}$

$i=7$：

(2) $T(v_9)<P(v_8)+w_{89}$，所以 $T(v_9)=9$，$\lambda(v_9)=6$ 或 7；这时仅有 T 标号的点为 v_9。$P(v_9)=9$，结束。

把 P 标号和 λ 值标在图 1-8-7 中。

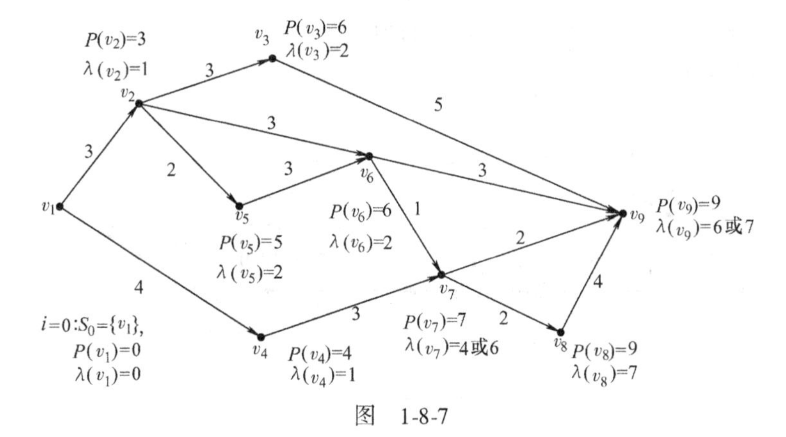

图　1-8-7

所以最短路径为：$v_1\to v_2\to v_6\to v_9$；$v_1\to v_4\to v_7\to v_9$；$v_1\to v_2\to v_6\to v_7\to v_9$。

3.

(1) 参见图 1-8-8。

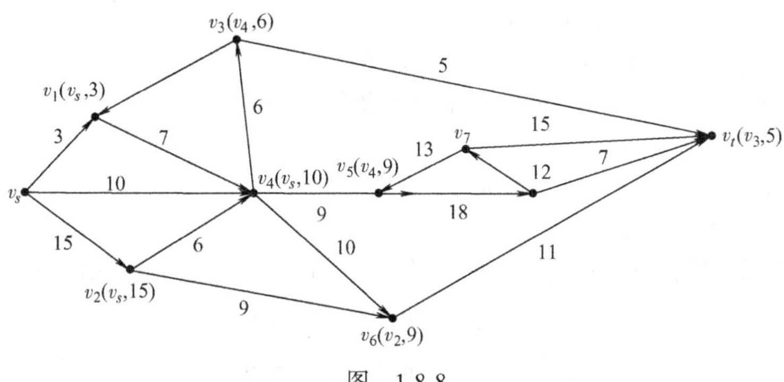

图　1-8-8

1）首先给 v_s 标号：(0, +∞)。

2）看 v_s：在弧 (v_s,v_1) 上，$f_{s1}=0<c_{s1}=3$，故给 v_1 标号 $(v_s,l(v_1))$，其中 $l(v_1)=\min\{l(v_s),(c_{s1}-f_{s1})\}=3$，即 $(v_s,3)$。

同理，给 v_2 标号 $(v_s,15)$；给 v_4 标号 $(v_s,10)$。

3）看 v_1：在弧 (v_3,v_1) 上，$f_{31}=0$ 不具备条件。

4）看 v_2：在弧 (v_2,v_6) 上，$f_{26}=0<c_{26}=9$，故给 v_6 标号 $(v_2,l(v_6))$，其中 $l(v_6)=\min\{l(v_2),(c_{26}-f_{26})\}=9$，即 $(v_2,9)$。

5）看 v_4：在弧 (v_4,v_3) 上，$f_{43}=0<c_{43}=6$，故给 v_3 标号 $(v_4,l(v_3))$，其中 $l(v_3)=\min\{l(v_4),(c_{43}-f_{43})\}=6$，即 $(v_4,6)$。同理，在弧 (v_4,v_5) 上给 v_5 标号 $(v_4,9)$。

6）看 v_3：在弧 (v_3,v_t) 上，$f_{3t}=0<c_{3t}=5$，故给 v_t 标号 $(v_3,l(v_t))$，其中 $l(v_t)=\min\{l(v_3),(c_{3t}-f_{3t})\}=5$，即 $(v_3,5)$。

因为 v_t 已被标上号，故存在另一条增广链：$\{v_s, v_4, v_3, v_t\}$。取调整量 $\theta=l(v_t)=5$，令

$$f_{ij}'=\begin{cases}f_{ij}+\theta,(v_i,v_j)\in\mu^+\\ f_{ij}-\theta,(v_i,v_j)\in\mu^-\\ \text{其他不变}\end{cases}$$

故得到：$f_{s4}'=5$，$f_{43}'=5$，$f_{st}'=5$，其他的为0。

（2）参见图1-8-9。

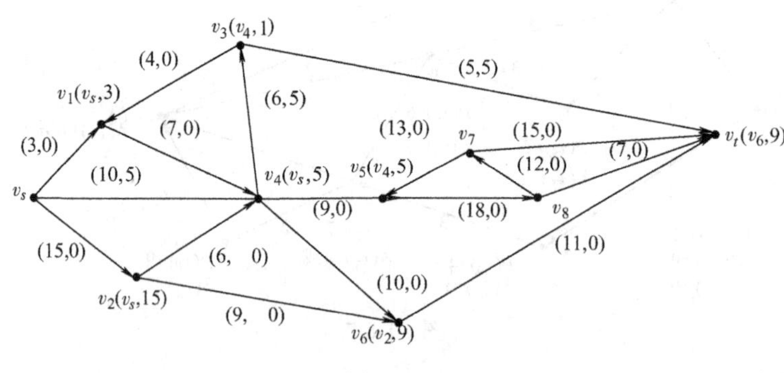

图 1-8-9

1）首先给 v_s 标号：(0, +∞)。

2）看 v_s：在弧 (v_s,v_1) 上，$f_{s1}=0<c_{s1}=3$，故给 v_1 标号 $(v_s,l(v_1))$，其中 $l(v_1)=\min\{l(v_s),(c_{s1}-f_{s1})\}=3$，即 $(v_s,3)$。

同理，给 v_2 标号 $(v_s,15)$；给 v_4 标号 $(v_s,5)$。

3）看 v_1：在弧 (v_3,v_1) 上，$f_{31}=0$ 不具备条件。

4）看 v_2：给 v_6 标号 $(v_2,9)$。

5）看 v_4：给 v_6 标号 $(v_4,5)$；给 v_5 标号 $(v_4,5)$。

6）看 v_6：给 v_t 标号 $(v_6,9)$。

因为 v_t 已被标上号，故存在另一条增广链：$\{v_s, v_2, v_6, v_t\}$。取调整量 $\theta=l(v_t)=9$，令

$$f_{ij}''=\begin{cases}f_{ij}'+\theta,(v_i,v_j)\in\mu^+\\ f_{ij}'-\theta,(v_i,v_j)\in\mu^-\\ \text{其他不变}\end{cases}$$

故得到：$f_{s2}''=9$，$f_{26}''=9$，$f_{6t}''=9$，其他不变。

（3）参见图 1-8-10。

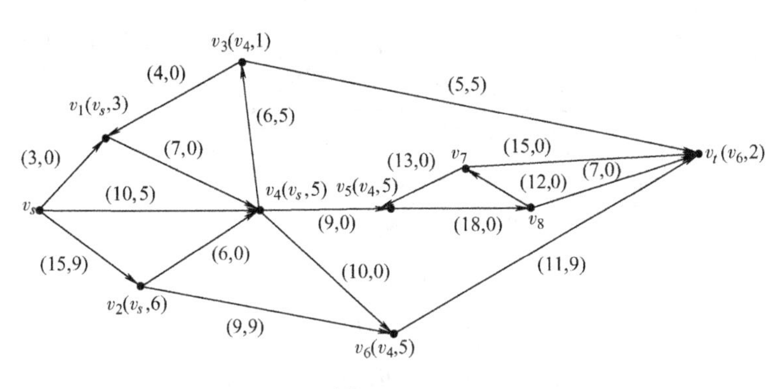

图　1-8-10

因为 v_t 已被标上号，故存在另一条增广链：$\{v_s, v_4, v_6, v_t\}$。取调整量 $\theta=l(v_t)=2$，令

$$f_{ij}^{(3)}=\begin{cases}f_{ij}''+\theta,(v_i,v_j)\in\mu^+\\ f_{ij}''-\theta,(v_i,v_j)\in\mu^-\\ \text{其他不变}\end{cases}$$

故得到：$f_{s4}^{(3)}=7$，$f_{46}^{(3)}=2$，$f_{6t}^{(3)}=11$，其他不变。

（4）参见图 1-8-11。

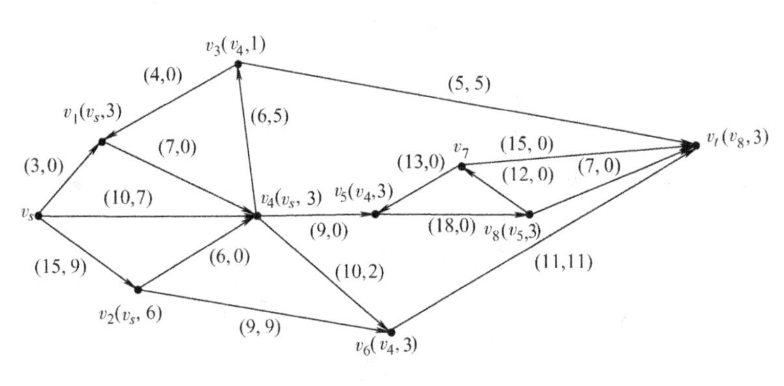

图　1-8-11

因为 v_t 已被标上号，故存在另一条增广链：$\{v_s, v_4, v_5, v_8, v_t\}$。取调整量 $\theta=l(v_t)=3$，令

$$f_{ij}^{(4)}=\begin{cases}f_{ij}^{(3)}+\theta,(v_i,v_j)\in\mu^+\\ f_{ij}^{(3)}-\theta,(v_i,v_j)\in\mu^-\\ \text{其他不变}\end{cases}$$

故得到：$f_{s4}^{(4)}=10$，$f_{48}^{(4)}=3$，$f_{8t}^{(4)}=11$，其他不变。

（5）参见图 1-8-12。

因为 v_t 已被标上号，故存在另一条增广链：$\{v_s, v_2, v_4, v_5, v_8, v_t\}$。取调整量 $\theta=l(v_t)=4$，令

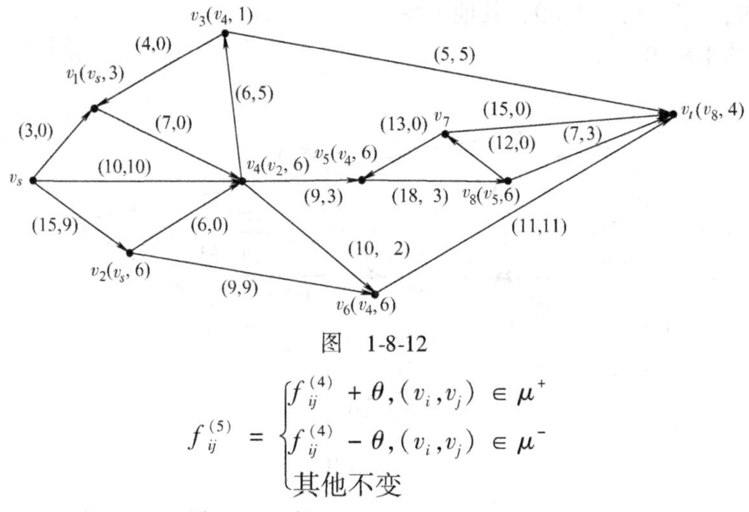

图　1-8-12

$$
f_{ij}^{(5)}=\begin{cases}f_{ij}^{(4)}+\theta,(v_i,v_j)\in\mu^+\\ f_{ij}^{(4)}-\theta,(v_i,v_j)\in\mu^-\\ \text{其他不变}\end{cases}
$$

故得到：$f_{s2}^{(5)}=13$，$f_{24}^{(5)}=4$，$f_{45}^{(5)}=7$，$f_{58}^{(5)}=7$，$f_{85}^{(5)}=7$。

（6）参见图 1-8-13。

因为 v_t 已被标上号，故存在另一条增广链：$\{v_s, v_1, v_4, v_5, v_8, v_7, v_t\}$。取调整量 $\theta=l(v_t)=2$，令

$$
f_{ij}^{(6)}=\begin{cases}f_{ij}^{(5)}+\theta,(v_i,v_j)\in\mu^+\\ f_{ij}^{(5)}-\theta,(v_i,v_j)\in\mu^-\\ \text{其他不变}\end{cases}
$$

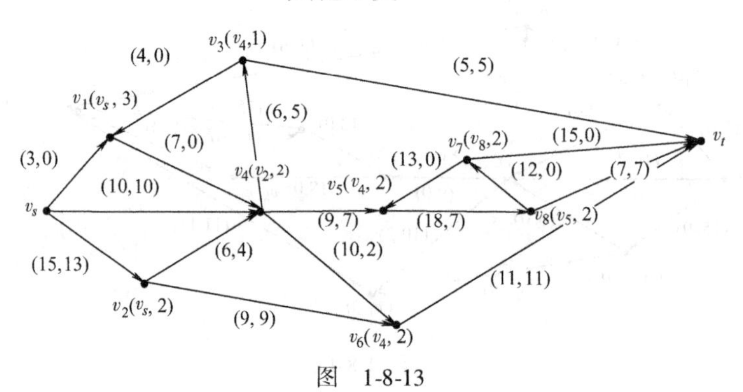

图　1-8-13

故得到：$f_{s1}^{(6)}=2$，$f_{14}^{(6)}=2$，$f_{45}^{(6)}=9$，$f_{57}^{(6)}=2$，$f_{7t}^{(6)}=2$。

（7）参见图 1-8-14。

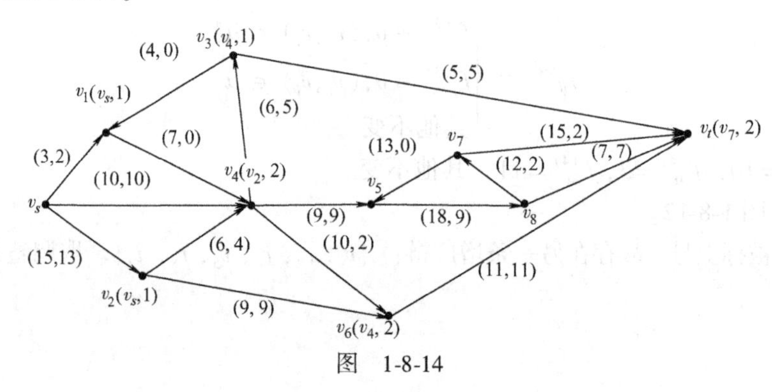

图　1-8-14

因为 v_t 已被标上号，故得到最优解。最大流为 2 + 10 + 13 = 25。

4. 参见图 1-8-15。

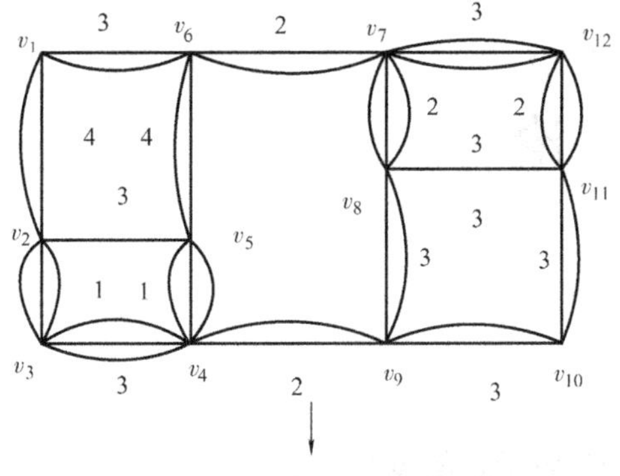

其中，v_2、v_5、v_4、v_9、v_6、v_7、v_8、v_{11} 为奇点。令 v_2 与 v_5 一对；v_4 与 v_9 一对；v_7 与 v_6 一对；v_8 与 v_{11} 一对，加入重复边。

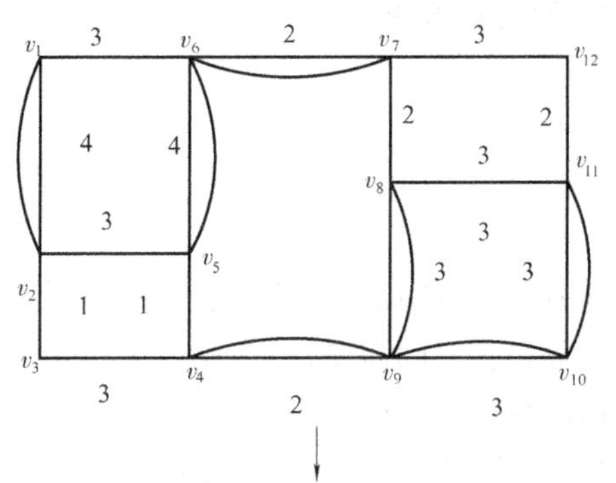

用判定标准 2 判定图中每一个圈的重复边的总权是否小于或等于该圈总权的一半。如果大于，则作相应调整，使其重复边的总权小于或等于该圈总权的一半。

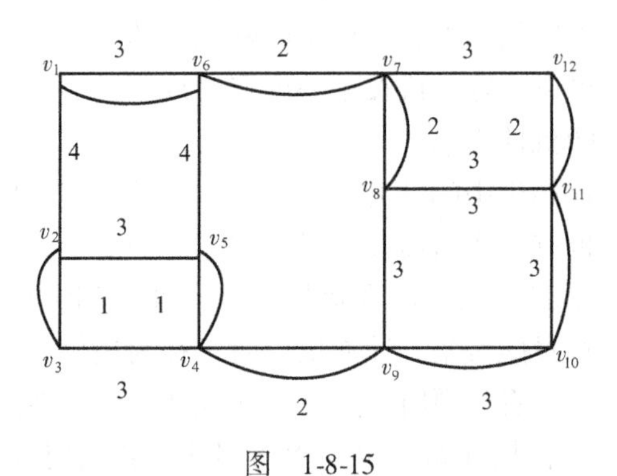

满足判定标准 1 和判定标准 2，故得最优解。

图　1-8-15

第九章

存 储 论

第一节　学习要点及思考题

一、学习要点

1. 存储论相关概念

研究与解决存储问题的理论与方法叫存储论（Inventory Theory）。存储论所要解决的问题概括起来主要有两个：存储多少数量最为经济；间隔多长时间需要补充一次，以及补充多少。寻求合理的存储量、补充量和补充周期是存储论研究的重要内容，由它们构成的方案叫存储策略。不同的存储模型基本上都由“需求”“补充”“费用”三个因素构成。

（1）需求。存储是为了满足需求。需求可以是连续均匀的，可以是间断成批的，可以是非平稳的，也可以是随机的。通常，若需求量事先可以确定，或按某一确定的规则进行，则称之为确定性需求。若需求量是随机的，则称之为随机性需求。

（2）补充。存储量消耗到一定程度就应补充。存储论中的补充，可以分为外部订货和内部生产两种方式。订货有当即订货当即就到货的，也有订货后需要一段时间才能到货的；生产可以是连续均匀的，也可以是其他确定或随机的形式。如果所需货物能一次性得到满足，可以把供应速率看作无穷大，称为瞬时供货；当货物只能按某一速率供应时，称为边供应边需求。能够提供瞬时供货的并不多，供水、供电等可以看作瞬时供货。而在经济生活中普遍存在的还是有一定滞后时间的补充供货情况。一般地，从开始订货到货物到达为止的时间，称为提前时间（Leadtime）；从开始生产到生产完毕的时间，称为生产时间。

（3）费用。与存储有关的费用主要有存储费、订货费/生产费以及缺货费。

1）存储费。包括仓库使用费（如仓库租金或仓库设施的运行费、维修费、管理人员工资等）、保险费、存储货物损坏、存储货物变质等造成的损失费以及货物占用流动资金的利息等支出。

2）订货费/生产费。采用订购的方式补充进货会产生订货费，而采用自行生产的方式则要付出一定的生产费。订货费等于订购费与货物费之和。订购费（Setup Cost）是采购人员的差旅费、手续费、最低起运费等费用之和，与订货量无关，只与订货次数有关。货物费与订货数量有关，一般情况下它等于货物数量与货物单价的乘积。生产费是装配费与货物费之和。装配费是生产前进行组织准备，生产后进行清洗保养等费用的总和，只与生产次数有关。

3）缺货费。缺货费是指因存储不能满足需求而造成的损失费用。这些损失包括失去销售机会的销售损失，停工待料造成的生产损失，延期交货所支付的罚金损失，以及商誉降低所造成的无形损失等。在一些存储问题中是不允许缺货的，这时的缺货费可视为无穷大。

2. 确定型存储问题

（1）不允许缺货的批量订购问题（EOQ）。

1）特点。需求是连续均匀的，需求速度（单位时间的需求量）λ 为已知常数；以一定周期循环订货，每次订货量不变；存储量为零时，可立即得到补充；不允许缺货。

2）仅需考虑两种费用（参数）：订货费、存储费 h。每次订购费 A 不变，单位时间内的存储费不变。

3）需计算的量。订货量为 Q，订货区间为 t（周期性订货的时间间隔期，也称为订货周期），平均总费用为 c 。

（2）不允许缺货的批量生产问题（EMQ）。

1）特点。需求是连续均匀的，需求速度（单位时间的需求量）λ 为已知常数；以一定周期循环生产，每次生产批量不变；存储量为零时，可立即得到速度为 P 的均匀补充；不允许缺货。

2）仅需考虑两种费用（参数）：生产费、存储费 h。每次装配费 A 不变，单位时间内的存储费不变。

3）需计算的量。生产批量为 Q，生产区间为 t（周期性生产的时间间隔期，也称为生产周期），平均总费用为 c 。

（3）允许缺货的批量订购问题。

1）特点。需求是连续均匀的，需求速度（单位时间的需求量）λ 为已知常数；以一定周期循环订货，每次订货量不变；存储量为最大缺货量时，可立即得到补充；允许缺货。

2）需考虑三种费用（参数）：订货费、存储费 h 与缺货费 b。每次订购费 A 不变，单位时间内的存储费不变，单位缺货费也不变。

3）需计算的量。订货量为 Q，最高存储量为 H，最大缺货量为 B，订货区间为 t，平均总费用为 c。

（4）允许缺货的批量生产问题

1）特点。需求是连续均匀的，需求速度（单位时间的需求量）λ 为已知常数；以一定周期循环生产，每次生产批量不变；存储量为最大缺货量时，可立即得到速度为 P 的均匀补充；允许缺货。

2）需考虑三种费用（参数）：生产费、存储费 h 与缺货费 b。每次订购费 A 不变，单位时间内的存储费不变，单位缺货费也不变。

3）需计算的量。生产批量为 Q，最高存储量为 H，最大缺货量为 B，订货区间为 t，平均总费用为 c。

3. 随机型存储问题

（1）需求为随机的单一周期进货问题。

1）此问题的特点。需求量是随机变量，一次订购后如果本期产品没有售完，期末要进行降价处理；如果本期产品有缺货，则因失去销售机会而带来损失。无论是供大于求还是供不应求都会造成损失，并伴有一定费用。研究的目的是确定该时期订货量使预期的总损失最少或总盈利最大。

2）需求为离散型变量的随机存储问题。如果一个时期内需求量 X 是一个离散型随机变量，其取值为 x_i（$i=0$，…，n），相应的概率 $P(x_i)$ 已知，有 $\sum_{i=0}^{n} P(x_i)=1$，最优存储策略是使在该时期内的总期望费用最小或总期望收益最大。

当订货批量 $Q \geqslant x_i$ 时，供过于求发生存储，总费用期望值为

$$C_o \sum_{Q \geqslant x_i} (Q - x_i) P(x_i)$$

当订货批量 $Q < x_i$ 时，供不应求发生缺货，总费用期望值为

$$C_u \sum_{Q < x_i} (x_i - Q) P(x_i)$$

综合上述两种情况，则总费用的期望值为

$$E(C(Q)) = C_o \sum_{Q \geqslant x_i} (Q - x_i) P(x_i) + C_u \sum_{Q < x_i} (x_i - Q) P(x_i)$$

即最佳订货数量应按下列不等式确定：

$$\sum_{x_i=0}^{Q-1} P(x_i) \leqslant \frac{C_u}{C_u + C_o} \leqslant \sum_{x_i=0}^{Q} P(x_i)$$

3）需求为连续型变量的随机存储问题。一个时期内的需求量 X 也可能是一个连续型随机变量，此时假设 $f(x)$ 为需求量 X 的概率密度函数，$F(x)$ 为分布函数，则有 $F(x) = \int_0^x f(t)\,\mathrm{d}t$，最优存储策略仍然是使该时期内的总期望费用最小或总期望收益最大。

当订货批量 $Q \geqslant x$ 时供过于求发生存储，总费用期望值为

$$C_o \int_0^Q (Q - x) f(x)\,\mathrm{d}x$$

当订货批量 $Q < x$ 时供不应求发生缺货，总费用期望值为

$$C_u \int_Q^{\infty} (x - Q) f(x)\,\mathrm{d}x$$

综合上述两种情况，则总费用的期望值为

$$E(C(Q)) = C_o \int_0^Q (Q - x) f(x)\,\mathrm{d}x + C_u \int_Q^{\infty} (x - Q) f(x)\,\mathrm{d}x$$

可以得到：

$$F(Q) = \int_0^Q f(x)\,\mathrm{d}x = \frac{C_u}{C_u + C_o}$$

4）初始库存 $I>0$ 且不考虑订购费时，系统最优的存储策略可以描述为“订货到 Q^*”，意即若 $I<Q^*$，则订货量为 Q^*-I，若 $I \geqslant Q^*$，则无须订货。初始库存 $I>0$，同时考虑订购费用时，可采用（s，S）存储策略。（s，S）策略要求固定一个订货点 s，当存储量降到这一订货点以下时才进行订货，每次订货量可以不同，但是都要达到最高库存水平 S。

（2）价格有折扣的存储问题。假设其余条件皆与不允许缺货经济订购批量问题的相同。记货物单价为 $k(Q)$，设 $k(Q)$ 按三个数量等级变化：

$$k(Q)=\begin{cases}k_1,\ 0\leqslant Q<Q_1\\ k_2,\ Q_1\leqslant Q<Q_2\\ k_3,\ Q_2\geqslant Q\end{cases}$$

当订购量为 Q 时，一个周期内所需费用为

$$\frac{1}{2}hQ\frac{Q}{\lambda}+A+k(Q)Q$$

则平均每单位货物所需费用为

$$C(Q)=\begin{cases}C_1(Q)=\frac{1}{2}h\frac{Q}{\lambda}+\frac{A}{Q}+k_1,\ 0\leqslant Q<Q_1\\ C_2(Q)=\frac{1}{2}h\frac{Q}{\lambda}+\frac{A}{Q}+k_2,\ Q_1\leqslant Q<Q_2\\ C_3(Q)=\frac{1}{2}h\frac{Q}{\lambda}+\frac{A}{Q}+k_3,\ Q\geqslant Q_2\end{cases}$$

如果不考虑 $C_1(Q)$、$C_2(Q)$ 和 $C_3(Q)$ 的定义域不同，则它们导函数的形式相同。为求极小，令导数为零，解得 Q_0。Q_0 的大小事先难以预计。假设 $Q_1<Q_0<Q_2$，这也不能肯定 $C_2(Q)$ 最小。设最佳订购批量为 Q^*，在价格有折扣的情况下求解步骤如下：

1）令 $C_1(Q)$ 的导函数为零，求得极值点为 Q_0。

2）若 $Q_0<Q_1$，计算：

$$C(Q)=\begin{cases}C_1(Q_0)=\frac{1}{2}h\frac{Q_0}{\lambda}+\frac{A}{Q_0}+k_1\\ C_2(Q_1)=\frac{1}{2}h\frac{Q_1}{\lambda}+\frac{A}{Q_1}+k_2\\ C_3(Q_2)=\frac{1}{2}h\frac{Q_2}{\lambda}+\frac{A}{Q_2}+k_3\end{cases}$$

由 $\min\{C_1(Q_0),\ C_2(Q_1),\ C_3(Q_2)\}$ 得到费用很小的订购批量 Q^*。

3）若 $Q_1\leqslant Q_0<Q_2$，计算 $C_2(Q_0)$，$C_3(Q_2)$。由 $\min\{C_2(Q_0),\ C_3(Q_2)\}$ 决定 Q^*。

4）若 $Q_2\leqslant Q_0$，则取 $Q^*=Q_0$。

以上步骤可推广到单价折扣分 m 个等级的情况。

（3）库容有限制的存储问题。

例 1 一零售商店需要储存和销售收音机。假设商店用于担负收音机存货的资金不能超过 S，收音机共有 n 个型号，j 型号收音机的外包装体积为 V_j，仓库用于存储收音机的部分，最大容积为 V。收音机为批量订货，每订购一批型号为 j 的收音机，需花费手续费 a_j。每台 j 型号收音机的单价为 c_j，每年对 j 型号收音机的需要量为 d_j。a_j、c_j 和 d_j 通过对以前若干情况进行统计分析得到确定值。假设 j 型号收音机单位库存费用为 q_j。求最优订货量。

解：令 x_j 表示一批 j 型号收音机的订货台数。首先建立目标函数，即订货及存储的年平均费用。对 j 型号收音机，订货费用应是每批订购费 a_j 同批数 d_j/x_j 的乘积，即 a_jd_j/x_j；存储的年平均费用应是年平均存储量 $x_j/2$ 同存储费 q_j 的乘积，即 $q_jx_j/2$。于是得到目标函数：

$$f(x)=\sum_{j=1}^{n}\left(\frac{a_jd_j}{x_j}+\frac{q_jx_j}{2}\right)$$

其中，$\boldsymbol{x}=(x_1, x_2, \cdots, x_n)^{\mathrm{T}}$。

再来看约束条件：库存总价值不能超过上限，即

$$g_1(x) = \sum_{j=1}^{n} c_j x_j - S \leqslant 0$$

仓库容量的限制，即

$$g_2(x) = \sum_{j=1}^{n} V_j x_j - V \leqslant 0$$

每批订货量不可能为负，故有

$$x_j \geqslant 0 \ (j = 1, 2, \cdots, n)$$

那么，得到下面的非线性规划模型：

$$\begin{cases} \min f(\boldsymbol{x}) = \sum_{j=1}^{n} \left(\dfrac{a_j d_j}{x_j} + \dfrac{q_j x_j}{2} \right) \\ \text{s. t. } g_1(\boldsymbol{x}) = \sum_{j=1}^{n} c_j x_j - S \leqslant 0 \\ \quad g_2(\boldsymbol{x}) = \sum_{j=1}^{n} V_j x_j - V \leqslant 0 \\ \quad g_{j+2}(\boldsymbol{x}) = -x_j \leqslant 0 \ (j = 1, 2, \cdots, n) \end{cases}$$

在实践中，理论计算的结果往往无法直接使用，于是导致“理论结果无法应用”的错误概念，下面给出理论结果在事件中应用的一个案例，希望给读者以有益的启示。

例 2 某食品批发部为附近 200 多家食品零售店提供某品牌方便面。为了满足顾客的需求，批发部原先几乎每月进一次货并存入仓库，当发现货物快售完时及时调整进货。如此每年需花费在存储和订货上的费用约 37000 元（不含购货费）。

负责人感觉这笔费用较高，所以他考虑如何使这笔费用下降，达到最好的运营效果？

该食品批发部对这种方便面的需求进行了调查，得到了 12 周的数据：

第 1 周　3000 箱，　第 2 周　3080 箱，　第 3 周　2960 箱

第 4 周　2950 箱，　第 5 周　2990 箱，　第 6 周　3000 箱

第 7 周　3020 箱，　第 8 周　3000 箱，　第 9 周　2980 箱

第 10 周　3030 箱，　第 11 周　3000 箱，　第 12 周　2990 箱

根据上述数据分析可得到：需求量近似常数 $\lambda=3000$ 箱/周。

下面以年为单位讨论：

已知单位存储费（包含占用资金利息 12%，仓库、保险、损耗、管理费用 8%，合计存储率 20%，每箱费用 30 元），于是 $h=(30\times20\%)$ 元/(年・箱) $=6$ 元/(年・箱)。又知每次订货费（包含手续费、电话费、交通费 13 元，采购人员劳务费 12 元），于是 $A=$ 25 元/次。利用理论公式，可求得：

最优存储量　$Q^*=\left(\dfrac{2\lambda A}{h}\right)^{\frac{1}{2}}=1140.18$ 箱

年存储费 = 年订货费 = $\left(\frac{\lambda hA}{2}\right)^{\frac{1}{2}}$ = 3420.53 元

订货周期　　$T=\frac{Q^*}{\lambda}=$ 0.38 周 = 2.66 天

年总费用　　$C=2\left(\frac{\lambda hA}{2}\right)^{\frac{1}{2}}$ = 6841.06 元

注意，在实践中这个结果无法进行精确的操作，执行时需取近似值，不能随意操作，必须在稳定（即参数的小变化不会导致结果的本质性大变化）的前提下进行近似操作。于是，在实际操作时必须进行灵敏度分析。

本问题的灵敏度分析可以通过讨论单位存储费 h 和（或）每次订货费 A 发生变化对最优存储策略的影响来进行（见表 1-9-1）：

表 1-9-1

存储率	每次订货费	最优订货量	年总费用
（原 20%）	（原 25 元/次）	（1140.18 箱）	（6841.06 元）
19%	23	1122.03	6395.00
19%	27	1215.69	6929.20
21%	23	1067.26	6723.75
21%	27	1156.35	7285.00

结论：最优方案比较稳定。下面进行可行的近似操作：

（1）进货间隔时间 2.66 天（无法操作）延长为 3 天，于是每次订货量变为

$$Q=\frac{D}{365}=\frac{3000\times52\times3}{365}\text{箱}=1282\text{ 箱}$$

（2）为保证供应决定多存储 200 箱，于是第一次进货为 1282 箱 + 200 箱 = 1482 箱，以后每次 1282 箱。

（3）若需提前 1（或 2）天订货，则应在剩下货物量为 $D/365=(3000\times52/365)$ 箱 = 427 箱（或 854 箱）时就订货，这称为再订货点。

于是实际总费用为

$$C=\frac{Qh}{2}+\frac{DA}{Q}+200h=8088.12\text{ 元}$$

二、思考题

（1）试举一个不允许缺货批量订货问题的实例。

（2）低于最优经济批量的订货是否比以同样差量高于最优经济批量的订货更耗费成本？请做适当解释。

（3）试举一个不允许缺货批量生产问题的实例。

（4）当取 $P\to\infty$ 时，EMQ 与 EOQ 结论有何关系？请做适当解释。

（5）试举一个允许缺货批量订购问题的实例。

（6）该问题中的最高存储量 H^* 与 EOQ 中的 Q^* 之间有何关系？请做适当解释。

(7) 试举一个允许缺货批量生产问题的例子。

(8) 试分析本节模型与 EOQ 模型的关系，并给出适当解释。

(9) 试举一个报童问题的实例。

(10) 使总费用期望值最小的存储策略同样使总收益期望值最大吗？试以报童问题为例进行分析。

三、本章学习思路建议

本章学习的重点是需求确定的四类存储问题的分析与求解，着重理解四个确定型模型的关系（见图 1-9-1），注意模型所需的输入数据和输出结果，对于公式要理解其推导过程，不要死记硬背。

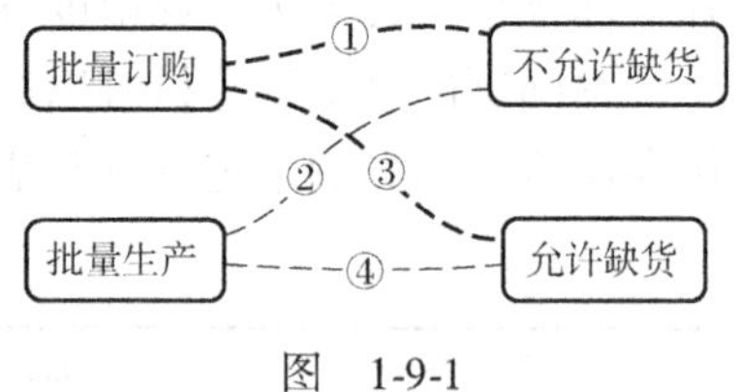

图 1-9-1

在学习本章内容时，可以从不允许缺货的批量订购问题的例题入手，逐步深入，还要理解实践中的情况与课本中的问题是有差距的，学习时注意课本中关于实际问题的处理方法和思路。

折扣问题和随机问题作为拓展学习部分，重点学习其解决思路。

第二节　课后习题参考解答

习　题

1. 某公司每周连续需求某商品 100 单位，不允许缺货。每次订购费是 100 元，每天每单位商品的存储费用是 0.02 元，求最佳订货间隔时间和经济订购批量。

2. 某企业全年需要某种材料 1000t，每吨 500 元，每吨年保管费为其单价的 1/10，若每次订货手续费为 170 元，求最优订货批量。

3. 某厂每月需要某元件 200 件，月生产量为 800 件，批装配费为 100 元，每月每件元件存储费为 0.5 元，求 EMQ 及最低费用。

4. 车间加工一种零件，每月加工能力为 600 件，生产准备费为 10 元，若加工后的在制品每月每件保管费为 1 元，每月需求量为 200 件，试求最优生产批量。

5. 某商店月需求某商品的速度为 500 件，单位存储费用为每月 4 元，每次订购费为 50 元，单位缺货损失为每月 0.5 元，求最优最大存储量与最优总平均费用。

6. 某厂按照合同每月向外单位供货 100 件，每次生产准备费为 5 元，每件年存储费为生产准备费的 1.2 倍。若不能按期交货每件每月罚款 0.5 元，试求最优生产批量。

7. 某厂生产某种产品供应销售。生产速度为每周 100 件，销售速度为每周 60 件，存储费用为每日每件 0.2 元，装配费为 70 元，缺货损失为每件 2 元，求最佳生产与存储方案。

8. 某汽车厂商拟在一展销会上出售一批汽车。每售出一台可盈利 8 万美元。若展会结束未售出汽车必须降价处理，且每台亏损 1 万美元，则该汽车厂应准备多少台汽车？已知汽车在展销会上售出的概率见表 1-9-2。

表 1-9-2

需求量/台	0	1	2	3	4	5
概率	0.05	0.20	0.25	0.35	0.10	0.05

9. 超级市场打算购进一批家用电器。已知该家用电器单价为 500 元，每次订购费为 1000 元，年保管费为 20 元/件，若超级市场凭以往销售经验判断该家用电器的年需求量为 3000 件，求最优订货批量。如果家用电器的供应商提供下列价格折扣，超级市场又该怎样订货？

$$k(Q)=\begin{cases}500, & [0,\ 600)\\ 490, & [600,\ 1200)\\ 485, & 1200\text{ 及其以上}\end{cases}$$

习题答案

1. 这是一个不允许缺货的批量订购问题。由

$$t^*=\sqrt{\frac{2A}{h\lambda}},\quad Q^*=\sqrt{\frac{2A\lambda}{h}}$$

得到：

$$t^*=\sqrt{\frac{2\times100}{0.02\times7\times100}}\text{周}=4\text{ 周},\quad Q^*=378\text{ 单位}$$

即最佳订货间隔时间为 4 周，每次订购 378 单位。

2. 这是一个不允许缺货的批量订购问题。与第 1 题相同，得到：

$$Q^*=\sqrt{\frac{2A\lambda}{h}}=\sqrt{\frac{2\times170\times1000}{500\times1/10}}\text{t}\approx82\text{t}$$

即最优订货批量为 82t。

3. 这是一个不允许缺货的批量生产问题。由

$$Q^*=\sqrt{\frac{2A\lambda P}{h(P-\lambda)}},\quad C(t^*)=\sqrt{2Ah\lambda\frac{P-\lambda}{P}}$$

得到：

$$Q^*=\sqrt{\frac{2\times100\times200\times800}{0.5\times(800-200)}}\text{件}\approx327\text{ 件}$$

$$C(t^*)=\sqrt{2\times100\times0.5\times200\times\frac{800-200}{800}}\text{元}\approx122.5\text{ 元}$$

即最优订货批量约为 327 件，不考虑货物费的总平均费用为 122.5 元。

4. 这是一个不允许缺货的批量生产问题。与第 3 题相同，得到：

$$Q^*=\sqrt{\frac{2\times10\times200\times600}{1\times(600-200)}}\text{件}\approx77\text{ 件}$$

即最优订货批量约为 77 件。

5. 这是一个允许缺货的批量订购问题。由

$$H^*=\sqrt{\frac{2A\lambda b}{h(h+b)}},\quad C(t^*,H^*)=\sqrt{\frac{2A\lambda hb}{h+b}}$$

得到:

$$H^*=\sqrt{\frac{2\times50\times500\times0.5}{4\times(4+0.5)}}\text{件}\approx37\text{ 件}$$

$$C(t^*,H^*)=\sqrt{\frac{2\times50\times500\times4\times0.5}{4+0.5}}\text{元}\approx149\text{ 元}$$

即最大存储量约为 37 件，不考虑货物费的总平均费用约为 149 元。

6. 这是一个允许缺货的批量订购问题。由

$$Q^*=\sqrt{\frac{2A\lambda}{h}}\sqrt{\frac{h+b}{b}}$$

得到:

$$Q^*=\sqrt{\frac{2\times5\times100}{5\times1.2/12}}\sqrt{\frac{5\times1.2/12+0.5}{0.5}}\text{件}\approx63\text{ 件}$$

即该厂的最优生产批量约为 63 件。

7. 这是一个允许缺货的批量生产问题。由

$$Q^*=\sqrt{\frac{2A\lambda}{h}}\sqrt{\frac{h+b}{b}}\sqrt{\frac{P}{P-\lambda}},\quad B^*=\sqrt{\frac{2A\lambda h}{(h+b)b}}\sqrt{\frac{P}{P-\lambda}}$$

得到:

$$Q^*=\sqrt{\frac{2\times70\times60}{1.4}}\sqrt{\frac{1.4+2}{2}}\sqrt{\frac{100}{100-60}}\text{件}\approx160\text{ 件}$$

$$B^*=\sqrt{\frac{2\times70\times60\times1.4}{(66+2)\times2}}\sqrt{\frac{100}{100-60}}\text{件}\approx66\text{ 件}$$

即每当缺货量达到 66 件时以每批 160 件开始生产。

8. 这是一个需求为离散变量的单周期随机存储问题。由

$$\sum_{x_i=0}^{Q-1}P(x_i)\leqslant\frac{C_u}{C_u+C_o}=\frac{8}{8+1}\approx0.89\leqslant\sum_{x_i=0}^{Q}P(x_i)$$

得到:

$$Q^*=4\ (\text{台})$$

即该厂应准备 4 台汽车。

9. 这是一个价格有折扣的存储问题。先求出不考虑价格折扣时的最优订购批量:

$$Q^*=\sqrt{\frac{2A\lambda}{h}}=\sqrt{\frac{2\times1000\times3000}{20}}\text{件}\approx548\text{ 件}$$

又由于

$$C(Q)=\begin{cases}C_1(Q_0)=\frac{1}{2}h\frac{Q_0}{\lambda}+\frac{A}{Q_0}+k_1=\left(\frac{1}{2}\times20\times\frac{548}{3000}+\frac{1000}{548}+500\right)\text{元}\approx502\text{ 元}\\C_2(Q_1)=\frac{1}{2}h\frac{Q_1}{\lambda}+\frac{A}{Q_1}+k_2=\left(\frac{1}{2}\times20\times\frac{600}{3000}+\frac{1000}{600}+490\right)\text{元}\approx494\text{ 元}\\C_3(Q_2)=\frac{1}{2}h\frac{Q_2}{\lambda}+\frac{A}{Q_2}+k_3=\left(\frac{1}{2}\times20\times\frac{1200}{3000}+\frac{1000}{1200}+485\right)\text{元}\approx490\text{ 元}\end{cases}$$

所以，如果考虑折扣，可一次订购 1200 件。

第十章 决策分析

第一节 学习要点及思考题

一、学习要点

1. 确定型决策问题

确定型决策问题具备以下几个条件：

1）具有决策者希望的一个明确目标（收益最大或者损失最小）。

2）只有一个确定的自然状态。

3）具有两个以上的决策方案。

4）不同决策方案在确定自然状态下的损益值可以推算出来。

2. 不确定型决策问题

（1）不确定型决策问题具备以下几个条件：

1）具有决策者希望的一个明确目标。

2）具有两个以上不以决策者的意志为转移的自然状态。

3）具有两个以上的决策方案。

4）不同决策方案在不同自然状态下的损益值可以推算出来。

（2）常用方法：

1）乐观主义准则（最大最大准则）。持这种准则思想的决策者对事物总抱有乐观和冒险的态度。他绝不放弃任何获得最好结果的机会，争取以好中之好的态度来选择决策方案。决策者在决策表中各个方案对各个状态的结果中选出最大者，记在表的最右列，再从该列中选出最大者。

2）悲观主义准则（最大最小准则）。这种决策方法的思想是对事物抱有悲观和保守的态度，在各种最坏的可能结果中选择最好的。决策时从决策表中各方案对各个状态的结果选出最小者，记在表的最右列，再从该列中选出最大者。

3）折中主义准则（赫尔威斯准则）。这种决策方法的特点是对事物既不乐观冒险，也不悲观保守，而是从中折中平衡一下，用折中系数 α 来表示，规定 $\alpha \in [0, 1]$，用以下算式计算结果：

$$CV_i = \alpha \max_j a_{ij} + (1-\alpha) \min_j a_{ij}$$

即用每个决策方案在各个自然状态下的最大效益值乘以 α；再加上最小效益值乘以 $1-\alpha$，然后比较 CV_i，从中选择最大者。

4）等可能准则（拉普拉斯准则）。当决策者无法事先确定每个自然状态出现的概率时，就可以把每个状态出现的概率定为 $1/n$，n 是自然状态数，然后按照最大期望值准则决策。

5）后悔值准则（Savage 准则）。决策者在制定决策之后，如果不能符合理想情况，必然有后悔的感觉。这种方法的特点是取每个自然状态的最大收益值（损失矩阵取为最小值），作为该自然状态的理想目标，并将该状态的其他值与最大值相减所得的差作为未达到理想目标的后悔值。这样，从收益矩阵就可以计算出后悔值矩阵。决策时从后悔值表中各方案对各个状态的后悔值中选出最大者，记在表的最右列，再从该列中选出最小者。

3. 风险型决策问题

（1）风险型决策问题具备以下几个条件：

1）具有决策者希望的一个明确目标。

2）具有两个以上不以决策者的意志为转移的自然状态。

3）具有两个以上的决策方案可供决策者选择。

4）不同决策方案在不同自然状态下的损益值可以计算出来。

5）不同自然状态出现的概率（即可能性）决策者可以事先计算或者估计出来。

（2）常用方法：

1）最大可能准则。根据概率论的原理，一个事件的概率越大，其发生的可能性就越大。基于这种想法，在风险型决策问题中选择一个概率最大（即可能性最大）的自然状态进行决策，而不论其他的自然状态如何，这样就变成了确定型决策问题。

2）期望值准则。这里所指的期望值，就是概率论中离散型随机变量的数学期望。期望值准则就是把每一个决策方案看作离散型随机变量，然后把各方案的数学期望：

$$E(V_i) = \sum_{j=1}^{n} a_{ij}p_j$$

算出来，再加以比较。如果决策目标是收益最大，那么选择数学期望值最大的方案；反之，选择数学期望值最小的方案。利用事件的概率和数学期望进行决策，是一种科学有效的常用决策标准。

3）决策树方法。关于风险型决策问题，除了采用期望值准则外，还可以采用决策树方法进行决策。这种方法的形态好似树形结构，故起名决策树方法。决策树方法的步骤如下：

首先，画决策树。对某个风险型决策问题的未来可能情况和可能结果所做的预测，用树形图的反映出来。画决策树的过程是从左向右，对未来可能的情况进行周密思考和预测，对决策问题逐步进行深入探讨的过程。

其次，预测事件发生的概率。概率值的确定，可以凭借决策人员的估计或者通过历史统计资料来推断。估计或推断的准确性十分重要，如果误差较大，就会引起决策失误，从而蒙受损失。但是为了得到一个比较准确的概率数据，又可能会付出相应的人力和费用，所以应根据实际情况来确定概率值。

最后，计算损益值。在决策树中由末梢开始从右向左顺序推算，根据损益值和相应的概率值算出每个决策方案的数学期望。如果决策目标是收益最大，那么取数学期望的最大值。反之，取最小值。

决策树常用符号和图形有以下几种：

□——决策节点，从它引出的枝叫作方案支。

○——方案节点，从它引出的枝叫作概率支，每条概率支上注明自然状态和概率，节点上面的数字是该方案的数学期望值。

△——末梢，旁边的数字是每个方案在相应自然状态下的损益值。

实际生活中的一些风险型决策问题包括两级以上的决策，叫作多级决策问题。利用决策树研究多级决策问题有其很大的优势。

4. 灵敏度分析

在通常的决策模型中，自然状态的损益值和概率值往往是预测和估计得到的，一般不会十分准确。因此，根据实际情况的变化，有必要对这些数据在多大范围内变动，而原最优决策方案继续有效进行分析，这种分析就叫作灵敏度分析。求得状态发生的转折概率是风险型决策灵敏度分析中十分重要的内容。

5. 效用函数和效用曲线

（1）效用的概念最初是由伯努利（Bernoulli）提出来的。他认为，人们对金钱的真实价值的关注与他钱财的拥有量之间呈现着对数关系。这就是所谓的伯努利货币效用函数。经济学家用效用作为指标，用它来衡量人们对某些事物的主观意识、态度、偏爱和倾向等，通过效用指标可以将一些难以量化的有本质差别的事物给以量化。

（2）效用曲线的作法。通常，效用曲线的作法是采用心理测试法。

（3）效用曲线的特征。效用曲线为凹函数（向上凹）时代表的是保守型决策者，其特点是对肯定能够得到的某个收益值的效用大于具有风险的相同收益期望值的效用。这种类型的决策者对损失比较敏感，对利益比较迟钝，是一种避免风险、不求大利、小心谨慎的保守型决策人；效用曲线为凸函数（向下凸）时代表的决策者特点恰恰相反。他们对利益比较敏感，对损失反应迟钝，是一种谋求大利、敢于承担风险的冒险型决策人；效用曲线为线性函数时代表的是一种中间型决策者，他们认为收益值的增长与效用值的增长成正比关系，是一种只会循规蹈矩、完全按照期望值的大小来选择决策方案的人。通过大量的调查研究发现，大多数决策者属于保守型，属于另外两种类型的人只占少数。

二、思考题

（1）简述决策的分类及决策的程序。

（2）试述构成一个决策问题的几个因素。

（3）简述确定型决策、风险型决策和不确定型决策之间的区别。不确定型决策能否转化成风险型决策？

（4）什么是决策矩阵？收益矩阵、损失矩阵、风险矩阵、后悔值矩阵在含义方面有什么区别？

（5）试述不确定型决策在决策中常用的五种准则，即最大最大准则、最大最小准则、折中主义准则、等可能准则及后悔值准则。指出它们之间的区别与联系。

（6）试述效用的概念及其在决策中的意义和作用。

（7）如何确定效用曲线？效用曲线分为几类？它们分别表达了决策者对待决策风险的什么态度？

(8) 什么是转折概率？如何确定转折概率？

(9) 什么是乐观系数？它反映了决策人的什么心理状态？

三、本章学习思路建议

根据本课程的总体安排，本章的学习重点是不确定型决策问题和风险型决策问题，这也是决策理论与方法中有很强实用价值的基础问题。关键在于学会其求解思想和方法。

学习本章内容时，除了正确理解基本概念和方法外，还必须认识到在决策问题中，决策者的风险态度和心理状态会影响决策的结果，要学会具体问题具体分析，以丰富的想象力全面考虑各种因素，解决实际的决策问题。

灵敏度分析、转折概率以及转折概率在灵敏度分析中的作用，效用理论以及效用理论在决策中的应用，在风险型决策中具有重要意义。本部分内容可作为拓展学习部分。

第二节　课后习题参考解答

习　题

1. 某厂生产甲、乙两种产品，根据以往市场需求统计，见表 1-10-1。

表 1-10-1

方案	自然状态	
	旺季 $p_1=0.8$	淡季 $p_2=0.2$
甲产品	5	3
乙产品	8	2

用乐观主义准则、悲观主义准则、后悔值准则、等可能准则进行决策。

2. 对第 1 题用最大期望值准则进行决策，做出灵敏度分析，求出转折概率。

3. 在开采矿井时，出现不定情况，现用后悔值准则决定是否开采，损益表见表 1-10-2。

表 1-10-2

方案	自然状态	
	有矿石 K	无矿石 $\overline{K}$
开采	6	−1
不开采	0	0

4. 某项工程明天开工，在天气好时可收益 8 万元，在天气不好时会损失 10 万元，但是如果明天不开工，则会损失 1 万元。如果明天的降水概率是 40%，试问是否应开工？

5. 某公司研究了两种扩大生产增加利润的方案，一是购置新机器，二是改造旧机器。已知公司产品市场销售较好、一般、较差的概率分别是 0.5、0.3、0.2。对应于这三种情况，购置新机器时分别可获利 30 万元、20 万元、8 万元。改造旧机器时分别可获利 25 万元、21 万元、16 万元。要求用决策树方法决策。

习题解答

1. （1）乐观主义准则，见表 1-10-3。

表 1-10-3

方案	自然状态		
	旺季 $p_1=0.8$	淡季 $p_2=0.2$	$\max\limits_{\theta}(K_i,\theta_j)$
甲产品	5	3	5
乙产品	8	2	8*

选择乙产品。

（2）悲观主义准则，见表 1-10-4。

表 1-10-4

方案	自然状态		
	旺季 $p_1=0.8$	淡季 $p_2=0.2$	$\min\limits_{\theta}(K_i,\theta_j)$
甲产品	5	3	3*
乙产品	8	2	2

选择甲产品。

（3）后悔值准则，后悔矩阵见表 1-10-5。

表 1-10-5

甲产品	3	0
乙产品	0	1*

由于甲、乙产品最大后悔值 3 和 1 的最小值为 1，故选择乙产品。

（4）等可能准则，见表 1-10-6。

表 1-10-6

方案	自然状态		
	旺季 $p_1=0.5$	淡季 $p_2=0.5$	$E(K_i)$
甲产品	5	3	4
乙产品	8	2	5*

选择乙产品。

2. 期望值准则

根据表 1-10-7，应选择乙产品。

设旺季的概率（转折概率）为 p，则 $p_1=p$，$p_2=1-p$，使

$5p+3(1-p)=8p+2(1-p)\rightarrow p=0.25$

所以当 $p>0.25$ 时，乙产品是最优方案；当 $p<0.25$ 时，甲产品是最优方案。

表 1-10-7

方案	自然状态		
	旺 季 $p_1=0.8$	淡 季 $p_2=0.2$	CV_i
甲产品	5	3	4.6
乙产品	8	2	6.8*

3. 后悔矩阵，见表 1-10-8。

表 1-10-8

开采	0	1*
不开采	6	0

所以开采。

4. 决策表见表 1-10-9。

表 1-10-9 （单位：万元）

方案	自然状态		
	天气好 $p_1=0.6$	天气不好 $p_2=0.4$	CV_i
开工	8	-10	0.8*
不开工	-1	-1	-1

所以开工。

5. 决策树如图 1-10-1 所示。

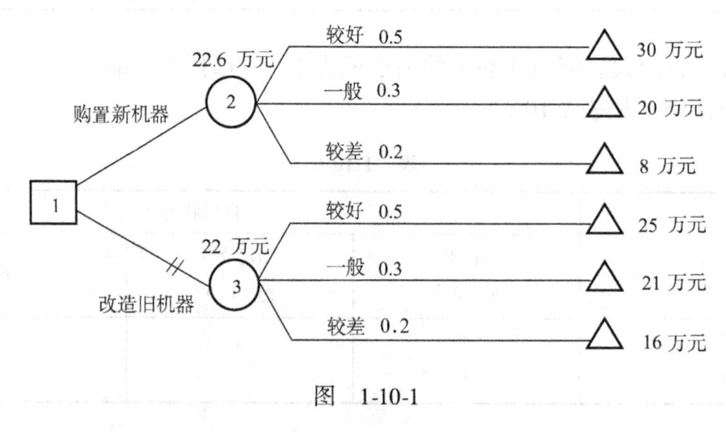

图 1-10-1

由图 1-10-1 可知，应选择购置新机器这个方案。

第二部分

运筹学习题集

第二章

练习题及解答

练习题

1. 判断下列说法是否正确：

（1）线性规划问题的最优解一定在可行域的顶点达到。

（2）线性规划的可行解集是凸集。

（3）如果一个线性规划问题有两个不同的最优解，则它有无穷多个最优解。

（4）线性规划模型中增加一个约束条件，可行域的范围一般将缩小；减少一个约束条件，可行域的范围一般将扩大。

（5）线性规划问题的每一个基本解对应可行域的一个顶点。

（6）如果一个线性规划问题有可行解，那么它必有最优解。

（7）用单纯形法求解标准形式（求最小值）的线性规划问题时，与 $\sigma_j>0$ 对应的变量都可以被选作换入变量。

（8）单纯形法计算中，如不按最小非负比值原则选出换出变量，则在下一个解中至少有一个基变量的值是负的。

（9）单纯形法计算中，选取最大正检验数 σ_k 对应的变量 x_k 作为换入变量，可使目标函数值得到最快的减小。

（10）一旦一个人工变量在迭代中变为非基变量，该变量及相应列的数字可以从单纯形表中删除，而不影响计算结果。

2. 建立下面问题的数学模型：

（1）某公司计划在三年的计划期内，有四个建设项目可以投资：项目Ⅰ从第一年到第三年年初都可以投资，预计每年年初投资，年末可收回本利 120%，每年又可以重新将所获本利纳入投资计划。项目Ⅱ需要在第一年年初投资，经过两年可收回本利 150%，又可以重新将所获本利纳入投资计划，但用于该项目的最大投资额不得超过 20 万元。项目Ⅲ需要在第二年年初投资，经过两年可收回本利 160%，但用于该项目的最大投资额不得超过 15 万元。项目Ⅳ需要在第三年年初投资，年末可收回本利 140%，但用于该项目的最大投资额不得超过 10 万元。在这个计划期内，该公司第一年可供投资的资金有 30 万元。问怎样的投资方案才能使该公司在这个计划期获得最大利润？

（2）某饲养场饲养动物，设每头动物每天至少需要 700g 蛋白质、30g 矿物质、100g 维生素。现有五种饲料可供选用，各种饲料每千克营养成分含量及单价如表 2-2-1 所示。

表　2-2-1

饲料	蛋白质/g	矿物质/g	维生素/mg	价格/(元/kg)
1	3	1	0.5	0.2
2	2	0.5	1	0.7
3	1	0.2	0.2	0.4
4	6	2	2	0.3
5	12	0.5	0.8	0.8

要求确定既满足动物生长的营养要求，又使费用最省的选择饲料的方案。

（3）设有某种原料的三个产地为 A_1、A_2、A_3，把这种原料经过加工制成成品，再运往销售地。假设用 4t 原料可制成 1t 成品，产地 A_1 年产原料 30 万 t，同时需要成品 7 万 t；产地 A_2 年产原料 26 万 t，同时需要成品 13 万 t；产地 A_3 年产原料 24 万 t，不需要成品。又知 A_1 与 A_2 间距离为 150km，A_1 与 A_3 间距离为 100km，A_2 与 A_3 间距离为 200km。原料运费为 3 千元/(万 t · km)，成品运费为 2.5 千元/（万 t · km）；在 A_1 开设工厂加工费为 5.5 千元/万 t，在 A_2 开设工厂加工费为 4 千元 / 万 t，在 A_3 开设工厂加工费为 3 千元/ 万 t；又因条件限制，在 A_2 设厂规模不能超过年产成品 5 万 t，A_1 与 A_3 可以不限制，如表 2-2-2 所示。问应在何地设厂，生产多少成品，才使生产费用（包括原料运费、成品运费和加工费）最少？

表　2-2-2　　（距离单位：km）

产地	A_1	A_2	A_3	产原料数/万 t	加工费/(千元/万 t)
A_1	0	150	100	30	5.5
A_2	150	0	200	26	4
A_3	100	200	0	24	3
需成品数/万 t	7	13	0		

（4）某旅馆每日至少需要服务员的数量如表 2-2-3 所示：每班服务员从开始上班到下班连续工作 8h，为满足每班所需要的最少服务员数，这个旅馆至少需要多少服务员？

表　2-2-3

班次	时间（日夜服务）	最少服务员人数/人
1	上午 6 点 ~ 上午 10 点	80
2	上午 10 点 ~ 下午 2 点	90
3	下午 2 点 ~ 下午 6 点	80
4	下午 6 点 ~ 夜间 10 点	70
5	夜间 10 点 ~ 夜间 2 点	40
6	夜间 2 点 ~ 上午 6 点	30

（5）某农场有100ha土地及15000元资金可用于发展生产。农场劳动力情况为秋冬季3500人·日；春夏季4000人·日。如劳动力本身用不了时可外出打工，春夏季收入为25元/（人·日），秋冬季收入为20元/（人·日）。该农场种植三种作物：大豆、玉米、小麦，并饲养奶牛和鸡。种作物时不需要专门投资，而饲养每头奶牛需投资400元，每只鸡投资3元。养奶牛时每头需拨出1.5ha土地种饲料，并占用人工秋冬季为100人·日，春夏季为50人·日，年净收入900元/头。养鸡时不占用土地，需人工为每只鸡秋冬季0.6人·日，春夏季为0.3人·日，年净收入20元/只。农场现有鸡舍允许最多养1500只鸡，牛栏允许最多养200头牛。三种作物每年需要的人工及收入情况如表2-2-4所示。

表 2-2-4

项目	大豆	玉米	小麦
秋冬季需劳动力/人·日	20	35	10
春夏季需劳动力/人·日	50	75	40
年净收入/(元/ha)	3000	4100	4600

试确定该农场的经营方案，使年净收入为最大。

（6）市场对Ⅰ、Ⅱ两种产品的需求量为：产品Ⅰ在1~4月每月需1万件，5~9月每月需3万件，10~12月每月需10万件；产品Ⅱ在3~9月每月需1.5万件，其他每月需5万件。某厂生产这两种产品的成本为：产品Ⅰ在1~5月内生产时每件5元，6~12月内生产时每件4.50元；产品Ⅱ在1~5月内生产时每件8元，6~12月内生产时每件7元；该厂每月生产两种产品能力总和不超过12万件。产品Ⅰ容积每件0.2m^3，产品Ⅱ容积每件0.4m^3。该厂仓库容积为15000m^3，要求：

1）说明上述问题无可行解。

2）若该厂仓库不足时，可从外厂租借。

若占用本厂仓库每月每立方米需1元，而租用外厂仓库时上述费用增加为1.5元。试问在满足市场需求的情况下，该厂应如何安排生产，使总的生产加库存费用最少？（建立模型，不求解）

（7）某工厂Ⅰ、Ⅱ、Ⅲ三种产品在下一年各季度的合同预定数如表2-2-5所示，该三种产品第一季度初无库存，要求在第四季度末每种产品的库存为150件。已知该厂每季度生产工时为15000h，生产产品Ⅰ、Ⅱ、Ⅲ每件分别需3h、4h、3h。因更换工艺装备，产品Ⅰ在第二季度无法生产。规定当产品不能按期交货时，产品Ⅰ、Ⅱ每件每迟交一个季度赔偿20元，产品Ⅲ赔偿15元；又生产出来的产品不在本季度交货的，每件每季度的库存费为5元。问应如何安排生产，使总的赔偿加库存费用最小？

（8）某玩具厂生产Ⅰ、Ⅱ、Ⅲ三种玩具，这三种玩具需在A、B、C三种机器上加工，每60个为一箱。每箱玩具在不同的机器上加工所需的时间如表2-2-6所示。本月可供使用的机器的时间为：A为15天，B为20天，C为24天。每箱玩具的价格为Ⅰ：1500元；Ⅱ：1700元；Ⅲ：2400元。问怎样安排生产，使总的产值最大？

表　2-2-5　　（单位：件）

产品	季度			
	1	2	3	4
Ⅰ	1500	1000	2000	1200
Ⅱ	1500	1500	1200	1500
Ⅲ	1500	2000	1500	2500

表　2-2-6　　（单位：天）

玩具	机器		
	A	*B*	*C*
Ⅰ	2	6	1
Ⅱ	3	2	2
Ⅲ	5	2	—

（9）某线带厂生产 *A*、*B* 两种纱线和 *C*、*D* 两种纱带，纱带由纱线加工而成。这四种产品的产值、可变成本（即材料、人工等随产品数量变化的直接费用）、加工工时等如表 2-2-7 所示，工厂有供纺纱的总工时 7200h，织带的总工时 1200h。

1）列出线性规划模型，以便确定产品数量，使总的利润最大。

2）如果组织这次生产的固定成本（即与产品数量无关的间接费用）为 20 万元，线性规划模型有何变化？

表　2-2-7

项目	产品			
	A	*B*	*C*	*D*
单位产值/元	168	140	1050	406
单位可变成本/元	42	28	350	140
单位纺纱工时/h	3	2	10	4
单位织带工时/h	0	0	2	0.5

（10）某制衣厂生产四种规格的出口服装，有三种制衣机可以加工这四种服装，它们的生产效率（每天制作的服装件数）等有关数据如表 2-2-8 所示，试确定各种服装的生产数量，使总的加工费用最小。

表　2-2-8

衣服规格	各制衣机每天生产数量/件			需要生产数量/件
	A	*B*	*C*	
Ⅰ	300	600	800	10000
Ⅱ	280	450	700	9000
Ⅲ	200	350	680	7000
Ⅳ	150	410	450	8000
每天加工费/元	80	100	150	

(11) 某制衣厂生产两种服装，现有100名熟练工人。已知一名熟练工人每小时生产10件服装Ⅰ或6件服装Ⅱ。据销售部门消息，从本周开始，这两种服装的需求量将持续上升，如表2-2-9所示，为此，该厂决定到第8周末需培训出100名新工人，两班生产。已知一名工人一周工作40h，一名熟练工人每周最多可培训出5名新工人（培训期间熟练工人和培训人员不参加生产），熟练工人每周工资400元，新工人在培训期间工资每周80元，培训合格后参加生产每周工资260元，生产效率同熟练工人。在培训期间，为按期交货，工厂安排部分工人加班生产，每周工作50h，工资每周600元。又若所定的服装不能按期交货，每推迟交货一周的赔偿费为：服装Ⅰ每件10元，服装Ⅱ每件20元。问工厂应如何安排生产，使各项费用总和最少？

表 2-2-9 （单位：千件/周）

服装	周次							
	1	2	3	4	5	6	7	8
Ⅰ	20	20	24	25	33	34	40	42
Ⅱ	12	14	17	22	22	25	25	25

(12) 某家具制造厂生产五种不同规格的家具。每种家具都要经过机械成形、打磨、上漆几道主要工序。每种家具的每道工序所用时间及每道工序的可用时间，每种家具的利润如表2-2-10所示。问工厂应如何安排生产，使总的利润最大？

表 2-2-10

生产工序	所需时间/h					每道工序可用时间/h
	一	二	三	四	五	
成形	3	4	6	2	3	3600
打磨	4	3	5	6	4	3950
上漆	2	3	3	4	3	2800
利润/百元	2.7	3	4.5	2.5	3	

(13) 某饲养场为某种动物配制混合饲料。已知此动物的生长速度和饲料中的三种营养成分甲、乙、丙有关，且每头动物每天需要营养甲85g、乙5g、丙18g。现有五种饲料都含有这三种营养成分，每种饲料每千克所含营养成分及每种饲料成本如表2-2-11所示，求既能满足动物成长需要又使成本最低的饲料配方。

表 2-2-11

饲料	营养甲/g	营养乙/g	营养丙/g	成本/元
1	0.50	0.10	0.08	2
2	2.00	0.06	0.70	6
3	3.00	0.04	0.35	5
4	1.50	0.15	0.25	4
5	0.80	0.20	0.02	3

（14）某食品厂在第一车间用1单位原料 N 可加工3单位产品 A 及2单位产品 B，产品 A 可以按单位售价8元出售，也可以在第二车间继续加工，单位生产费用要增加6元，加工后单位售价增加9元。产品 B 可以按单位售价7元出售，也可以在第三车间继续加工，单位生产费用增加4元，加工后单位费用可增加6元。原料 N 的单位购入价为2元，上述生产费用不包括工资在内。三个车间每月最多有20万工时，每工时工资0.5元。每加工1单位 N 需1.5个工时，如产品 A 继续加工，每单位需3工时，如产品 B 继续加工，每单位需2个工时。原料 N 每月最多能得到10万单位。问如何安排生产，使工厂获利最大？

（15）某公司有30万元可用于投资，投资方案有下列几种：

方案Ⅰ：年初投资1元，第二年年底可收回1.2元。5年内都可以投资，但投资额不能超过15万元。

方案Ⅱ：年初投资1元，第三年年底可收回1.3元。5年内都可以投资。

方案Ⅲ：年初投资1元，第四年年底可收回1.4元。5年内都可以投资。

方案Ⅳ：只在第二年年初有一次投资机会，每投资1元，四年后可收回1.7元。但最多投资额不能超过10万元。

方案Ⅴ：只在第四年年初有一次投资机会，每投资1元，年底可收回1.4元。但最多投资额不能超过20万元。

方案Ⅵ：存入银行，每年年初存入1元，年底可收回1.02元。

投资所得的收益及银行所得利息也可用于投资。求使公司在第五年年底收回资金最多的投资方案。

（16）某工厂生产Ⅰ、Ⅱ、Ⅲ、Ⅳ四种产品，产品Ⅰ需依次经过 A、B 两种机器加工，产品Ⅱ需依次经过 A、C 两种机器加工，产品Ⅲ需依次经过 B、C 两种机器加工，产品Ⅳ需依次经过 A、B 两种机器加工。有关数据如表2-2-12所示，请为该厂制订一个最优生产计划。

表　2-2-12

产品	机器生产率/（件/h）			原料成本/元	产品价格/元
	A	B	C		
Ⅰ	10	20		16	65
Ⅱ	20		10	25	80
Ⅲ		10	15	12	50
Ⅳ	20	10		18	70
机器成本/（元/h）	200	150	225		
每周可用小时数/h	150	120	70		

3. 用图解法解下列线性规划：

（1）$\max z = x_1 + 2x_2$

$$\text{s. t.} \begin{cases} 3x_1 + 5x_2 \leqslant 15 \\ 6x_1 + 2x_2 \leqslant 12 \\ x_1,\ x_2 \geqslant 0 \end{cases}$$

（2）$\max z = 2x_1 + 2x_2$

$$\text{s. t.} \begin{cases} x_1 - x_2 \geqslant -1 \\ -0.5x_1 + x_2 \leqslant 2 \\ x_1,\ x_2 \geqslant 0 \end{cases}$$

(3) $\min f = 2x_1 + 3x_2$

$$\text{s. t.} \begin{cases} x_1 + 3x_2 \geqslant 3 \\ x_1 + x_2 \geqslant 2 \\ x_1,\ x_2 \geqslant 0 \end{cases}$$

(4) $\min z = 2x_1 - 10x_2$

$$\text{s. t.} \begin{cases} x_1 - x_2 \geqslant 2 \\ 3x_1 - x_2 \geqslant -5 \\ x_1,\ x_2 \geqslant 0 \end{cases}$$

(5) $\max z = 3x_1 + 9x_2$

$$\text{s. t.} \begin{cases} x_1 + 3x_2 \leqslant 32 \\ -x_1 + x_2 \leqslant 4 \\ x_2 \leqslant 6 \\ 2x_1 - 5x_2 \leqslant 0 \\ x_1,\ x_2 \geqslant 0 \end{cases}$$

(6) $\max z = x_1 + 2x_2$

$$\text{s. t.} \begin{cases} 2x_1 + x_2 \leqslant 20 \\ x_1 + x_2 \geqslant 10 \\ x_1 \geqslant 5 \\ x_1,\ x_2 \geqslant 0 \end{cases}$$

4. 用单纯形法解下列线性规划问题（可用大 M 法或两阶段法）：

(1) $\max z = 2x_1 - x_2 + x_3$

$$\text{s. t.} \begin{cases} 3x_1 + x_2 + x_3 \leqslant 60 \\ x_1 - x_2 + 2x_3 \leqslant 10 \\ x_1 + x_2 - x_3 \leqslant 20 \\ x_1,\ x_2,\ x_3 \geqslant 0 \end{cases}$$

(2) $\max z = 2x_1 + x_2 + x_3$

$$\text{s. t.} \begin{cases} 4x_1 + 2x_2 + 2x_3 \geqslant 4 \\ 2x_1 + 4x_2 \leqslant 20 \\ 4x_1 + 8x_2 + 2x_3 \leqslant 16 \\ x_1,\ x_2,\ x_3 \geqslant 0 \end{cases}$$

(3) $\max z = 3x_1 + x_2 + 3x_3$

$$\text{s. t.} \begin{cases} 2x_1 + x_2 + x_3 \leqslant 2 \\ x_1 + 2x_2 + 3x_3 \leqslant 5 \\ 2x_1 + 2x_2 + x_3 \leqslant 6 \\ x_1,\ x_2,\ x_3 \geqslant 0 \end{cases}$$

(4) $\max z = 2x_1 + 4x_2 + x_3 + x_4$

$$\text{s. t.} \begin{cases} x_1 + 3x_2 + x_4 \leqslant 4 \\ 2x_1 + x_2 \leqslant 3 \\ x_2 + 4x_3 + x_4 \leqslant 3 \\ x_1,\ x_2,\ x_3,\ x_4 \geqslant 0 \end{cases}$$

(5) $\max z = x_1 + 2x_2 + 3x_3 - x_4$

$$\text{s. t.} \begin{cases} x_1 + 2x_2 + 3x_3 = 15 \\ 2x_1 + x_2 + 5x_3 = 20 \\ x_1 + x_2 + x_3 + x_4 = 10 \\ x_1,\ x_2,\ x_3,\ x_4 \geqslant 0 \end{cases}$$

(6) $\max z = 30x_1 + 40x_2 - 100x_3$

$$\text{s. t.} \begin{cases} 4x_1 + 3x_2 - x_3 = 30 \\ x_1 + 3x_2 - x_3 = 12 \\ x_1,\ x_2,\ x_3 \geqslant 0 \end{cases}$$

(7) $\max z = 6x_1 + x_2 - x_3 + x_4$

$$\text{s. t.} \begin{cases} x_1 + 2x_2 + x_3 = 15 \\ 2x_1 + 5x_3 = 18 \\ 2x_1 + 4x_2 + x_3 + x_4 = 10 \\ x_1,\ x_2,\ x_3,\ x_4 \geqslant 0 \end{cases}$$

(8) $\max z = 4x_1 + 3x_2$

$$\text{s. t.} \begin{cases} 3x_1 + 6x_2 + 3x_3 - 4x_4 = 12 \\ 6x_1 + 3x_3 = 12 \\ 3x_1 - 6x_2 + 4x_4 = 0 \\ x_1,\ x_2,\ x_3,\ x_4 \geqslant 0 \end{cases}$$

(9) $\max z = 3x_1 + 2x_2 + 4x_3 + 8x_4$

$$\text{s. t.} \begin{cases} x_1 + 2x_2 + 5x_3 + 6x_4 \geqslant 8 \\ -2x_1 + 5x_2 + 3x_3 - 5x_4 \leqslant 3 \\ x_1,\ x_2,\ x_3,\ x_4 \geqslant 0 \end{cases}$$

(10) $\max z = 5x_1 - 2x_2 + x_3$

$$\text{s. t.} \begin{cases} x_1 + 4x_2 + x_3 \leqslant 6 \\ 2x_1 + x_2 + 3x_3 \geqslant 2 \\ x_1,\ x_2 \geqslant 0,\ x_3\ \text{符号不限} \end{cases}$$

(11) $\max z=2x_1+3x_2-x_3+x_4$

$$\text{s.t.}\begin{cases}x_1-x_2+2x_3+x_4\geqslant 9\\2x_2+x_3-x_4\leqslant 5\\-2x_1+x_2-3x_3+x_4\leqslant -1\\x_1+x_3\geqslant 3\\x_1,\ x_2,\ x_3,\ x_4\geqslant 0\end{cases}$$

(12) $\max z=5x_1+3x_2+6x_3$

$$\text{s.t.}\begin{cases}x_1+2x_2+x_3\leqslant 18\\2x_1+x_2+3x_3\leqslant 16\\x_1+x_2+x_3=10\\x_1,\ x_2\geqslant 0,\ x_3\text{ 符号不限}\end{cases}$$

5. 表 2-2-13 所示为求极大化问题的单纯形表，问表中 a_1、a_2、c_1、c_2、d 为何值时以及表中变量属于哪一种类型时有：

(1) 表中解为唯一最优解。

(2) 表中解为无穷多最优解之一。

(3) 表中解为退化的可行解。

(4) 下一步迭代将以 x_1 代替基变量 x_5。

(5) 该线性规划问题具有无界解。

(6) 该线性规划问题无可行解。

表　2-2-13

x_B	b	x_1	x_2	x_3	x_4	x_5
x_3	d	4	a_1	1	0	0
x_4	2	-1	-5	0	1	0
x_5	3	a_2	-3	0	0	1
c_j-z_j		c_1	c_2	0	0	0

6. 某医院的护士分四个班次，每班工作 12h 。报到的时间分别是早上 6 点、中午 12 点、下午 6 点、夜间 12 点。每班需要的人数分别为 19 人、21 人、18 人、16 人。问：

(1) 每天最少需要派多少护士值班？

(2) 如果早上 6 点上班和中午 12 点上班的人每月有 120 元加班费，下午 6 点和夜间 12 点上班的人每月分别有 100 元和 150 元加班费，如何安排上班人数，使医院支付的加班费最少？

7. 某石油公司有两个冶炼厂。甲厂每天可生产高级、中级和低级的石油分别为 200 桶、300 桶和 200 桶，乙厂每天可生产高级、中级和低级的石油分别为 100 桶、200 桶和 100 桶。公司需要这三种油的数量分别为 14000 桶、24000 桶和 14000 桶。甲厂每天的运行费是 5000 元，乙厂每天的运行费是 4000 元。问：

(1) 公司应安排这两个厂各生产多少天最经济？

(2) 如甲厂每天的运行费是 2000 元，乙厂每天的运行费是 5000 元。公司应如何安排两个厂的生产。列出线性规划模型并求解。

练习题解答

1. (1) ×；(2) √；(3) √；(4) √；(5) ×；(6) ×；(7) √；(8) √；(9) ×；

（10）✓。

2.

（1）设决策变量 x_{11}、x_{12} 分别表示第一年投资到项目Ⅰ、Ⅱ的资金额；x_{21}、x_{23} 分别表示第二年投资到项目Ⅰ、Ⅲ的资金额；x_{31}、x_{34} 分别表示第三年投资到项目Ⅰ、Ⅳ的资金额。则得线性规划模型如下：

$$\max z = 0.2x_{11} + 0.2x_{21} + 0.2x_{31} + 0.5x_{12} + 0.6x_{23} + 0.4x_{34}$$

$$\text{s. t.}\begin{cases} x_{11} + x_{12} \leqslant 300000 \\ -0.2x_{11} + x_{21} + x_{12} + x_{23} \leqslant 300000 \\ -0.2x_{11} - 0.2x_{21} + x_{31} - 0.5x_{12} + x_{23} + x_{34} \leqslant 300000 \\ x_{12} \leqslant 200000 \\ x_{23} \leqslant 150000 \\ x_{34} \leqslant 100000 \\ x_{11}, x_{21}, x_{31}, x_{12}, x_{23}, x_{34} \geqslant 0 \end{cases}$$

（2）设五种饲料分别选取 $x_1$kg、$x_2$kg、$x_3$kg、$x_4$kg、$x_5$kg，则得下列数学模型：

$$\min f = 0.2x_1 + 0.7x_2 + 0.4x_3 + 0.3x_4 + 0.8x_5$$

$$\text{s. t.}\begin{cases} 3x_1 + 2x_2 + x_3 + 6x_4 + 12x_5 \geqslant 700 \\ x_1 + 0.5x_2 + 0.2x_3 + 2x_4 + 0.5x_5 \geqslant 30 \\ 0.5x_1 + x_2 + 0.2x_3 + 2x_4 + 0.8x_5 \geqslant 100 \\ x_j \geqslant 0 \quad (j = 1, 2, 3, 4, 5) \end{cases}$$

（3）设 x_{ij} 表示由 A_i 运往 A_j 的原料数（单位：万 t）（i，j=1，2，3），其中 $i=j$ 时，表示 A_i 留用数；y_{ij} 表示由 A_i 运往 A_j 的成品数（单位：万 t）（i，j=1，2，3），其中 $i=j$ 时，表示 A_i 留用数；z_i 表示在 A_i 设厂的年产成品数（单位：万 t）（i=1，2，3）。这一问题的数学模型为

$$\min f = 3(x_{12} + x_{13} + x_{21} + x_{23} + x_{31} + x_{32}) + 2.5(y_{12} + y_{13} + y_{21} + y_{23} + y_{31} + y_{32}) + 5.5z_1 + 4z_2 + 3z_3$$

$$\text{s. t.}\begin{cases} x_{11} + x_{12} + x_{13} = 30 \\ x_{21} + x_{22} + x_{23} = 13 \\ x_{31} + x_{32} + x_{33} = 24 \\ x_{11} + x_{21} + x_{31} = 4z_1 \\ x_{12} + x_{22} + x_{32} = 4z_2 \\ x_{13} + x_{23} + x_{33} = 4z_3 \\ y_{11} + y_{12} + y_{13} = z_1 \\ y_{21} + y_{22} + y_{23} = z_2 \\ y_{31} + y_{32} + y_{33} = z_3 \\ y_{11} + y_{21} + y_{31} = 7 \\ y_{12} + y_{22} + y_{32} = 13 \\ z_2 \leqslant 5 \\ x_{ij} \geqslant 0, y_{ij} \geqslant 0, z_i \geqslant 0 \quad (i, j = 1, 2, 3) \end{cases}$$

（4）设 x_j（$j=1,2,3,4,5,6$）为第 j 班开始上班的服务员人数，则数学模型为

$$\min f = x_1 + x_2 + x_3 + x_4 + x_5 + x_6$$

$$\text{s.t.}\begin{cases} x_6 + x_1 \geqslant 80 \\ x_1 + x_2 \geqslant 90 \\ x_2 + x_3 \geqslant 80 \\ x_3 + x_4 \geqslant 70 \\ x_4 + x_5 \geqslant 40 \\ x_5 + x_6 \geqslant 30 \\ x_j \geqslant 0 \quad (j = 1,2,3,4,5,6) \end{cases}$$

（5）用 x_1、x_2、x_3 分别表示大豆、玉米、小麦的种植公顷数；x_4、x_5 分别表示奶牛和鸡的饲养数；x_6、x_7 分别表示秋冬季和春夏季的劳动力（人・日）数，则有

$$\max z = 3000x_1 + 4100x_2 + 4600x_3 + 900x_4 + 20x_5 + 20x_6 + 25x_7$$

$$\text{s.t.}\begin{cases} x_1 + x_2 + x_3 + 1.5x_4 \leqslant 100 & (\text{土地限制}) \\ 400x_4 + 3x_5 \leqslant 15000 & (\text{资金限制}) \\ 20x_1 + 35x_2 + 10x_3 + 100x_4 + 0.6x_5 + x_6 \leqslant 3500 & (\text{劳动力限制}) \\ 50x_1 + 75x_2 + 40x_3 + 50x_4 + 0.3x_5 + x_7 \leqslant 4000 & (\text{劳动力限制}) \\ x_4 \leqslant 200 & (\text{牛栏限制}) \\ x_5 \leqslant 1500 & (\text{鸡舍限制}) \\ x_j \geqslant 0 \quad (j = 1,2,\cdots,7) \end{cases}$$

（6）1）因为 10～12 月市场需求总计 45 万件，这三个月最多生产 36 万件，故需 10 月初有 9 万件的库存，超过该厂的最大仓库容积，故按上述条件，本题无解。

2）考虑到生产成本、库存费用和生产能力，该厂 10～12 月需求的不足只需在 7～9 月生产出来留用即可，故设：x_i 为第 i 个月生产的产品Ⅰ的数量；y_i 为第 i 个月生产的产品Ⅱ的数量；z_i、u_i 分别为第 i 个月末产品Ⅰ、Ⅱ的库存数，s_{1i}、s_{2i} 分别为用于第 $i+1$ 个月库存的原有及租用的仓库容积（单位：m^3），则所求问题的数学模型为

$$\min f = \sum_{i=1}^{5}(5x_i + 8y_i) + \sum_{i=6}^{12}(4.5x_i + 7y_i) + \sum_{i=7}^{11}(s_{1i} + s_{2i})$$

$$\text{s.t.}\begin{cases} x_i = 10000 \quad (i = 1,2,3,4) & x_i = 30000 \quad (i = 5,6) \\ y_i = 50000 \quad (i = 1,2) & y_i = 15000 \quad (i = 3,4,5,6) \\ x_7 - 30000 = z_7 & y_7 - 15000 = u_7 \\ x_8 + z_7 - 30000 = z_8 & y_8 + u_7 - 15000 = u_8 \\ x_9 + z_8 - 30000 = z_9 & y_9 + u_8 - 15000 = u_9 \\ x_{10} + z_9 - 100000 = z_{10} & y_{10} + u_9 - 50000 = u_{10} \\ x_{11} + z_{10} - 100000 = z_{11} & y_{11} + u_{10} - 50000 = u_{11} \\ x_{12} + z_{11} = 100000 & y_{12} + u_{11} = 50000 \\ x_i + y_i \leqslant 120000 \quad (i = 7,8,9,10,11,12) \\ 0.2z_i + 0.4u_i = s_{1i} + s_{2i} \quad (i = 7,8,9,10,11,12) \\ s_{1i} \leqslant 15000 \quad (i = 7,8,9,10,11,12) \\ x_i, y_i, z_i, u_i, s_{1i}, s_{2i} \geqslant 0 \end{cases}$$

（7）设 x_{ij}为第 i 个季度生产的产品 j 的数量；s_{ij}为第 i 个季度末需库存的产品 j 的数量；t_{ij}为第 i 个季度不能交货的产品 j 的数量；y_{ij}为第 i 个季度对产品 j 的预定数量，则有：

$$\min f = \sum_{i=1}^{4}[20(t_{i1}+t_{i2})+15t_{i3}]+5\sum_{i=1}^{3}\sum_{j=1}^{3}s_{ij}$$

$$\text{s. t.}\begin{cases}x_{i1}+x_{i2}+x_{i3}\leqslant 15000 \quad (i=1,2,3,4)\\ x_{21}=0\\ \sum\limits_{i=1}^{4}x_{ij}=\sum\limits_{i=1}^{4}y_{ij}+150 \quad (j=1,2,3)\\ \sum\limits_{k=1}^{i}x_{kj}+t_{ij}-s_{ij}=\sum\limits_{k=1}^{i}y_{kj} \quad (i=1,2,3,4;\ j=1,2,3)\\ x_{ij},\ s_{ij},\ t_{ij}\geqslant 0\end{cases}$$

（8）设 x_j 为第 j（$j=1$，2，3）种玩具的生产数量，则有：

$$\max f = 1500x_1+1700x_2+2400x_3$$

$$\text{s. t.}\begin{cases}2x_1+6x_2+x_3\leqslant 15\\ 3x_1+2x_2+2x_3\leqslant 20\\ 5x_1+2x_2\leqslant 24\\ x_1,\ x_2,\ x_3\geqslant 0 \text{ 为整数}\end{cases}$$

（9）1）设 A、B、C、D 四种产品的生产数量分别为 x_1、x_2、x_3、x_4，则有：

$$\max z = (168-42)x_1+(140-28)x_2+(1050-350)x_3+(406-140)x_4$$

$$\text{s. t.}\begin{cases}3x_1+2x_2+10x_3+4x_4\leqslant 7200\\ 2x_3+0.5x_4\leqslant 1200\\ x_1,\ x_2,\ x_3,\ x_4\geqslant 0\end{cases}$$

2）线性规划模型没有变化。

（10）设 x_{ij}（$i=1$，2，3，4；$j=1$，2，3）为第 j 台制衣机生产第 i 种服装的天数，则有：

$$\min f = 80\sum_{i=1}^{4}x_{i1}+100\sum_{i=1}^{4}x_{i2}+150\sum_{i=1}^{4}x_{i3}$$

$$\text{s. t.}\begin{cases}300x_{11}+600x_{12}+800x_{13}\leqslant 10000\\ 280x_{21}+450x_{22}+700x_{23}\leqslant 9000\\ 200x_{31}+350x_{32}+680x_{33}\leqslant 7000\\ 150x_{41}+410x_{42}+450x_{43}\leqslant 8000\\ x_{ij}\geqslant 0 \quad (i=1,2,3,4;\ j=1,2,3)\end{cases}$$

（11）设 x_i、y_i 分别表示第 i 周用于生产服装Ⅰ或服装Ⅱ的工人数，z_i 表示从第 i 周开始加班的工人数，w_i 为从第 i 周开始参加培训新工人的熟练工人数，u_i 表示从第 i 周开始接受培训的新工人数，v_{i1} 和 v_{i2} 分别为第 i 周末没能按期交货的服装Ⅰ或服装Ⅱ的数量，M_{i1} 和 M_{i2}

分别为第 i 周服装 Ⅰ 或服装 Ⅱ 的订货量，则有：

$$\min f = \sum_{i=1}^{8} 600z_i + \sum_{i=1}^{8} (10v_{i1} + 20v_{i2}) + \sum_{i=1}^{8} [80 + 260(8 - i)]u_i$$

$$\text{s. t.} \begin{cases} \sum_{i=1}^{k} (400x_i + v_{i1}) = \sum_{i=1}^{k} M_{i1} \quad (k = 1,2,\cdots,8) \\ \sum_{i=1}^{k} (240y_i + v_{i2}) = \sum_{i=1}^{k} M_{i2} \quad (k = 1,2,\cdots,8) \\ x_1 + y_1 + w_1 = 100 + 0.25z_1 \\ x_i + y_i + w_i = 100 + \sum_{i=1}^{i} u_i + 0.25z_i \quad (2 \leqslant i \leqslant 8) \\ \sum_{i=1}^{8} u_i = 100 \\ u_i \leqslant 5w_i \quad (1 \leqslant i \leqslant 8) \\ x_i,\ y_i,\ z_i,\ w_i,\ u_i,\ v_{i1},\ v_{i2} \geqslant 0 \end{cases}$$

（12）设五种家具的产量分别为 x_1、x_2、x_3、x_4、x_5，则有：

$$\max z = 2.7x_1 + 3x_2 + 4.5x_3 + 2.5x_4 + 3x_5$$

$$\text{s. t.} \begin{cases} 3x_1 + 4x_2 + 6x_3 + 2x_4 + 3x_5 \leqslant 3600 \\ 4x_1 + 3x_2 + 5x_3 + 6x_4 + 4x_5 \leqslant 3950 \\ 2x_1 + 3x_2 + 3x_3 + 4x_4 + 3x_5 \leqslant 2800 \\ x_1,\ x_2,\ x_3,\ x_4,\ x_5 \geqslant 0 \end{cases}$$

（13）设 x_j（$j=1$，2，3，4，5）为每千克混合饲料中所含五种饲料的重量，则有：

$$\min f = 2x_1 + 6x_2 + 5x_3 + 4x_4 + 3x_5$$

$$\text{s. t.} \begin{cases} 0.50x_1 + 2.00x_2 + 3.00x_3 + 1.50x_4 + 0.80x_5 \geqslant 85 \\ 0.10x_1 + 0.06x_2 + 0.04x_3 + 0.15x_4 + 0.20x_5 \geqslant 5 \\ 0.08x_1 + 0.70x_2 + 0.35x_3 + 0.25x_4 + 0.02x_5 \geqslant 18 \\ x_1,\ x_2,\ x_3,\ x_4,\ x_5 \geqslant 0 \end{cases}$$

（14）设 x_1 为产品 A 的售出量，x_2 为 A 在第二车间加工后的售出量，x_3 为产品 B 的售出量，x_4 为 B 在第三车间加工后的售出量，x_5 为第一车间所用的原料数量，则有：

$$\max z = 8x_1 + 9.5x_2 + 7x_3 + 8x_4 - 2.75x_5$$

$$\text{s. t.} \begin{cases} x_5 \leqslant 100000 \\ 3x_2 + 2x_4 + 1.5x_5 \leqslant 200000 \\ x_1 + x_2 - 3x_5 = 0 \\ x_3 + x_4 - 2x_5 = 0 \\ x_1,\ x_2,\ x_3,\ x_4,\ x_5 \geqslant 0 \end{cases}$$

（15）设 x_{ij}为第 i 种投资方案在第 j 年的投资额（$i=1$，2，…，6；$j=1$，2，…，5），则有：

$$\max z = 1.2x_{14} + 1.3x_{23} + 1.7x_{42} + 1.02x_{65}$$

$$\text{s. t.} \begin{cases} x_{11} + x_{21} + x_{31} + x_{61} = 300000 \\ x_{12} + x_{22} + x_{32} + x_{42} + x_{62} = 1.02x_{61} \\ x_{42} \leqslant 100000 \\ x_{13} + x_{23} + x_{63} = 1.2x_{11} + 1.02x_{62} \\ x_{14} + x_{54} + x_{64} = 1.2x_{12} + 1.3x_{21} + 1.02x_{63} \\ x_{65} = 1.2x_{13} + 1.3x_{22} + 1.4x_{31} + 1.4x_{54} + 1.02x_{64} \\ x_{1j} \leqslant 150000 \quad (j = 1, 2, 3, 4) \\ x_{54} \leqslant 200000 \\ x_{ij} \geqslant 0 \end{cases}$$

（16）设 $x_j(j=1, 2, 3, 4)$ 为第 j 种产品的生产数量，则有：

$$\max z = 49x_1 + 55x_2 + 38x_3 + 52x_4 - 27.5x_1 - 32.5x_2 - 29.6x_3 - 25x_4$$

$$\text{s. t.} \begin{cases} \frac{x_1}{10} + \frac{x_2}{20} + \frac{x_4}{20} \leqslant 150 \\ \frac{x_1}{20} + \frac{x_3}{10} + \frac{x_4}{10} \leqslant 120 \\ \frac{x_2}{10} + \frac{x_3}{15} \leqslant 70 \\ x_1, x_2, x_3, x_4 \geqslant 0 \end{cases}$$

其中 $49=65-16$ ；$27.5=200/10+150/20$ ，以此类推。

3.

（1）有唯一最优解，$z^*=6$，$x_1=0$，$x_2=3$。

（2）有可行解，但 $\max z$ 无界。

（3）有唯一最优解，$f^*=9/2$，$x_1=3/2$，$x_2=1/2$。

（4）无可行解。

（5）有无穷多个最优解，$z^*=66$。

（6）有唯一最优解，$z^*=15$，$x_1=5$，$x_2=10$。

4.

（1）$z^*=25$，$x_1=15$，$x_2=5$，$x_3=0$。

（2）有无穷多个最优解，例如 $x_1=4$，$x_2=0$，$x_3=0$；或 $x_1=0$，$x_2=0$，$x_3=8$ 等，此时 $z^*=8$。

（3）$z^*=5.4$，$x_1=0.2$，$x_2=0$，$x_3=1.6$。

（4）$z^*=6.5$，$x_1=1$，$x_2=1$，$x_3=0.5$，$x_4=0$。

（5）$z^*=15$，$x_1=2.5$，$x_2=2.5$，$x_3=2.5$，$x_4=0$。

（6）$z^*=260$，$x_1=6$，$x_2=2$，$x_3=0$。

（7）无可行解。

（8）$z^*=0$，$x_1=0$，$x_2=0$，$x_3=4$，$x_4=0$。

（9）$z^*=7.08$，$x_1=0$，$x_2=0$，$x_3=1.35$，$x_4=0.21$。

（10）$z^* = 70$，$x_1 = 16$，$x_2 = 0$，$x_3 = -10$。

（11）$z^* = 35.6$，$x_1 = 9.8$，$x_2 = 4.2$，$x_3 = 0$，$x_4 = 3.4$。

（12）$z^* = 46$，$x_1 = 14$，$x_2 = 0$，$x_3 = -4$。

5.

（1）$d \geqslant 0$，$c_1 < 0$，$c_2 < 0$。

（2）$d \geqslant 0$，$c_1 \leqslant 0$，$c_2 \leqslant 0$，但 c_1、c_2 中至少有一个为零。

（3）$d = 0$，或 $d > 0$，而 $c_1 > 0$，且 $d/4 = 3/a_2$。

（4）$c_1 > 0$，$d/4 > 3/a_2$。

（5）$c_2 > 0$，$a_1 \leqslant 0$。

（6）x_5 为人工变量，且 $c_1 \leqslant 0$，$c_2 \leqslant 0$。

6. 设 x_1、x_2、x_3、x_4 分别表示早上 6 点、中午 12 点、下午 6 点、夜间 12 点开始上班的人数，则有：

（1）$\min f = x_1 + x_2 + x_3 + x_4$

$$\text{s. t.} \begin{cases} x_1 + x_4 \geqslant 19 \\ x_1 + x_2 \geqslant 21 \\ x_2 + x_3 \geqslant 18 \\ x_3 + x_4 \geqslant 16 \\ x_1,\ x_2,\ x_3,\ x_4 \geqslant 0 \end{cases}$$

（2）$\min f = 120\ (x_1 + x_2) + 100x_3 + 150x_4$

$$\text{s. t.} \begin{cases} x_1 + x_4 \geqslant 19 \\ x_1 + x_2 \geqslant 21 \\ x_2 + x_3 \geqslant 18 \\ x_3 + x_4 \geqslant 16 \\ x_1,\ x_2,\ x_3,\ x_4 \geqslant 0 \end{cases}$$

解得：（1）$z^* = 37$，$x_1 = 19$，$x_2 = 2$，$x_3 = 16$，$x_4 = 0$。

（2）$z^* = 4120$，$x_1 = 19$，$x_2 = 2$，$x_3 = 16$，$x_4 = 0$。

7.（1）$z^* = 440000$，$x_1 = 40$，$x_2 = 60$。

（2）$z^* = 380000$，$x_1 = 40$，$x_2 = 60$。

第三章

练习题及解答

练习题

1. 判断下列说法是否正确：

（1）任何线性规划问题都存在且有唯一的对偶问题。

（2）对偶问题的对偶问题一定是原问题。

（3）若线性规划的原问题和其对偶问题都有最优解，则最优解一定相等。

（4）对于线性规划的原问题和其对偶问题，若其中一个有最优解，另一个也一定有最优解。

（5）若线性规划的原问题有无穷多个最优解时，其对偶问题也有无穷多个最优解。

（6）已知在线性规划的对偶问题的最优解中，对偶变量 $y_i^* > 0$，说明在最优生产计划中第 i 种资源已经完全用尽。

（7）已知在线性规划的对偶问题的最优解中，对偶变量 $y_i^* = 0$，说明在最优生产计划中第 i 种资源一定还有剩余。

（8）对于 a_{ij}、c_j、b_i 来说，每一个都有有限的变化范围，当其改变超出了这个范围之后，线性规划的最优解就会发生变化。

（9）若某种资源的影子价格为 $\bar{u}$，则在其他资源数量不变的情况下，该资源增加 k 个单位，相应的目标函数值增加 $k\bar{u}$。

（10）应用对偶单纯形法计算时，若单纯形表中某一基变量 $x_i < 0$，且 x_i 所在行的所有元素都大于或等于零，则其对偶问题具有无界解。

2. 写出下列线性规划的对偶问题：

（1）$\max z = 3x_1 + 2x_2 + x_3$

$$\text{s. t.} \begin{cases} x_1 + x_2 + 2x_3 \leqslant 5 \\ 4x_1 + 2x_2 - x_3 \leqslant 7 \\ 3x_1 + 2x_2 + x_3 \leqslant 9 \\ x_1,\ x_2,\ x_3 \geqslant 0 \end{cases}$$

（2）$\max z = 2x_1 + 2x_2 + 3x_3 + x_4$

$$\text{s. t.} \begin{cases} x_1 + x_2 + x_3 + x_4 \leqslant 12 \\ 2x_1 - x_2 + 3x_3 = -1 \\ x_1 - x_3 + x_4 \geqslant 3 \\ x_1,\ x_2 \geqslant 0,\ x_3,\ x_4 \text{ 无约束} \end{cases}$$

(3) $\min f = x_1 - 2x_2 - 3x_3$

$$\text{s. t.} \begin{cases} 3x_1 - x_2 + 2x_3 \leqslant 5 \\ 2x_1 - 4x_2 - x_3 \geqslant 7 \\ -x_1 + 2x_2 + 4x_3 = 10 \\ x_1, x_2 \geqslant 0, x_3 \text{ 无约束} \end{cases}$$

(4) $\min f = x_1 + x_2 + 2x_3$

$$\text{s. t.} \begin{cases} 2x_1 + x_2 + 2x_3 \leqslant 7 \\ 2x_1 - 3x_2 - x_3 = 5 \\ -3x_1 + 5x_2 - 4x_3 \geqslant 3 \\ x_1, x_2 \geqslant 0, x_3 \text{ 无约束} \end{cases}$$

(5) $\max z = 7x_1 - 4x_2 + 3x_3$

$$\text{s. t.} \begin{cases} 4x_1 + 2x_2 - 6x_3 \leqslant 24 \\ 3x_1 - 6x_2 - 4x_3 \geqslant 15 \\ 5x_2 + 3x_3 = 30 \\ x_1 \geqslant 0, x_3 \leqslant 0, x_2 \text{ 无约束} \end{cases}$$

(6) $\min f = 5x_1 - 4x_2 + 3x_3$

$$\text{s. t.} \begin{cases} 2x_1 + 7x_3 \geqslant 8 \\ 8x_1 + 5x_2 - 4x_3 \leqslant 15 \\ 4x_2 + 6x_3 = 30 \\ x_2, x_3 \geqslant 0, x_1 \text{ 无约束} \end{cases}$$

3. 用对偶单纯形法求解下列线性规划问题:

(1) $\min f = 3x_1 + 2x_2 + x_3$

$$\text{s. t.} \begin{cases} x_1 + x_2 + x_3 \leqslant 6 \\ x_1 - x_3 \geqslant 4 \\ x_2 - x_3 \geqslant 3 \\ x_1, x_2, x_3 \geqslant 0 \end{cases}$$

(2) $\max z = 2x_1 + 2x_2 + 4x_3$

$$\text{s. t.} \begin{cases} 2x_1 + 3x_2 + 5x_3 \geqslant 2 \\ 3x_1 + x_2 + 7x_3 \leqslant 3 \\ x_1 + 4x_2 + 6x_3 \leqslant 5 \\ x_1, x_2, x_3 \geqslant 0 \end{cases}$$

(3) $\min f = 12x_1 + 8x_2 + 16x_3 + 12x_4$

$$\text{s. t.} \begin{cases} 2x_1 + 2x_2 + 4x_3 \geqslant 2 \\ 2x_1 + 2x_2 + 4x_4 \geqslant 3 \\ x_1, x_2, x_3, x_4 \geqslant 0 \end{cases}$$

(4) $\min f = 5x_1 + 2x_2 + 4x_3$

$$\text{s. t.} \begin{cases} 3x_1 + x_2 + 2x_4 \geqslant 7 \\ 6x_1 + 3x_2 + 5x_3 \geqslant 12 \\ x_1, x_2, x_3 \geqslant 0 \end{cases}$$

4. 对下列问题求最优解、相应的影子价格及保持最优解不变时 c_j 与 b_i 的变化范围。

(1) $\max z = x_1 + x_2 + 3x_1$

$$\text{s. t.} \begin{cases} 2x_1 + x_2 + 2x_3 \leqslant 2 \\ 3x_1 + 2x_2 + x_3 \leqslant 3 \\ x_1, x_2, x_3 \geqslant 0 \end{cases}$$

（2）$\max z = 9x_1 + 8x_2 + 50x_3 + 19x_4$

$$\text{s. t.} \begin{cases} 3x_1 + 2x_2 + 10x_3 + 4x_4 \leqslant 18 \\ 4x_3 + x_4 \leqslant 6 \\ x_1,\ x_2,\ x_3,\ x_4 \geqslant 0 \end{cases}$$

（3）$\max z = x_1 + 4x_2 + 3x_3$

$$\text{s. t.} \begin{cases} 2x_1 + 2x_2 + x_3 \leqslant 4 \\ x_1 + 2x_2 + 2x_3 \leqslant 6 \\ x_1,\ x_2,\ x_3 \geqslant 0 \end{cases}$$

（4）$\max z = 2x_1 + 3x_2 + 5x_3$

$$\text{s. t.} \begin{cases} 2x_1 + 2x_2 + 3x_3 \leqslant 12 \\ x_1 + 2x_2 + 2x_3 \leqslant 18 \\ 4x_1 + 6x_3 \leqslant 16 \\ 4x_2 + 3x_3 \leqslant 12 \\ x_1,\ x_2,\ x_3 \geqslant 0 \end{cases}$$

5. 已知表 2-3-1 为求解某线性规划问题的最终单纯形表，表中 x_4、x_5 为松弛变量，问题的约束为≤形式。试：

（1）写出原线性规划问题。

（2）写出原问题的对偶问题。

（3）直接由表写出对偶问题的最优解。

表　2-3-1

		x_1	x_2	x_3	x_4	x_5
x_3	5/2	0	1/2	1	1/2	0
x_1	5/2	1	-1/2	0	-1/6	1/3
$c_j - z_j$		0	-4	0	-4	-2

6. 某厂利用原料 A、B 生产甲、乙、丙三种产品，已知生产单位产品所需原料数、单件利润及有关数据如表 2-3-2 所示，分别回答下列问题：

（1）建立线性规划模型，求该厂获利最大的生产计划。

（2）若产品乙、丙的单件利润不变，产品甲的利润在什么范围变化，上述最优解不变？

（3）若有一种新产品丁，其原料消耗定额：A 为 3 单位，B 为 2 单位，单件利润为 2.5 单位。问该种产品是否值得安排生产，并求新的最优计划。

（4）若原料 A 市场紧缺，除拥有量外一时无法购进，而原材料 B 如数量不足可去市场购买，单价为 0.5，问该厂应否购买？以购进多少为宜？

（5）由于某种原因该厂决定暂停甲产品的生产，试重新确定该厂的最优生产计划。

7. 某厂生产甲、乙、丙三种产品，分别经过 A、B、C 三种设备加工。已知生产单位产品所需的设备台时数、设备的现有加工能力及每件产品的利润如表 2-3-3 所示。试：

表 2-3-2

	甲	乙	丙	原料拥有量
A	6	3	5	45
B	3	4	5	30
单件利润	4	1	5	

（1）建立线性规划模型，求该厂获利最大的生产计划。

（2）产品丙每件的利润增加到多大时才值得安排生产？如产品丙每件的利润增加到 50/6，求最优生产计划。

表 2-3-3

	甲	乙	丙	设备台时/h
A	1	1	1	100
B	10	4	5	600
C	2	2	6	300
单位产品利润/元	10	6	4	

（3）产品甲的利润在多大范围内变化时原最优计划保持不变？

（4）设备 A 的能力如为 $100+10\theta$，确定保持原最优基不变的 θ 的变化范围。

（5）如有一种新产品丁，加工一件需设备 A、B、C 的台时各为 1h、4h、3h，预期每件的利润为 8 元，是否值得安排生产？

（6）如合同规定该厂至少生产 10 件产品丙，试确定最优计划的变化。

练习题解答

1.（1）√；（2）√；（3）×；（4）√；（5）√；（6）√；（7）×；（8）×；（9）×；（10）×。

2.（1）$\min f=5y_1+7y_2+9y_3$

$$\text{s.t.}\begin{cases} y_1+4y_2+3y_3\geqslant 3 \\ y_1+2y_2+2y_3\geqslant 2 \\ 2y_1-y_2+y_3\geqslant 1 \\ y_1,\ y_2,\ y_3\geqslant 0 \end{cases}$$

（2）$\min f=12y_1-y_2+3y_3$

$$\text{s.t.}\begin{cases} y_1+2y_2+y_3\geqslant 2 \\ y_1-y_2\geqslant 2 \\ y_1+3y_2-y_3=3 \\ y_1+y_3=1 \\ y_1\geqslant 0,\ y_3\leqslant 0,\ y_2\text{ 无约束} \end{cases}$$

（3）$\max z=5y_1+7y_2+10y_3$

$$\text{s.t.}\begin{cases}3y_1+2y_2-y_3\leqslant 1\\-y_1-4y_2+2y_3\leqslant -2\\2y_1-y_2+4y_3=-3\\y_1\leqslant 0,\ y_2\geqslant 0,\ y_3\text{ 无约束}\end{cases}$$

（4）$\max z=6y_1+5y_2+3y_3$

$$\text{s.t.}\begin{cases}2y_1+2y_2-3y_3\leqslant 1\\y_1-3y_2+5y_3\leqslant 1\\2y_1-y_2-4y_3=2\\y_1\leqslant 0,\ y_2\text{ 无约束},\ y_3\geqslant 0\end{cases}$$

（5）$\min f=24y_1+15y_2+30y_3$

$$\text{s.t.}\begin{cases}4y_1+3y_2\geqslant 7\\2y_1-6y_2+5y_3=-4\\-6y_1-4y_2+3y_3\leqslant 3\\y_1\geqslant 0,\ y_2\leqslant 0,\ y_3\text{ 无约束}\end{cases}$$

（6）$\max z=8y_1+15y_2+30y_3$

$$\text{s.t.}\begin{cases}2y_1+8y_2=5\\5y_2+4y_3\leqslant -4\\7y_1-4y_2+6y_3\leqslant 3\\y_1\geqslant 0,\ y_2\leqslant 0,\ y_3\text{ 无约束}\end{cases}$$

3.（1）用对偶单纯形法求得的最终单纯形表如表 2-3-4 所示。

表 2-3-4

			x_1	x_2	x_3	x_4	x_5	x_6
0	x_4	−1	0	0	1	1	1	1
−3	x_1	4	1	0	−1	0	−1	0
−2	x_2	3	0	1	−1	0	0	−1
c_j-f_j			0	0	−6	0	−3	−2

由于基变量 x_4 所在行的 a_{ij} 值全为非负，故问题无可行解。

（2）最优解为：$z^*=2.8$，$\boldsymbol{x}=(0.2,\ 1.2,\ 0)^{\mathrm{T}}$。

（3）最优解为：$f^*=14$，$\boldsymbol{x}=(0.5,\ 1,\ 0,\ 0)^{\mathrm{T}}$。

（4）最优解为：$f^*=\frac{32}{3}$，$\boldsymbol{x}=(\frac{4}{3},\ 2,\ 0)^{\mathrm{T}}$。

4. 用单纯形法求得的最终单纯形表分别如表 2-3-5～表 2-3-8 所示。

(1)

表 2-3-5

c_j			1	1	3	0	0
c_B	x_B	b'	x_1	x_2	x_3	x_4	x_5
3	x_3	1	1	0.5	1	0.5	0
0	x_5	2	2	1.5	0	-0.5	1
z_j		3	3	1.5	3	1.5	0
$c_j - z_j$			-2	-0.5	0	-1.5	0

由表2-3-5可以看出，资源1的影子价格为1.5，资源2的影子价格为0，且$-\infty < c_1 \leqslant 3$，$-\infty < c_2 \leqslant 1.5$，$2 \leqslant c_3 < +\infty$；$0 \leqslant b_1 \leqslant 6$，$1 \leqslant b_2 \leqslant +\infty$。

(2)

表 2-3-6

c_j			9	8	50	19	0	0
c_B	x_B	b'	x_1	x_2	x_3	x_4	x_5	x_6
19	x_4	2	2	4/3	0	1	2/3	-5/3
50	x_3	1	-0.5	-1/3	1	0	-1/6	2/3
z_j		3	13	26/3	50	19	13/3	5/3
$c_j - z_j$			-4	-2/3	0	0	-13/3	-5/3

由表2-3-6可以看出，资源1的影子价格为13/3，资源2的影子价格为5/3，且$-\infty < c_1 \leqslant 13$，$-\infty \leqslant c_2 \leqslant 26/3$，$47.5 \leqslant c_3 \leqslant 52$，$18.5 \leqslant c_4 \leqslant 20$；$15 \leqslant b_1 \leqslant 24$，$4.5 \leqslant b_2 \leqslant 7.2$。

(3)

表 2-3-7

c_j			1	4	3	0	0
c_B	x_B	b'	x_1	x_2	x_3	x_4	x_5
4	x_2	1	1.5	1	0	1	-0.5
3	x_3	2	-1	0	1	-1	1
z_j		10	3	4	3	1	1
$c_j - z_j$			-2	0	0	-1	-1

由表2-3-7可以看出，资源1的影子价格为1，资源2的影子价格为1，且$-\infty < c_1 \leqslant 3$，$3 \leqslant c_2 \leqslant 6$，$2 \leqslant c_3 \leqslant 4$；$3 \leqslant b_1 \leqslant 6$，$4 \leqslant b_2 \leqslant 8$。

(4)

表 2-3-8

c_j			2	3	5	0	0	0	0
c_B	x_B	b'	x_1	x_2	x_3	x_4	x_5	x_6	x_7
0	x_4	1	0	0	0	1	-3/2	-1/8	1/4
2	x_1	1	1	0	0	0	3/2	-1/8	-3/4
5	x_3	2	0	0	1	0	-1	1/4	1/2
3	x_2	3/2	0	1	0	0	3/4	-3/16	-1/8
z_j		16.5	2	3	5	0	1/4	7/16	5/8
$c_j - z_j$			0	0	0	0	-1/4	-7/16	-5/8

由表 2-3-8 可以看出，资源 1 的影子价格为 0，资源 2 的影子价格为 1/4，资源 3 的影子价格为 7/16，资源 4 的影子价格为 5/8，且 $1.833 \leqslant c_1 \leqslant 2.833$，$8/3 \leqslant c_2 \leqslant 16/3$，$15/4 \leqslant c_3 \leqslant 21/4$；$11 \leqslant b_1 < +\infty$，$22/3 \leqslant b_2 \leqslant 26/3$，$8 \leqslant b_3 \leqslant 24$，$8 \leqslant b_4 \leqslant 40/3$。

5. (1) 原线性规划问题为

$$\max z = 6x_1 - 2x_2 + 10x_3$$

$$\text{s.t.} \begin{cases} x_1 + 2x_2 \leqslant 5 \\ 3x_1 - x_2 + x_3 \leqslant 10 \\ x_1, x_2, x_3 \geqslant 0 \end{cases}$$

(2) 原问题的对偶规划问题为

$$\min f = 5y_1 + 10y_2$$

$$\text{s.t.} \begin{cases} 3y_2 \geqslant 6 \\ y_1 - y_2 \geqslant -2 \\ 2y_1 + y_2 \geqslant 10 \\ y_1, y_2 \geqslant 0 \end{cases}$$

(3) 对偶规划问题的最优解为：$\boldsymbol{y}^* = (4, 2)$。

6. (1) 设 x_1、x_2、x_3 分别为产品甲、乙、丙的产量，其模型为

$$\max z = 4x_1 + x_2 + 5x_3$$

$$\text{s.t.} \begin{cases} 6x_1 + 3x_2 + 5x_3 \leqslant 45 \\ 3x_1 + 4x_2 + 5x_3 \leqslant 30 \\ x_1, x_2, x_3 \geqslant 0 \end{cases}$$

得此问题的最终单纯形表如表 2-3-9 所示。

表　2-3-9

c_j			4	1	5	0	0
c_B	x_B	b'	x_1	x_2	x_3	x_4	x_5
4	x_1	5	1	-1/3	0	1/3	-1/3
5	x_3	3	0	1	1	-0.2	0.4
z_j		35	4	11/3	5	1/3	2/3
$c_j - z_j$			0	-8/3	0	-1/3	-2/3

可得 $x^* = (5, 0, 3)^T$，$z^* = 35$。

（2）产品甲的利润变化范围为 [3，6]。

（3）安排生产丁有利，新最优计划为生产产品丁 15 件，而 $x_1 = x_2 = x_3 = 0$。

（4）购进原料 B 15 单位为宜。

（5）新计划为：$x^* = (0, 0, 6)^T$，$z^* = 30$。

7.（1）设 x_1、x_2、x_3 分别为产品甲、乙、丙的产量，其模型为

$$\max z = 10x_1 + 6x_2 + 4x_3$$

$$\text{s.t.} \begin{cases} x_1 + x_2 + x_3 \leqslant 100 \\ 10x_1 + 4x_2 + 5x_3 \leqslant 600 \\ 2x_1 + 2x_2 + 6x_3 \leqslant 300 \\ x_1, x_2, x_3 \geqslant 0 \end{cases}$$

得此问题的最终单纯形表如表 2-3-10 所示。

表　2-3-10

c_j			10	6	4	0	0	0
c_B	x_B	b'	x_1	x_2	x_3	x_4	x_5	x_6
6	x_2	200/3	0	1	5/6	5/3	-1/6	0
10	x_1	100/3	1	0	1/6	-2/3	1/6	0
0	x_6	100	0	0	4	-2	0	1
z_j		2200/3	10	6	20/3	10/3	2/3	0
$c_j - z_j$			0	0	-8/3	-10/3	-2/3	0

可得 $x^* = \left(\frac{100}{3}, \frac{200}{3}, 0\right)^T$，$z^* = \frac{2200}{3}$。

（2）$x^* = \left(\frac{175}{6}, \frac{275}{6}, 25\right)^T$。

（3）$6 \leqslant c_1 \leqslant 15$。

（4）$-4 \leqslant \theta \leqslant 5$。

（5）该产品值得安排生产。

（6）$x^* = \left(\frac{95}{3}, \frac{175}{3}, 10\right)^T$。

第四章

练习题及解答

练习题

1. 判断下列说法是否正确：

（1）运输问题模型是一种特殊的线性规划模型，所以运输问题也可以用单纯形法求解。

（2）因为运输问题是一种特殊的线性规划模型，因而求其解也可能出现下列四种情况：有唯一最优解；有无穷多个最优解；无界解；无可行解。

（3）在运输问题中，只要给出一组（$m+n-1$）个非零的 $\{x_{ij}\}$，且满足：

$$\sum_{j=1}^{n} x_{ij} = a_i, \sum_{i=1}^{m} x_{ij} = b_j$$

就可以作为一个基本可行解。

（4）表上作业法实质上就是求解运输问题的单纯形法。

（5）按最小元素法或元素差额法给出的初始基本可行解，从每一空格出发都可以找到一闭回路，且此闭回路是唯一的。

（6）如果运输问题单位运价表的某一行（或某一列）元素分别加上一个常数 k，最优调运方案将不会发生变化。

（7）如果运输问题单位运价表的某一行（或某一列）元素分别乘上一个常数 k，最优调运方案将不会发生变化。

（8）用位势法计算检验数时，先从某一行（或列）开始，给出第一个位势的值，这个先给出的位势值必须是正的。

（9）用位势法计算检验数时，每一行（或列）的位势的值是唯一的，所以每一个空格的检验数是唯一的。

（10）当所有产地的产量和销地的销量都是整数时，运输问题的最优解也是整数。

2. 求解下列产销平衡的运输问题，表 2-4-1 中列出的为产地到销地之间的运价。

（1）用西北角法、最小元素法、沃格尔法求初始基本可行解。

（2）由上面所得的初始方案出发，应用表上作业法求最优方案，并比较初始方案需要的迭代次数。

表　2-4-1

产地	销地				产量
	B_1	B_2	B_3	B_4	
1	3	11	3	12	7
2	1	9	2	8	4
3	7	4	10	5	9
销量	3	6	5	6	20

3. 用表上作业法求表 2-4-2 ~ 表 2-4-7 中产销平衡的运输问题的最优解（表中数字为产地到销地的运价，M 为任意大的正数，表示不可能有运输通道）。

（1）

表　2-4-2

产地	销地				产量
	甲	乙	丙	丁	
1	10	5	6	7	25
2	8	2	7	6	25
3	9	3	4	8	50
销量	15	20	30	35	100

（2）

表　2-4-3

产地	销地				产量
	甲	乙	丙	丁	
1	7	9	5	2	17
2	3	5	8	6	15
3	4	3	10	4	23
销量	10	15	20	10	55

（3）

表　2-4-4

产地	销地					产量
	甲	乙	丙	丁	戊	
1	2	5	4	5	3	30
2	3	4	1	7	5	20
3	2	1	9	8	7	20
4	5	4	3	6	8	30
销量	10	15	25	20	30	100

(4)

表 2-4-5

销地	产地					销量
	甲	乙	丙	丁	戊	
1	7	2	1	6	7	20
2	4	6	7	*M*	6	20
3	5	7	*M*	3	7	10
4	8	8	6	2	6	15
产量	10	15	12	10	18	65

(5)

表 2-4-6

销地	产地					销量
	甲	乙	丙	丁	戊	
1	10	12	11	12	7	10
2	6	10	9	11	10	11
3	5	9	12	12	11	10
产量	5	6	5	7	8	31

(6)

表 2-4-7

销地	产地					销量
	甲	乙	丙	丁	戊	
1	8	6	3	7	5	30
2	6	*M*	8	4	7	40
3	10	3	19	6	8	30
产量	25	25	20	10	20	100

4. 用表上作业法求表 2-4-8 ~ 表 2-4-11 中产销不平衡的运输问题的最优解（表中数字为产地到销地的里程，*M* 为任意大的正数，表示不可能有运输通道）。

(1)

表 2-4-8

销地	产地					销量
	甲	乙	丙	丁	戊	
1	10	16	23	17	22	100
2	13	*M*	18	14	16	120
3	0	3	19	16	*M*	140
4	9	11	23	8	19	80
5	24	28	36	30	34	60
产量	100	120	100	60	80	

（2）

表　2-4-9

销地	产地					销量
	甲	乙	丙	丁	戊	
1	10	4	10	7	5	80
2	7	M	4	4	7	40
3	8	5	12	6	8	60
产量	50	40	30	60	20	

（3）

表　2-4-10

销地	产地						销量
	甲	乙	丙	丁	戊	己	
1	M	21	14	11	28	13	100
2	3	6	11	3	12	M	120
3	9	11	M	18	19	24	160
产量	90	70	80	50	70	60	

（4）

表　2-4-11

销地	产地					销量
	甲	乙	丙	丁	戊	
1	7	3	9	4	11	30
2	4	2	5	6	10	24
3	6	8	12	2	5	36
产量	12	18	21	14	15	

5. 某农民承包了5块土地共206亩（1亩 $=666.\dot{6}\ \mathrm{m}^2$），打算种植小麦、玉米和蔬菜三种农作物，各种农作物的计划播种面积（单位：亩）以及每块土地种植各种不同的农作物的亩产数量（单位：kg）如表2-4-12所示，试问怎样安排种植计划可使总产量达到最高？

表　2-4-12

农作物种类	土地块别					计划播种面积/亩
	甲	乙	丙	丁	戊	
小麦	500	600	650	1050	800	86
玉米	850	800	700	900	950	70
蔬菜	1000	950	850	550	700	50
土地亩数/亩	36	48	44	32	46	

练习题解答

1. (1) ✓; (2) ×; (3) ×; (4) ✓; (5) ✓; (6) ✓; (7) ×; (8) ×; (9) ×; (10) ✓。

2. (1) 西北角法：求解结果如表 2-4-13 所示，运费为 $z=135$ 。

表 2-4-13

产地	销地				产量
	B_1	B_2	B_3	B_4	
1	3	4			7
2		2	2		4
3			3	6	9
销量	3	6	5	6	20

最小元素法：求解结果如表 2-4-14 所示，运费为 $z = 92$。

表 2-4-14

产地	销地				产量
	B_1	B_2	B_3	B_4	
1			4	3	7
2	3		1		4
3		6		3	9
销量	3	6	5	6	20

沃格尔法：求解结果如表 2-4-15 所示，运费 $z = 85$。

表 2-4-15

产地	销地				产量
	B_1	B_2	B_3	B_4	
1	2		5		7
2	1			3	4
3		6		3	9
销量	3	6	5	6	20

(2) 求解结果如表 2-4-16 所示，最优调运方案：最少运费 $z = 85$。

表 2-4-16

产地	销地				产量
	B_1	B_2	B_3	B_4	
1	2		5		7
2	1			3	4
3		6		3	9
销量	3	6	5	6	20

3. 各题的最优调运方案如下：

（1）求解结果如表 2-4-17 所示，最少运费为：535。

表　2-4-17

产地	销地				产量
	甲	乙	丙	丁	
1				25	25
2		15		10	25
3	15	5	30		50
销量	15	20	30	35	100

（2）求解结果如表 2-4-18 所示，最少运费为：226。

表　2-4-18

产地	销地				产量
	甲	乙	丙	丁	
1			15	2	17
2	10		5		15
3		15		8	23
销量	10	15	20	10	55

（3）求解结果如表 2-4-19 所示，最少运费为：295。

表　2-4-19

产地	销地					产量
	甲	乙	丙	丁	戊	
1					30	30
2	5		15			20
3	5	15				20
4			10	20	0	30
销量	10	15	25	20	30	100

（4）求解结果如表 2-4-20 所示，最少运费为：248。

表　2-4-20

销地	产地					销量
	甲	乙	丙	丁	戊	
1		8	12			20
2	10				10	20
3		7			3	10
4				10	5	15
产量	10	15	12	10	18	65

（5）求解结果如表 2-4-21 所示，最少运费为：260。

表　2-4-21

销地	产地					销量
	甲	乙	丙	丁	戊	
1				2	8	10
2		1	5	5		11
3	5	5				10
产量	5	6	5	7	8	31

（6）求解结果如表 2-4-22 所示，最少运费为：450。

表　2-4-22

销地	产地					销量
	甲	乙	丙	丁	戊	
1			20		10	30
2	25			10	5	40
3	0	25			5	30
产量	25	25	20	10	20	100

4. 各题的最优调运方案如下：

（1）求解结果如表 2-4-23 所示，最短运程为：5240。

表　2-4-23

销地	产地						销量
	甲	乙	丙	丁	戊	己	
1	60		40				100
2			40		80		120
3	40	100					140
4		20		60			80
5			20			40	60
产量	100	120	100	60	80		

（2）求解结果如表 2-4-24 所示，最短运程为：980。

表　2-4-24

销地	产地					销量
	甲	乙	丙	丁	戊	
1		40		20	20	80
2			30	10		40
3	30			30		60
4	20					
产量	50	40	30	60	20	

（3）求解结果如表 2-4-25 所示，最短运程为：3870。

表　2-4-25

销地	产地						销量
	甲	乙	丙	丁	戊	己	
1			40			60	100
2			40	50	30		120
3	90	70					160
4					40		
产量	90	70	80	50	70	60	

（4）求解结果如表 2-4-26 所示，最短运程为：330。

表　2-4-26

销地	产地						销量
	甲	乙	丙	丁	戊	己	
1	2	18				10	30
2	3		21				24
3	7			14	15		36
产量	12	18	21	14	15		

5. 求解结果如表 2-4-27 所示，最优种植计划为：最高总产量为 180900kg。

表　2-4-27

农作物种类	土地块别					计划播种面积/亩
	甲	乙	丙	丁	戊	
小麦			44	32	10	86
玉米		34			36	70
蔬菜	36	14				50
土地亩数/亩	36	48	44	32	46	

第五章

练习题及解答

练习题

1. 判断下列说法是否正确：

（1）动态规划分为线性动态规划和非线性动态规划。

（2）动态规划只是用来解决和时间有关的问题。

（3）对于一个动态规划问题，应用顺推法和逆推法可能会得到不同的最优解。

（4）在用动态规划解题时，定义状态时应保证各个阶段中所做的决策的相互独立性。

（5）在动态规划模型中，问题的阶段等于问题的子问题的数目。

（6）动态规划计算中的“维数障碍”，主要是由问题中阶段数的急剧增加而引起的。

2. 计算图 2-5-1 所示从 A 到 E 的最短路线及最短路程。

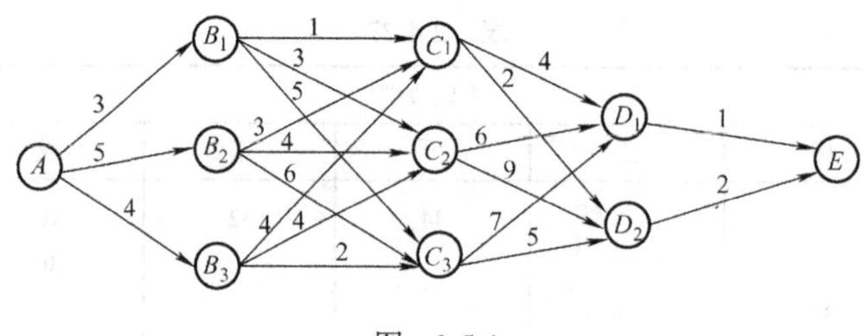

图　2-5-1

3. 计算图 2-5-2 所示从 A 到 E 的最短路线及最短路程。

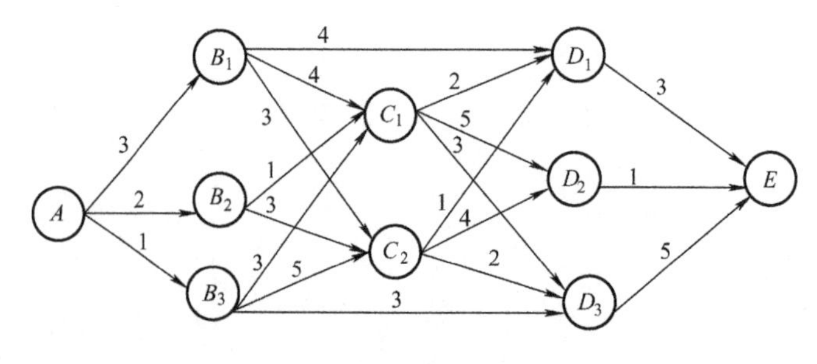

图　2-5-2

4. 计算从 A 到 B、C、D 的最短路线及最短路程。已知各线段的长度如图 2-5-3 所示。

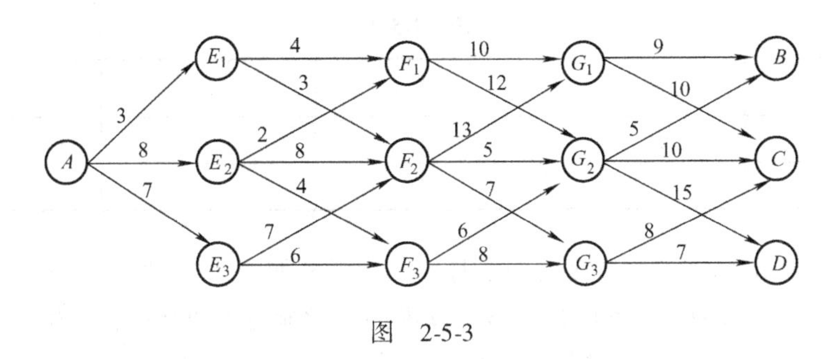

图　2-5-3

5. 设某油田要向一炼油厂用管道供应油料，管道铺设途中要经过八个城镇，各城镇间的路程如图 2-5-4 所示，问应选择怎样的路线铺设，才能使总路程最短？

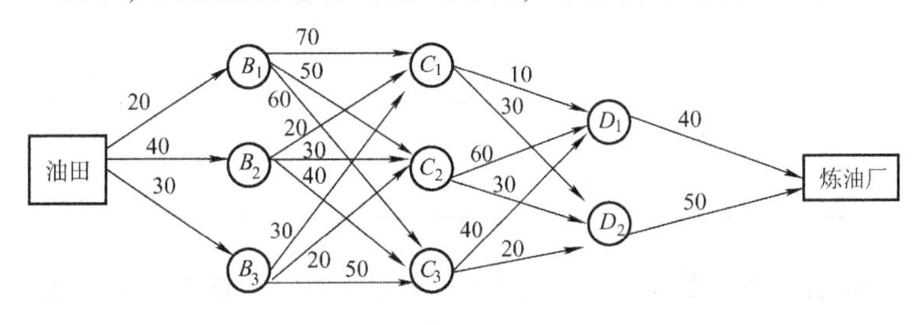

图　2-5-4

6. 某人外出旅游，需将三种物品装入背包，但背包重量有限制，总重量不超过 10kg。物品重量及其价值等数据如表 2-5-1 所示。试问每种物品装多少件，使整个背包的价值最大？

表　2-5-1

物品编号	1	2	3
单位重量/kg	3	4	5
单位价值/元	4	5	6
物品件数/件	x_1	x_2	x_3

7. 某人外出旅游，需将五件物品装入背包，但背包重量有限制，总重量不超过 13kg。物品重量及其价值如表 2-5-2 所示。试问如何装这些物品，使整个背包价值最大？

表　2-5-2

物 品	重量/kg	价值/元
A	7	9
B	5	4
C	4	3
D	3	2
E	1	0.5

8. 有一辆最大装载量为 17t 的载重货车，现有四种货物要装运，每种货物的单位重量和相应单位价值如表 2-5-3 所示，应如何装载可使总价值最大？

表 2-5-3

货物编号	1	2	3	4
单位重量/t	5	4	3	6
单位价值/千元	7	5	3.5	8

9. 某工厂根据市场需求预测今后四个月的交货任务如表 2-5-4 所示，表中数字为月底交货量，该厂的生产能力为每月 600 件，该厂仓库的存货能力为 300 件，每生产 100 件产品的费用为 1000 元。在进行生产的月份，工厂要固定支出 3000 元开工费。仓库保管费用为每 100 件 500 元。假定开始时和计划期末库存量都是零，试问应在各个月各生产多少件货物，才能既满足交货任务又使总费用最少？

表 2-5-4

月份	1	2	3	4
需求/百件	2	3	2	4

10. 某集团公司有四个单位的资金，要向下属三个子公司投资。由于条件不同，使用资金的效益也不同。具体数据如表 2-5-5 所示。为使此集团公司获得最大收益，试问每个子公司各投资多少单位资金？（表内数字为投资所获收益）

表 2-5-5

子公司	资金				
	0	1	2	3	4
1	0	1	4	5	6
2	0	2	3	5	7
3	0	3	4	6	6

11. 某公司有 500 台完好的机器可以在高、低两种不同的负荷下进行生产。在高负荷下进行生产时，每台机器每年可收入 50 万元，机器损坏率为 70%；在低负荷下进行生产时，每台机器每年可收入 30 万元，机器损坏率为 30%。估计五年后有新的机器出现，旧的机器将全部淘汰。要求制订一个五年计划，在每年开始时，决定如何分配完好的机器在两种不同负荷下生产的数量，使在五年内总产值最高，并计算每年初完好机器的台数。

12. 某工厂购进 100 台设备，准备生产 A、B 两种产品。如果生产产品 A，每台设备每年可收入 10 万元，但机器损坏率为 65%；如果生产产品 B，每台设备每年可收入 7 万元，机器损坏率为 40%。三年后的设备完好情况不计。试问应如何安排每年的生产，使三年的总收入最大？如果要求三年后有 20 台机器是完好的，则应如何安排每年的生产，使三年的总收入最大？

13. 某工厂有 5 个单位的能源要供给三个车间，供给方案及各车间获得能源后所产生的效益如表 2-5-6 所示，问应如何分配这些能源，使工厂的总收益最大？

表　2-5-6

车间	能源				
	0	1	2	3	4
1	0	5	6	—	—
2	0	—	8	9	12
3	0	3	—	—	—

注：表中的“—”表示没有此方案。

练习题解答

1. （1）×；（2）×；（3）×；（4）√；（5）√；（6）×。

2. 最短路线为：$A \xrightarrow{3} B_1 \xrightarrow{1} C_1 \xrightarrow{2} D_2 \xrightarrow{2} E$，最短路程为 8。

3. 最短路线为：$A \xrightarrow{2} B_2 \xrightarrow{1} C_1 \xrightarrow{2} D_1 \xrightarrow{3} E$，最短路程为 8。

4. 分别求出各最短路线和最短路程为：

$A \xrightarrow{3} E_1 \xrightarrow{3} F_2 \xrightarrow{5} G_2 \xrightarrow{5} B$，最短路程为 16。

$A \xrightarrow{3} E_1 \xrightarrow{3} F_2 \xrightarrow{5} G_2 \xrightarrow{10} C$　或 $A \xrightarrow{3} E_1 \xrightarrow{3} F_2 \xrightarrow{7} G_3 \xrightarrow{8} C$，最短路程为 21。

$A \xrightarrow{3} E_1 \xrightarrow{3} F_2 \xrightarrow{7} G_3 \xrightarrow{7} D$，最短路程为 20 。

5. 最短铺设路线有两条，分别是：

油田$\xrightarrow{40} B_2 \xrightarrow{20} C_1 \xrightarrow{10} D_1 \xrightarrow{40}$炼油厂，最短路程为 110。

油田$\xrightarrow{30} B_3 \xrightarrow{30} C_1 \xrightarrow{10} D_1 \xrightarrow{40}$炼油厂，最短路程为 110。

6. 最优解为装第一种物品 2 件，第二种物品 1 件，不装第三种物品，整个背包的最大价值为 13 元。

7. 最优解为装 A、B、E 各一件，重 13kg，最大价值为 13. 5 元。

8. 最优解为装第一种货物 1 件，第四种货物 2 件，最大价值为 23 千元。

9. 每月最佳生产货物数量如表 2-5-7 所示。

表　2-5-7

月 份	1	2	3	4
生产货物量/百件	2	5	0	4

总最低费用为 21 千元。

10. 最优投资方案为：第一子公司投资 2 个单位资金，其他两个子公司各投资 1 个单位资金。总收益为 9 个单位。

11. 最优生产计划为：前三年全部完好的机器都在低负荷下进行生产，最后两年全部完好的机器都在高负荷下进行生产。最高产值为：43997. 5 万元。每年年初完好机器台数如表 2-5-8所示。

表 2-5-8

第 i 年年初	1	2	3	4	5	第 5 年年底
完好机器台数/台	500	350	245	171.5	51.45	15.435
计算公式		500×0.7	350×0.7	245×0.7	171.5×0.3	51.45×0.3

注：在台数中出现小数，如第四年为 171.5，表示有一台机器在第四年年度中正常工作的时间为整个工作时间的1/2。其余以此类推。

12. 最优生产安排：第一年生产产品 B，第二年、第三年生产产品 A。三年最大总收入为 1510 万元。

若要求三年后完好机器数为 20 台，则最优生产安排为：第一年、第二年完好机器全部生产产品 B，第三年 29.6 台完好机器生产产品 B，6.4 台机器生产产品 A（有一台机器一年中 60% 的时间生产 B，40% 的时间生产产品 A）。三年最大总收入为 1391.2 万元。

13. 最优分配方案有三个：

（1）第一车间分配 2 个能源，第二车间分配 2 个能源，第三车间分配 1 个能源。

（2）第一车间分配 1 个能源，第二车间分配 3 个能源，第三车间分配 1 个能源。

（3）第一车间分配 1 个能源，第二车间分配 4 个能源，第三车间分配 0 个能源。

最大总收益都是 17 个单位。

第六章

练习题及解答

练习题

1. 判断下列说法是否正确：

（1）若到达排队系统的顾客为泊松流，则依次到达的两名顾客之间的间隔时间服从负指数分布。

（2）假如到达排队系统的顾客来自两个方面，分别服从泊松分布，则这两部分顾客合起来的顾客流仍为泊松分布。

（3）若两两顾客依次到达的间隔时间服从负指数分布，又将顾客按到达先后顺序排序，则第 1 名、3 名、5 名、7 名……顾客到达的间隔时间也服从负指数分布。

（4）对 $M/M/1$ 或 $M/M/s$ 的排队系统，服务完毕离开系统的顾客流也为泊松流。

（5）在排队系统中，一般假定对顾客服务时间的分布为负指数分布，这是因为通过对大量实际系统的统计研究，这样的假定比较合理。

（6）一个排队系统中，不管顾客到达和服务时间的情况如何，只要运行足够长的时间后，系统将进入稳定状态。

（7）排队系统中，顾客等待时间的分布不受排队服务规则的影响。

（8）在顾客到达及机构服务时间的分布相同的情况下，对容量有限的排队系统，顾客的平均等待时间少于允许队长无限的系统。

（9）在顾客到达分布相同的情况下，顾客的平均等待时间同服务时间分布的方差大小有关，当服务时间分布的方差越大时，顾客的平均等待时间就越长。

（10）在机器发生故障的概率及工人修复一台机器的时间分布不变的条件下，由 1 名工人看管 5 台机器，或由 3 名工人联合看管 15 台机器时，机器因故障等待工人维修的平均时间不变。

2. 某店有 1 名修理工人，顾客到达过程为泊松流，平均每小时 3 人，修理时间服从负指数分布，平均需要 19min，求：

（1）店内空闲的时间。

（2）有 4 个顾客的概率。

（3）至少有 1 个顾客的概率。

（4）店内顾客的平均数。

（5）等待服务的顾客的平均数。

（6）平均等待修理的时间。

（7）一个顾客在店内逗留时间超过 15min 的概率。

3. 设有一个医院门诊，只有 1 名值班医生。病人的到达过程为泊松流，平均到达时间间隔为 20min，诊断时间服从负指数分布，平均需要 12min，求：

（1）病人到来不用等待的概率。

（2）门诊部内顾客的平均数。

（3）病人在门诊部的平均逗留时间。

（4）若病人在门诊部内的平均逗留时间超过 1h，则医院方将考虑增加值班医生。问病人平均到达率为多少时，医院才会增加医生？

4. 某排队系统只有 1 名服务员，平均每小时有 4 名顾客到达，到达过程为泊松流，服务时间服从负指数分布，平均需 6min，由于场地限制，系统内最多不超过 3 名顾客，求：

（1）系统内没有顾客的概率。

（2）系统内顾客的平均数。

（3）排队等待服务的顾客数。

（4）顾客在系统中平均花费的时间。

（5）顾客平均排队的时间。

5. 某街区医院门诊部只有 1 名医生值班，此门诊部备有 6 张椅子供患者等候应诊。当椅子坐满时，后来的患者就自动离去，不再进来。已知每小时有 4 名患者按泊松分布到达，每名患者的诊断时间服从负指数分布，平均需要 12min，求：

（1）患者无须等待的概率。

（2）门诊部内患者的平均数。

（3）需要等待的患者的平均数。

（4）有效到达率。

（5）患者在门诊部逗留时间的平均值。

（6）患者等待就诊的平均时间。

（7）有多少患者因坐满而自动离去？

6. 某加油站有 4 台加油机，来加油的汽车按泊松分布到达，平均每小时到达 20 辆。4 台加油机的加油时间服从负指数分布，每台加油机平均每小时可给 10 辆汽车加油。求：

（1）前来加油的汽车其平均等待的时间。

（2）汽车来加油时，4 台加油机都在工作，这时汽车平均等待的时间。

7. 某售票处有 3 个售票口，顾客的到达服从泊松分布，平均每分钟到达 $\lambda = 0.9$ 人，3 个窗口售票的时间都服从负指数分布，平均每分钟卖给 $\mu = 0.4$ 人，设可以归纳为 $M/M/3$ 模型，试求：

（1）整个售票处空闲的概率。

（2）平均队长。

（3）平均逗留时间。

（4）平均等待时间。

（5）顾客到达后的等待概率。

8. 一个美容院有 3 个服务台，顾客平均到达率为每小时 5 人，美容时间平均 30min，求：

（1）美容院中没有顾客的概率。

（2）只有 1 个服务台被占用的概率。

9. 某系统有 3 名服务员，每小时平均到达 240 名顾客，且到达服从泊松分布，服务时间服从负指数分布，平均需要 0.5min，求：

（1）整个系统内空闲的概率。

（2）顾客等待服务的概率。

（3）系统内等待服务的平均顾客数。

（4）平均等待服务时间。

（5）系统平均利用率。

（6）若每小时到达的顾客增至 480 名，服务员增至 6 名，分别计算上述(1)～(5)的值。

10. 某服务系统有 2 名服务员，顾客到达服从泊松分布，平均每小时到达 2 名。服务时间服从负指数分布，平均服务时间为 30min。又知系统内最多只能有 3 名顾客等待服务，当顾客到达时，若系统已满，则自动离开，不再进入系统。求：

（1）系统空闲时间。

（2）顾客损失率。

（3）服务系统内等待服务的平均顾客数。

（4）在服务系统内的平均顾客数。

（5）顾客在系统内的平均逗留时间。

（6）顾客在系统内的平均等待时间。

（7）被占用的服务员的平均数。

11. 某车站售票口，已知顾客到达率为每小时 100 人，售票员的服务率为每小时 40 人，求：

（1）工时利用率平均不能低于 60%。

（2）若要顾客等待平均时间不超过 2min，设几个窗口合适？

12. 某律师事务咨询中心，前来咨询的顾客服从泊松分布，平均每天到达 50 人。各位被咨询律师回答顾客问题的时间是随机变量，服从负指数分布，每天平均接待 10 人。每位律师工作 1 天需支付 100 元，而每回答 1 名顾客的问题的咨询费为 20 元，试为该咨询中心确定每天工作的律师人数，以保证纯收入最多。

13. 某厂的原料仓库，平均每天有 20 车原料入库，原料车到达服从泊松分布，卸货率服从负指数分布，平均每人每天卸货 5 车，每个装卸工每天总费用 50 元。每车停留一天的平均损失为 200 元。试问工厂应安排几名装卸工最节省开支？

14. 某公司医务室为职工检查身体，职工的到达服从泊松分布，每小时平均到达 50 人，若职工不能按时体检，造成的损失为每小时每人平均 60 元。体检所花时间服从负指数分布，平均每小时服务率为 μ，每人的体检费用为 30 元，试确定使公司总支出最少的参数 μ。

15. 列车以每小时 2 列的强度到达，服从泊松分布，到达后由一个检修小组逐辆检查车辆的技术状态。每列 20 辆，每辆检查时间平均为 1min，服从负指数分布。问列车平均等待检查的时间为多少？

16. 工件按泊松流到达某加工设备，$\lambda = 20$ 个/h 。据测算，该设备每多加工一小时工件将增加收入 10 元，而工件每多等待或滞留一小时将增加支出 1 元，试确定该设备最优的加工效率 μ。

17. 某货场计划安装起重设备，专门用于为前来运货的汽车装货。有三种起重设备可供选择，如表 2-6-1 所示。设前来运货的汽车按泊松分布到达，平均每天到达 150 辆，每辆车载重 5t。由于货物包装、品种上的差别，每辆汽车实际装载时间服从负指数分布。已知该货场每天工作 10h，每辆汽车每停留一小时的经济损失为 10 元。试确定该货场安装哪一种起重设备最合算？

表 2-6-1

起重设备	每天固定费用/元	每小时操作费用/元	平均每小时装载能力/t
甲	60	10	100
乙	130	15	200
丙	250	20	600

练习题解答

1. （1）√；（2）√；（3）×；（4）√；（5）×；（6）×；（7）×；（8）√；（9）√；（10）×。

2. 单位时间为 h，$\lambda = 3$，$\mu = 6$，$\rho = \dfrac{\lambda}{\mu} = \dfrac{3}{6} = 0.5$。

（1）店内空闲的时间：$p_0 = 1 - \rho = 1 - 0.5 = 0.5$。

（2）有 4 个顾客的概率：$p_4 = \rho^4 (1 - \rho) = \left(\dfrac{1}{2}\right)^4 \times \left(1 - \dfrac{1}{2}\right) = \dfrac{1}{2^5} = 0.03125$。

（3）至少有 1 名顾客的概率：$P\{N \geqslant 1\} = 1 - p_0 = 0.5$。

（4）店内顾客的平均数：$L = \dfrac{\rho}{1 - \rho} = 1$ 人。

（5）等待服务的顾客的平均数：$L_q = L - \rho = 0.5$ 人。

（6）平均等待修理的时间：$W = \dfrac{L_q}{\lambda} = \dfrac{0.5}{3}\text{h} = 0.1667\text{h}$。

（7）1 名顾客在店内逗留时间超过 15min 的概率：$P\{t > 15\} = e^{-\left(\frac{1}{\mu} - \frac{1}{\lambda}\right)t} = e^{-15\left(\frac{1}{10} - \frac{1}{20}\right)} = e^{-\frac{3}{4}} = 0.472$。

3. 单位时间为 h，$\lambda = 3$，$\mu = \dfrac{60}{12} = 5$，$\rho = \dfrac{\lambda}{\mu} = 0.6$。

（1）病人到来不用等待的概率：$p_0 = 1 - \rho = 1 - 0.6 = 0.4$。

（2）门诊部内顾客的平均数：$L = \dfrac{\rho}{1 - \rho} = \dfrac{0.6}{1 - 0.6}$人 $= 1.5$ 人。

（3）病人在门诊部的平均逗留时间：$W = \dfrac{1}{\mu - \lambda} = 0.5\text{h}$。

（4）若病人在门诊部内的平均逗留时间超过 1h，则有：

$$1=\frac{1}{\mu-\lambda}=\frac{1}{5-\lambda}$$

所以 $\lambda=4$。即当病人平均到达时间间隔小于等于 15min 时，医院将增加值班医生。

4. 单位时间为 h，$\lambda=4$，$\mu=10$，$\rho=\dfrac{\lambda}{\mu}=0.4$，$K=3$。

（1）系统内没有顾客的概率：$p_0=\dfrac{1-\rho}{1-\rho^4}=\dfrac{1-0.4}{1-0.4^4}=0.616$。

（2）系统内顾客的平均数：$L=\dfrac{\rho}{1-\rho}-\dfrac{(K+1)\rho^{K+1}}{1-\rho^{K+1}}=\left(\dfrac{0.4}{1-0.4}-\dfrac{4\times 0.4^4}{1-0.4^4}\right)$人 $=0.562$ 人。

（3）排队等待服务的顾客数：$L_q=L-(1-p_0)=(0.562-0.384)$ 人 $=0.178$ 人。

（4）顾客在系统中的平均花费时间：$W=\dfrac{L}{\lambda(1-\rho^3 p_0)}=\dfrac{0.562}{3.842}\text{h}=0.146\text{h}=8.8\text{min}$。

（5）顾客平均排队时间：$W_q=W-\dfrac{1}{\mu}=\left(0.146-\dfrac{1}{10}\right)\text{h}=0.046\text{h}=2.8\text{min}$。

5. 此问题可归结为 $M/M/1/7$ 的模型，单位时间为 h，$\lambda=4$，$\mu=5$，$\rho=\dfrac{\lambda}{\mu}=0.8$，$K=7$。

（1）患者无须等待的概率：$p_0=\dfrac{1-0.8}{1-0.8^8}=0.2403$。

（2）门诊部内患者的平均数：$L=\left(\dfrac{0.8}{1-0.8}-\dfrac{8\times 0.8^8}{1-0.8^8}\right)$人 $=2.387$ 人。

（3）需要等待的患者平均数：$L_q=L-(1-p_0)=1.627$ 人。

（4）有效到达率：$\lambda_e=\lambda(1-p_7)=4\times\left(1-\dfrac{1-0.8}{1-0.8^8}\times 0.8^7\right)=3.8$。

（5）患者在门诊部逗留时间的平均值：$W=\dfrac{L}{\lambda_e}=\dfrac{2.387}{3.8}\text{h}=0.628\text{h}=37.7\text{min}$。

（6）患者等待就诊的平均时间：$W_q=(37.7-12)\text{min}=25.7\text{min}$。

（7）有 $p_7=\dfrac{1-\rho}{1-\rho^8}\rho^7=0.0503=5.03\%$ 的患者因坐满而自动离去。

6. 此为一个 $M/M/4$ 系统，$\lambda=20$，$\mu=10$，$\rho=\dfrac{\lambda}{\mu}=2$，系统服务强度 $\rho^*=\dfrac{2}{4}=0.5$，所以 $p_0=\left(\sum\limits_{k=0}^{3}\dfrac{2^k}{k!}+\dfrac{2^4}{4!}\times\dfrac{1}{1-1/2}\right)^{-1}=0.13$。

（1）前来加油的汽车平均等待的时间为 W_q。

因为

$$W_q=W-\frac{1}{\mu}=\frac{L}{\lambda}-\frac{1}{\mu}=\frac{L}{20}-\frac{1}{10}$$

而

$$L=\frac{\rho^c\rho^* p_0}{c!\,(1-\rho^*)^2}+\rho=\frac{2^4\times 0.5\times 0.13}{4!\times(1-0.5)^2}+2=2.17$$

故

$$W_q=0.0085\text{h}=0.51\text{min}$$

（2）汽车来加油时，4 台加油机都在工作，设汽车平均等待的时间为 W^*，则

$$W^* = \frac{W_q}{\sum_{k=c}^{\infty} p_k}$$

因为

$$p_1 = \rho p_0 = 0.26$$

$$p_2 = \frac{\rho^2}{2} p_0 = 0.26$$

$$p_3 = \frac{\rho^3}{3!} p_0 = 0.18,\ c = 4$$

$$\sum_{k=4}^{\infty} p_k = 1 - \sum_{k=0}^{3} p_k = 0.17$$

所以

$$W^* = \frac{W_q}{0.17} = \frac{0.51}{0.17}\text{min} = 3\text{min}$$

7. 此为一个 $M/M/3$ 系统，$\lambda = 0.9$，$\mu = 0.4$，$\rho = \frac{\lambda}{\mu} = 2.25$，系统服务强度：$\rho^* = \frac{\rho}{3} = 0.75$。

（1）$p_0 = \left(\sum_{k=0}^{2} \frac{2.25^k}{k!} + \frac{2.25^3}{3!} \times \frac{1}{1 - 0.75}\right)^{-1} = 0.0743$。

（2）因为 $L = \left(\frac{2.25^3 \times 0.75}{3! \times (1 - 0.75)^2} \times 0.0743 + 2.25\right)$人 $= 3.95$ 人，所以 $L_q = L - \rho = (3.95 - 2.25)$ 人 $= 1.70$ 人。

（3）平均逗留时间：$W = \frac{L}{\lambda} = \frac{3.95}{0.9}\text{min} = 4.39\text{min}$。

（4）平均等待时间：$W_q = W - \frac{1}{\mu} = \left(4.39 - \frac{1}{0.4}\right)\text{min} = 1.89\text{min}$。

（5）设顾客到达后的等待概率为 p^*，则

$$p^* = \sum_{k=c}^{\infty} p_k = \frac{\rho^c}{c!} \frac{1}{1 - \rho^*} p_0 = \frac{2.25^3}{3!} \times \frac{1}{1 - 0.75} \times 0.0743 = 0.57$$

8. 此系统为 $M/M/n$（$n = 3$）损失制无限源服务模型，$\lambda = 5$，$\mu = \frac{60}{30} = 2$，$\rho = \frac{\lambda}{\mu} = 2.5$。

（1）$p_0 = \left(\sum_{k=0}^{3} \frac{2.5^k}{k!}\right)^{-1} = (1 + 2.5 + 3.125 + 2.604)^{-1} = 0.108$。

（2）$p_1 = \rho p_0 = 2.5 \times 0.108 = 0.27$。

9. 此系统为 $M/M/n$（$n = 3$）服务模型，$\lambda = \frac{240}{60}$人/min $= 4$ 人/min，$\mu = \frac{1}{0.5}$人/min $= 2$ 人/min，$\rho = \frac{\lambda}{\mu} = 2$，$n = 3$。

（1）整个系统内空闲的概率：$p_0 = \left[\sum_{k=0}^{2} \frac{\rho^k}{k!} + \frac{\rho^3}{3!}\left(\frac{n}{n - \rho}\right)\right]^{-1} = (1 + 2 + 2 + 4)^{-1} = 0.111$。

（2）顾客等待服务的概率：$P\{W > 0\} = \frac{\rho^3}{3!}\left(\frac{n}{n - \rho}\right) p_0 = \frac{4}{9} = 0.444$。

（3）系统内等待服务的平均顾客数：$L_q = \frac{\rho^{n+1}}{(n-1)!\,(n - \rho)^2} p_0 = \frac{8}{9}$人 $= 0.889$ 人。

（4）平均等待服务时间：$W_q=\frac{L_q}{\lambda}=\frac{8}{9}\times\frac{1}{4}=\frac{2}{9}=0.222$。

（5）系统平均利用率：$\rho^*=\frac{\rho}{n}=\frac{2}{3}=0.667$。

（6）若每小时到达的顾客增至480名，服务员增至6名，分别计算上述（1）~（5）的值：

$$\lambda=\frac{480}{60}\text{人/min}=8\text{人/min},\ \mu=\frac{1}{0.5}\text{人/min}=2\text{人/min},\ \rho=\frac{\lambda}{\mu}=4,\ n=6$$

则整个系统内空闲的概率：$p_0=\left[\sum_{k=0}^{5}\frac{\rho^k}{k!}+\frac{\rho^n}{n!}\left(\frac{n}{n-\rho}\right)\right]^{-1}=(42.866+17.067)^{-1}=0.017$。

顾客等待服务的概率：$P\{W>0\}=\frac{\rho^n}{n!}\left(\frac{n}{n-\rho}\right)p_0=0.285$。

系统内等待服务的平均顾客数：$L_q=\frac{\rho^{n+1}}{(n-1)!\ (n-\rho)^2}p_0=0.58$人。

平均等待服务时间：$W_q=\frac{L_q}{\lambda}=0.07$。

系统平均利用率：$\rho^*=\frac{\rho}{n}=\frac{4}{6}=0.667$。

10. 将此系统看成一个$M/M/2/5$排队系统，其中$\lambda=2$，$\mu=0.5$，$\rho=\frac{\lambda}{\mu}=4$，$n=2$，$K=5$。

（1）系统空闲时间：$p_0=\left\{1+4+\frac{4^2\ [1-(4/2)^{5-2+1}]}{2\times(1-4/2)}\right\}^{-1}=0.008$。

（2）顾客损失率：$p_5=\frac{4^5\times0.008}{2!\ \times2^{5-2}}=0.512$。

（3）服务系统内等待服务的平均顾客数：$L_q=\left\{\frac{0.008\times4^2\times(4/2)}{2!\ \times(1-4/2)^2}\left[1-\left(\frac{4}{2}\right)^{5-2+1}-\left(1-\frac{4}{2}\right)\times(5-2+1)\times\left(\frac{4}{2}\right)^{5-2}\right]\right\}\text{人}=2.18\text{人}$。

（4）在服务系统内的平均顾客数：$L=L_q+\rho(1-p_5)=[2.18+4\times(1-0.512)]\text{人}=4.13\text{人}$。

（5）顾客在系统内的平均逗留时间：$W=\frac{L}{\lambda(1-p_5)}=\frac{4.13}{2\times(1-0.512)}\text{min}=4.23\text{min}$。

（6）顾客在系统内的平均等待时间：$W_q=W-\frac{1}{\mu}=(4.23-2)\text{min}=2.23\text{min}$。

（7）被占用的服务员的平均数：$\bar{n}=L-L_q=(4.13-2.18)\text{人}=1.95\text{人}$。

11. 将此系统看成一个$M/M/n$排队系统，其中$\lambda=100$，$\mu=40$，$\rho=\frac{\lambda}{\mu}=2.5$，则工时利用率平均不能低于60%，即系统服务强度：$\rho^*=\frac{\rho}{n}=\frac{2.5}{n}\geqslant0.6$，所以$n\leqslant4.17$，设$n=1,2,3,4$均满足工时利用率的要求。现在计算是否满足等待时间的要求：

（1）当 $n=4$ 时

$$p_0=\left[\sum_{k=0}^{3}\frac{\rho^k}{k!}+\frac{\rho^n}{n!}\left(\frac{n}{n-\rho}\right)\right]^{-1}$$

$$=\left(1+2.5+\frac{2.5^2}{2}+\frac{2.5^3}{3!}+\frac{2.5^4}{4!}\times\frac{4}{1.5}\right)^{-1}=0.0737$$

平均等待时间：

$$W_q=\frac{L_q}{\lambda}=\frac{\rho^{n+1}}{\lambda(n-1)!(n-\rho)^2}p_0$$

$$=\left(\frac{2.5^5}{100\times6\times1.5^2}\times0.0737\right)\text{h}$$

$$=0.0053\text{h}=0.318\text{min}$$

（2）当 $n=3$ 时

$$p_0=\left[\sum_{k=0}^{2}\frac{\rho^k}{k!}+\frac{\rho^n}{n!}\left(\frac{n}{n-\rho}\right)\right]^{-1}=0.045$$

平均等待时间：

$$W_q=\frac{L_q}{\lambda}=\frac{\rho^{n+1}}{\lambda(n-1)!(n-\rho)^2}p_0$$

$$=0.035\text{h}=2.1\text{min}$$

若 $n\leqslant2$，则$\frac{\rho}{n}>1$，所以，应该设 3 个窗口符合要求。

12. 这是一个 $M/M/n$ 系统确定 n 的问题，因为 $\lambda=50$，$\mu=10$，$\rho=\frac{\lambda}{\mu}=5$，$\rho^*=\frac{\rho}{n}=\frac{5}{n}$，则

$$p_0=\left[\sum_{k=0}^{n-1}\frac{\rho^k}{k!}+\frac{\rho^n}{n!}\frac{1}{1-\rho^*}\right]^{-1}$$

设 $f(n)$ 表示当律师数为 n 个时的纯收入，则

$$f(n)=-100n+200p_0\left[5\sum_{k=0}^{n-2}\frac{5^k}{k!}+\frac{5^n}{(n-1)!}\frac{n}{(n-5)}\right]$$

对 n 的约束只有一个，即 $\rho^*<1$，由此可得 $n>5$，为求 n，由表 2-6-2 计算 $f(n)$，再取最大值。

表 2-6-2

n	6	7	8	…
p_0	4.51×10^{-3}	5.97×10^{-3}	7.2×10^{-3}	…
$f(n)$	399.97	287.49	274.87	…

由此可以看出，当 $n=6$ 时，律师咨询中心的纯收入最大。

13. 这是一个 $M/M/n$ 系统确定 n 的问题，因为 $\lambda=20$，$\mu=5$，$c_0=50$，$c_\omega=200$，则总开支为

$$y=c_0n+c_\omega L(n)$$

式中，c_0 为每个装卸工每天的费用（元）；n 为装卸工人数；c_ω 为每车停留一天的损失费（元）；$L(n)$ 为停留在系统内的平均车辆数；y 为总费用。

为保证收敛，可得 $n \geqslant 5$，为求 n，通过计算得到表 2-6-3，取 y 最小值。

表　2-6-3

n	5	6	7	8
$L(n)$	6.2165	4.5695	4.1801	4.0590
y	1493.29	1213.90	1186.03	1211.81

由此可以看出，当安排 7 名装卸工时，总支出最小，为 1186.03 元。

14. 用 $M/M/1$ 来描述此题，因为 $\lambda = 50$ 人/h，$C_s = 30$ 元/人，$C_w = 60$ 元/人，则公司每小时总支出为

$$z = C_s\mu + C_wL = C_s\mu + C_w\frac{\lambda}{\mu - \lambda}$$

对 μ 求导，并令导数为零，得

$$\mu = \lambda + \sqrt{\frac{C_w\lambda}{C_s}}$$

所以有

$$\mu^* = \left(50 + \sqrt{\frac{60 \times 50}{30}}\right)\text{人/h} = (50 + 10)\text{人/h} = 60\text{人/h}$$

15. 42min。

16. 21.414 个/h。

17. 安装乙起重设备最合算（比甲节约 120 元/天，比丙节约 124.28 元/天）。

第七章

练习题及解答

练习题

1. 判断下列说法是否正确：

(1) 线性规划的模型是目标规划模型的特殊形式。

(2) 正偏差变量不一定取正值，负偏差变量不一定取负值。

(3) 若用以下表达式作为目标规划的目标函数，其逻辑是否正确？为什么？

1) $\max\ \{d^- + d^+\}$　　2) $\max\ \{d^- - d^+\}$

3) $\min\ \{d^- + d^+\}$　　4) $\min\ \{d^- - d^+\}$

5) $\max\ \{d^+ - d^-\}$　　6) $\min\ \{d^+ - d^-\}$

2. 已知条件如表 2-7-1 所示。

表 2-7-1

工序		型号		每周可用生产时间/h
		A	B	
台工时/(h/台)	Ⅰ	5	6	200
	Ⅱ	3	3	85
利润/(元/台)		310	455	

如果工厂经营目标的期望值和优先等级如下：

P_1：每周总利润不得低于 10000 元。

P_2：因合同要求，A 型机每周至少生产 15 台，B 型机每周至少生产 20 台。

P_3：希望工序Ⅰ的每周生产时间正好为 200h，工序Ⅱ的生产时间最好用足，甚至可适当加班。

试建立这个问题的目标规划模型。

3. 在上题中，如果工序Ⅱ在加班时间内生产出来的产品，每台 A 型机减少利润 10 元，每台 B 型机减少利润 25 元，并且工序Ⅱ的加班时间每周最多不超过 30h，这是 P_4 级目标，试建立这个问题的目标规划模型。

4. 用图解法解下列目标规划问题：

（1）$\min f=P_1(d_1^+ + d_2^+) + P_2 d_3^- + P_3 d_4^-$

$$\text{s. t.}\begin{cases} x_1 + x_2 + d_1^- - d_1^+ = 4 \\ x_1 + 2x_2 + d_2^- - d_2^+ = 5 \\ x_1 + d_3^- - d_3^+ = 3 \\ 4x_1 + 3x_2 + d_4^- - d_4^+ = 24 \\ x_1,\ x_2,\ d_i^-,\ d_i^+ \geqslant 0 \quad (i=1,\ 2,\ 3,\ 4) \end{cases}$$

（2）$\min f=P_1(d_1^- + d_1^+) + P_2(d_2^- + d_3^-)$

$$\text{s. t.}\begin{cases} 3x_1 + 5x_2 + d_1^- - d_1^+ = 120 \\ x_1 + 3x_2 + d_2^- - d_2^+ = 60 \\ x_1 + x_2 + d_3^- - d_3^+ = 40 \\ x_1,\ x_2,\ d_i^-,\ d_i^+ \geqslant 0 \quad (i=1,\ 2,\ 3) \end{cases}$$

（3）$\min f=P_1 d_1^+ + P_2(d_1^- + d_2^+)$

$$\text{s. t.}\begin{cases} x_1 + 2x_2 \leqslant 6 \\ 2x_1 + 3x_2 + d_1^- - d_1^+ = 12 \\ 3x_1 + 2x_2 + d_2^- - d_2^+ = 12 \\ x_1,\ x_2,\ d_i^-,\ d_i^+ \geqslant 0 \quad (i=1,\ 2) \end{cases}$$

（4）$\min f=P_1(d_1^- + d_1^+) + P_2(2d_2^+ + d_3^+)$

$$\text{s. t.}\begin{cases} x_1 - 10x_2 + d_1^- - d_1^+ = 50 \\ 3x_1 + 5x_2 + d_2^- - d_2^+ = 20 \\ 8x_1 + 6x_2 + d_3^- - d_3^+ = 100 \\ x_1,\ x_2,\ d_i^-,\ d_i^+ \geqslant 0 \quad (i=1,\ 2,\ 3) \end{cases}$$

（5）$\min f=P_1(d_1^+ + d_2^+) + P_2 d_3^- + P_3 d_4^+ + P_4 d_5^+$

$$\text{s. t.}\begin{cases} 4x_1 + 5x_2 + d_1^- - d_1^+ = 80 \\ 4x_1 + 2x_2 + d_2^- - d_2^+ = 48 \\ 80x_1 + 100x_2 + d_3^- - d_3^+ = 800 \\ x_1 + d_4^- - d_4^+ = 6 \\ x_1 + x_2 + d_5^- - d_5^+ = 7 \\ x_1,\ x_2,\ d_i^-,\ d_i^+ \geqslant 0 \quad (i=1,\ 2,\ 3,\ 4,\ 5) \end{cases}$$

5. 分别用图解法和单纯形法解以下目标规划：

（1）$\min f=P_1 d_1^- + P_2 d_3^- + P_3 d_2^- + P_4(d_1^+ + d_2^+)$

$$\text{s. t.}\begin{cases} 2x_1 + x_2 + d_1^- - d_1^+ = 20 \\ x_1 + d_2^- - d_2^+ = 12 \\ x_2 + d_3^- - d_3^+ = 10 \\ x_1,\ x_2,\ d_i^-,\ d_i^+ \geqslant 0 \quad (i=1,\ 2,\ 3) \end{cases}$$

(2) $\min f = P_1 d_1^+ + P_2 d_2^- + P_3(8d_3^- + 5d_4^-) + P_4 d_1^-$

$$\text{s. t.} \begin{cases} x_1 + x_2 + d_1^- - d_1^+ = 100 \\ x_1 + x_2 + d_2^- - d_2^+ = 90 \\ x_1 + d_3^- - d_3^+ = 80 \\ x_2 + d_4^- - d_4^+ = 55 \\ x_1,\ x_2,\ d_i^-,\ d_i^+ \geqslant 0 \quad (i = 1,\ 2,\ 3,\ 4) \end{cases}$$

(3) $\min f = P_1(d_1^- + d_1^+) + P_2(2d_2^+ + 3d_3^+)$

$$\text{s. t.} \begin{cases} x_1 - 10x_2 + d_1^- - d_1^+ = 50 \\ 4x_1 + 8x_2 + d_2^- - d_2^+ = 20 \\ 6x_2 + d_3^- - d_3^+ = 100 \\ x_1,\ x_2,\ d_i^-,\ d_i^+ \geqslant 0 \quad (i = 1,\ 2,\ 3) \end{cases}$$

(4) $\min f = P_1(d_1^+ + d_2^+) + P_2 d_3^- + P_3 d_4^+$

$$\text{s. t.} \begin{cases} 2x_1 + x_2 + d_1^- - d_1^+ = 12 \\ x_1 + x_2 + d_2^- - d_2^+ = 10 \\ x_1 + d_3^- - d_3^+ = 7 \\ x_1 + 4x_2 + d_4^- - d_4^+ = 4 \\ x_1,\ x_2,\ d_i^-,\ d_i^+ \geqslant 0 \quad (i = 1,\ 2,\ 3,\ 4) \end{cases}$$

6. 用单纯形法求下列目标规划问题的满意解:

(1) $\min f = P_1 d_1^- + P_2 d_2^+ + P_3(d_3^- + d_3^+)$

$$\text{s. t.} \begin{cases} 3x_1 + x_2 + x_3 + d_1^- - d_1^+ = 60 \\ x_1 - x_2 + 2x_3 + d_2^- - d_2^+ = 10 \\ x_1 + x_2 - x_3 + d_3^- - d_3^+ = 20 \\ x_i,\ d_i^-,\ d_i^+ \geqslant 0 \quad (i = 1,\ 2,\ 3) \end{cases}$$

(2) $\min f = P_1(d_2^- + d_2^+) + P_2 d_1^-$

$$\text{s. t.} \begin{cases} x_1 + 2x_2 + d_1^- - d_1^+ = 10 \\ 10x_1 + 12x_2 + d_2^- - d_2^+ = 62.4 \\ 2x_1 + x_2 \leqslant 8 \\ x_i,\ d_i^-,\ d_i^+ \geqslant 0 \quad (i = 1,\ 2) \end{cases}$$

7. 已知目标规划问题的约束条件如下:

$$\begin{cases} 4x_1 + 3x_2 + d_1^- - d_1^+ = 6 \\ 2x_1 - 3x_2 + d_2^- - d_2^+ = 6 \\ x_1 \leqslant 6 \\ x_i,\ d_i^-,\ d_i^+ \geqslant 0 \quad (i = 1,\ 2) \end{cases}$$

求在下述各目标下的满意解：

(1) $\min f = P_1(d_1^- + d_1^+ + d_2^- + d_2^+)$。

(2) $\min f = P_1(d_1^- + d_1^+) + 2P_1(d_2^- + d_2^+)$。

(3) $\min f = P_1(d_1^- + d_1^+) + 1.5P_1(d_2^- + d_2^+)$。

(4) $\min f = P_1(d_2^- + d_2^+) + P_2(d_1^- + d_1^+)$。

8. 试用单纯形法求下列目标规划的满意解，若有多个满意解，求出其中两个。

$$\min f = P_1(d_1^- + d_1^+) + P_2 d_2^+$$

$$\text{s. t.} \begin{cases} x_1 \leqslant 6 \\ 2x_1 - x_2 + d_1^- - d_1^+ = 2 \\ 2x_1 - 3x_2 + d_2^- - d_2^+ = 6 \\ x_i,\ d_i^-,\ d_i^+ \geqslant 0 \quad (i = 1,\ 2) \end{cases}$$

9. 给定目标规划问题

$$\min f = P_1 d_1^- + P_2 d_2^+ + P_3 d_3^-$$

$$\text{s. t.} \begin{cases} -5x_1 + 5x_2 + 4x_3 + d_1^- - d_1^+ = 100 \\ -x_1 + x_2 + 3x_3 + d_2^- - d_2^+ = 20 \\ 12x_1 + 4x_2 + 10x_3 + d_3^- - d_3^+ = 90 \\ x_i,\ d_i^-,\ d_i^+ \geqslant 0 \quad (i = 1,\ 2,\ 3) \end{cases}$$

(1) 求该目标规划问题的满意解。

(2) 若约束右端项增加 $\Delta \boldsymbol{b} = (0,\ 0,\ 5)^{\mathrm{T}}$，则满意解如何变化？

(3) 若目标函数变为 $\min f = P_1(d_1^- + d_2^+) + P_3 d_3^-$，则满意解如何变化？

(4) 若第二个约束右端项改为 45，则满意解如何变化？

10. 已知目标规划问题

$$\min f = P_1 d_1^- + P_2 d_2^+ + P_3(5d_3^- + 3d_4^-) + P_4 d_1^+$$

$$\text{s. t.} \begin{cases} x_1 + 2x_2 + d_1^- - d_1^+ = 6 \\ x_1 + 2x_2 + d_2^- - d_2^+ = 9 \\ x_1 - 2x_2 + d_3^- - d_3^+ = 4 \\ x_2 + d_4^- - d_4^+ = 2 \\ x_1,\ x_2,\ d_i^+,\ d_i^- \geqslant 0 \quad (i = 1,\ 2,\ 3,\ 4) \end{cases}$$

(1) 求该目标规划问题的满意解。

(2) 分析目标函数分别变为 1)、2) 两种情况时（在第 2 种情况中分析 w_1、w_2 的比例变动）解的变化。

1) $\min f = P_1 d_1^- + P_2 d_2^+ + P_3 d_1^+ + P_4(5d_3^- + 3d_4^-)$。

2) $\min f = P_1 d_1^- + P_2 d_2^+ + P_3(w_1 d_3^- + w_2 d_4^-) + P_4 d_1^+ \quad (w_1,\ w_2 > 0)$。

11. 某纺织厂生产两种布料，一种用来做服装，另一种用来做窗帘。该厂实行两班制生产，每周生产时间定为 80h。这两种布料每小时都生产 1km。假定每周窗帘布可销售 70km，每米的利润为2.5元；衣料布可销售45km，每米的利润为1.5元。该厂在制订生产计划时有以下各级目标：

P_1：每周必须用足80h的生产时间。

P_2：每周加班时数不超过10h。

P_3：每周销售窗帘布70km，衣料布45km。

P_4：加班时间尽可能减少。

试建立这个问题的目标规划模型。

12. 已知某问题的线性规划模型为

$$\max z = 100x_1 + 50x_2$$
$$\text{s.t.} \begin{cases} 10x_1 + 16x_2 \leqslant 120 \text{（资源 1）} \\ 11x_1 + 3x_2 \geqslant 25 \text{（资源 2）} \\ x_1,\ x_2 \geqslant 0 \end{cases}$$

假定重新确定这个问题的目标为：

P_1：z 的值不低于1900；

P_2：资源1必须全部用完；

将此问题转化为目标规划问题，列出数学模型。

13. 某工厂生产两种产品 A、B，其中产品 A 完全由本工厂生产，产品 B 要用其他工厂的部件组装而成。生产这两种产品所需各种数据如表2-7-2所示。

表 2-7-2

产 品	工 序			销售价格/（元/件）
	生 产	组 装	检 验	
A/（h/件）	20	5	3	650
B/（h/件）	0	8	6	725
每周最大生产能力/h	160	90	40	
每小时生产成本/元	12	8	10	

工厂的经营目标的期望值和优先等级为：

P_1：每周的总利润至少为3000元。

P_2：每周产品 A 至少生产7件。

P_3：尽量减少各道工序的空余时间，三道工序的权系数和它们每小时的成本成比例，但不允许加班。

试建立此问题的目标规划模型。

14. 某电视台考虑如何合理安排各种节目的播出时间。按照有关规定，该台每天允许开播12h，其中商业广告节目用以盈利，平均每分钟可收入300元，新闻节目每分钟需要支出50元，音乐文艺节目每分钟需要支出20元。按照规定，正常情况下商业广告节目只能占播出时间的20%，而每小时至少安排10min新闻节目，此电视台每天如何安排电视节目？其优先等级为：

P_1：满足有关规定的播出要求。

P_2：每天的纯收入最大。

试建立此问题的目标规划模型。

15. 一个公司需要从两个仓库调拨同一种零部件给下属三个工厂，每个仓库的供应能力、每个工厂的需求数量以及从每个仓库到每个工厂之间的单位运费如表 2-7-3 所示（表中方格内的数字为单位运费）。

表 2-7-3

仓库	工厂			供应量
	1	2	3	
1	10	4	12	3000
2	8	10	3	4000
需求量	2000	1500	4000	7000 / 7500

这是一个需求大于供应的物资调运问题，公司提出的目标要求是：

P_1：尽量满足工厂 3 的全部需求。

P_2：其他两个工厂的需求至少满足 75%。

P_3：总运费要求最少。

P_4：仓库 2 给工厂 1 的供应量至少为 1000 单位。

P_5：工厂 1 和工厂 2 的需求量满足程度尽可能平衡。

试建立这个问题的目标规划模型。

练习题解答

1.

(1) 正确。模型的结构完全一致，可以将线性规划模型改写成单一目标形式的目标规划。

(2) 错误。正、负偏差变量都定义为取非负值。

(3) 1) 不正确。因为 $\max\{d^- + d^+\}$ 且 $d^+ \times d^- = 0$，就可以断定其就是求 d^+ 或 d^- 最大，其中 d^- 表示不超过目标函数值的大小；d^+ 表示超过目标函数值的大小，所以 $\max\{d^- + d^+\}$ 无实际意义。

2) 正确。要求 $\max\{d^- - d^+\}$ 且 $d^+ \times d^- = 0$，就可以断定 $d^+ = 0$，$d^- > 0$，即表示离（不超过）目标函数值越大越好。

3) 正确。要求 $\min\{d^- + d^+\}$ 且 $d^+ \times d^- = 0$，就可以断定 $d^+ = d^- = 0$，即表示恰好达到目标函数值。

4) 正确。要求 $\min\{d^- - d^+\}$ 且 $d^+ \times d^- = 0$，就可以断定 $d^- = 0$，$d^+ > 0$，即表示超过目标函数值越大越好。

5) 正确。要求 $\max\{d^+ - d^-\}$ 且 $d^+ \times d^- = 0$，就可以断定 $d^- = 0$，$d^+ > 0$，即表示离（不超过）目标函数值越大越好，即 $\max\{d^+ - d^-\} = \min\{d^- - d^+\}$。

6) 正确。$\min\{d^+ - d^-\} = \max\{d^- - d^+\}$，理由同 2)。

2. 设生产 A 型机 x_1 台，B 型机 x_2 台，该问题的目标规划模型为

$$\min f = P_1 d_1^- + P_2 (d_2^- + d_3^-) + P_3 (d_4^- + d_4^+ + d_5^-)$$

$$\text{s. t.} \begin{cases} 310x_1 + 455x_2 + d_1^- - d_1^+ = 10000 \\ x_1 + d_2^- - d_2^+ = 15 \\ x_2 + d_3^- - d_3^+ = 20 \\ 5x_1 + 6x_2 + d_4^- - d_4^+ = 200 \\ 3x_1 + 3x_2 + d_5^- - d_5^+ = 85 \\ x_1,\ x_2,\ d_i^+,\ d_i^- \geqslant 0 \quad (i = 1, 2, 3, 4, 5) \end{cases}$$

3. 设正常生产时间生产 A 型机 x_1 台，B 型机 x_2 台，工序Ⅱ在加班时间内生产 A 型机 x_3 台，B 型机 x_4 台，该问题的目标规划模型为

$$\min f = P_1 d_1^- + P_2 (d_2^- + d_3^-) + P_3 (d_4^- + d_4^+ + d_5^-) + P_4 d_6^+$$

$$\text{s. t.} \begin{cases} 310x_1 + 455x_2 + 300x_3 + 430x_4 + d_1^- - d_1^+ = 10000 \\ x_1 + x_3 + d_2^- - d_2^+ = 15 \\ x_2 + x_4 + d_3^- - d_3^+ = 20 \\ 5x_1 + 6x_2 + d_4^- - d_4^+ = 200 \\ 3x_1 + 3x_2 + 3x_3 + 3x_4 + d_5^- - d_5^+ = 85 \\ d_5^+ + d_6^- - d_6^+ = 30 \\ x_1,\ x_2,\ d_i^+,\ d_i^- \geqslant 0 \quad (i = 1, 2, 3, 4, 5, 6) \end{cases}$$

4. （1）满意解为 $\boldsymbol{x} = (4, 0)^{\mathrm{T}}$，$\min f = 8P_2$。

（2）满意解为 $\boldsymbol{x} = (15, 15)^{\mathrm{T}}$，$\min f = 10P_2$。

（3）满意解为 $\boldsymbol{x} = (3, 1.5)^{\mathrm{T}}$，$\min f = 1.5P_2$。

（4）满意解为 $\boldsymbol{x} = (50, 0)^{\mathrm{T}}$，$\min f = 560P_2$。

（5）满意解为 $\boldsymbol{x} = (6, 11.2)^{\mathrm{T}}$，$\min f = 10.2P_4$。

5. （1）满意解为 $\boldsymbol{x} = (12, 10)^{\mathrm{T}}$，$d_1^+ = 14$，其余 $d_i^- = d_i^+ = 0$，$\min f = 14P_4$。用单纯形法解得最终单纯形表如表 2-7-4 所示。

表 2-7-4

c_j					P_4	P_4		P_1	P_3	P_2
$\boldsymbol{c}_B$	$\boldsymbol{x}_B$	$\boldsymbol{B}^{-1}\boldsymbol{b}$	x_1	x_2	d_1^+	d_2^+	d_3^+	d_1^-	d_2^-	d_3^-
0	x_1	12	1	0	0	−1	0	0	1	−1
P_4	d_1^+	14	0	0	1	−2	−1	−1	2	1
0	x_2	10	0	1	0	0	−1	0	0	1
$c_j - f_j$		P_1						1		
		P_2								1
		P_3							1	
		P_4				3	1	1	−2	1

(2) 满意解为 $\boldsymbol{x}=(80,\ 20)^{\mathrm{T}}$，$d_2^+=10$，$d_4^-=35$，其余 $d_i^-=d_i^+=0$，$\min f=175P_3$。用单纯形法解得最终单纯形表如表 2-7-5 所示。

表 2-7-5

c_j					P_1				P_4	P_2	$8P_3$	$5P_3$
$\boldsymbol{c}_B$	$\boldsymbol{x}_B$	$\boldsymbol{B}^{-1}\boldsymbol{b}$	x_1	x_2	d_1^+	d_2^+	d_3^+	d_4^+	d_1^-	d_2^-	d_3^-	d_4^-
0	d_2^+	10	0	0	−1	1	0	0	1	−1	0	0
0	x_2	20	0	1	0	0	1	0	1	0	−1	0
0	x_1	80	1	0	0	0	−1	0	0	0	1	0
$5P_3$	d_4^-	35	0	0	1	0	−1	−1	−1	0	1	1
c_j-f_j		P_1			1							
		P_2								1	1	
		P_3			−5		5	5	5		3	
		P_4							1			

(3) 满意解为 $\boldsymbol{x}=(50,\ 0)^{\mathrm{T}}$，$d_2^+=180$，$d_3^-=100$，其余 $d_i^-=d_i^+=0$，$\min f=360P_2$。用单纯形法解得最终单纯形表如表 2-7-6 所示。

表 2-7-6

c_j					P_1	$2P_2$	$3P_2$	P_1		
$\boldsymbol{c}_B$	$\boldsymbol{x}_B$	$\boldsymbol{B}^{-1}\boldsymbol{b}$	x_1	x_2	d_1^+	d_2^+	d_3^+	d_1^-	d_2^-	d_3^-
$2P_2$	d_2^+	180	0	−48	−4	1	0	4	−1	0
P_4	x_1	50	1	−10	−1	0	0	1	0	0
0	d_3^-	100	0	6	0	0	−1	0	0	1
c_j-f_j		P_1			1			1		
		P_2		96	8			−8	2	

(4) 满意解为 $\boldsymbol{x}=(6,\ 0)^{\mathrm{T}}$，$d_2^-=4$，$d_3^-=1$，$d_4^+=2$，其余 $d_i^-=d_i^+=0$，$\min f=P_2+2P_3$。用单纯形法解得最终单纯形表如表 2-7-7 所示。

表 2-7-7

c_j					P_1	P_1		P_3			P_2	
$\boldsymbol{c}_B$	$\boldsymbol{x}_B$	$\boldsymbol{B}^{-1}\boldsymbol{b}$	x_1	x_2	d_1^+	d_2^+	d_3^+	d_4^+	d_1^-	d_2^-	d_3^-	d_4^-
P_3	d_4^+	2	0	−7/2	−1/2	0	0	1	1/2	0	0	−1
0	d_2^-	4	0	1/2	1/2	−1	0	0	−1/2	1	0	0
P_2	d_3^-	1	0	−1/2	1/2	0	−1	0	−1/2	0	1	0
0	x_1	6	1	1/2	−1/2	0	0	0	1/2	0	0	0
c_j-f_j		P_1			1	1						
		P_2		1/2	−1/2		1		1/2			
		P_3		7/2	1/2				−1/2			1

6. （1）最终单纯形表如表 2-7-8 所示。

表 2-7-8

c_j							P_2	P_3	P_1		P_3
c_B	x_B	$B^{-1}b$	x_1	x_2	x_3	d_1^+	d_2^+	d_3^+	d_1^-	d_2^-	d_3^-
0	x_3	10	0	0	1	−1	1	2	1	−1	−2
0	x_1	10	1	0	0	1/2	−1	−3/2	−1/2	1	3/2
0	x_2	20	0	1	0	−3/2	2	5/2	3/2	−2	−5/2
c_j-f_j		P_1							1		
		P_2					1				
		P_3						1			1

（2）加入松弛变量 x_3，把问题转化为目标规划的标准形式：

$$\min f=P_1\ (d_2^-+d_2^+)+P_2d_1^-$$

$$\text{s. t.}\ \begin{cases}x_1+2x_2+d_1^--d_1^+=10\\10x_1+12x_2+d_2^--d_2^+=62.4\\2x_1+x_2+x_3=8\\x_1,\ x_2,\ x_3,\ d_i^-,\ d_i^+\geqslant 0\quad (i=1,\ 2)\end{cases}$$

最终单纯形表如表 2-7-9 所示。

表 2-7-9

c_j							P_1	P_2	P_1
c_B	x_B	$B^{-1}b$	x_1	x_2	x_3	d_1^+	d_2^+	d_1^-	d_2^-
0	x_2	4.7	0	1	0	−5/4	1/8	5/4	−1/8
0	x_1	0.6	1	0	0	3/2	−1/4	−3/2	1/4
0	x_3	2.1	0	0	1	−7/4	3/8	7/4	−3/8
c_j-f_j		P_1					1		1
		P_2						1	

7. （1）满意解为 $\boldsymbol{x}=(1.5,\ 0)^{\mathrm{T}}$，$d_1^-=d_1^+=0$，$d_2^-=3$，$d_2^+=0$，$\min f=3P_1$。

（2）满意解为点（1.5，0）和点（3，0）连线上所有的点，$\min f=6P_1$。

（3）满意解为 $\boldsymbol{x}=(1.5,\ 0)^{\mathrm{T}}$，$d_1^-=d_1^+=0$，$d_2^-=3$，$d_2^+=0$，$\min f=4.5P_1$。

（4）满意解为 $\boldsymbol{x}=(4,\ 0)^{\mathrm{T}}$，$d_1^-=6$，$d_1^+=0$，$d_2^-=d_2^+=0$，$\min f=6P_2$。

8. 求解过程如表 2-7-10 所示。

表　2-7-10

c_j						P_1	P_2	P_1		θ
c_B	x_B	$B^{-1}b$	x_1	x_2	x_3	d_1^+	d_2^+	d_1^-	d_2^-	
0	x_3	6	1	0	1	0	0	0	0	6
P_1	d_1^-	[2]	2	−1	0	−1	0	1	0	1
0	d_2^-	6	2	−3	0	0	−1	0	1	3
c_j-f_j		P_1	−2	1		2	0			
		P_2					1			
0	x_3	5	0	[1/2]	1	1/2	0	−1/2	0	10
0	x_1	1	1	−1/2	0	−1/2	0	1/2	0	
0	d_2^-	4	0	−2	0	1	−1	−1	1	
c_j-f_j		P_1		0		1		1		
		P_2		0			1			
0	x_2	10	0	1	2	1	0	−1	0	
0	x_1	6	1	0	1	0	0	0	0	
0	d_2^-	24	0	0	4	3	−1	−3	1	
c_j-f_j		P_1			0	1		1		
		P_2					1			

从表中可以看出，点（1，0）和点（6，10）连线上任意点都是本模型的满意解。所以可以取两个满意解为：$x=(1,\ 0)^{\mathrm{T}}$，$x_3=5$，$d_2^-=4$，$d_1^-=d_1^+=d_2^+=0$，$\min f=0$ 或 $x=(6,\ 10)^{\mathrm{T}}$，$x_3=0$，$d_2^-=24$，$d_1^-=d_1^+=d_2^+=0$，$\min f=0$。

9. 最终单纯形表如表 2-7-11 所示。

表　2-7-11

c_j							P_2		P_1		P_3
c_B	x_B	$B^{-1}b$	x_1	x_2	x_3	d_1^+	d_2^+	d_3^+	d_1^-	d_2^-	d_3^-
P_2	d_2^+	0	0	0	−11/5	−1/5	1	0	1/5	−1	0
0	x_2	165/8	0	1	5/4	−3/20	0	−1/16	3/20	0	1/16
0	x_1	5/8	1	0	9/20	1/20	0	−1/16	−1/20	0	1/16
c_j-f_j		P_1							1		
		P_2			11/5	1/5			−1/5	1	
		P_3									1

（1）该目标规划问题的满意解为

$$x=\left(\frac{5}{8},\ \frac{165}{8},\ 0\right)^{\mathrm{T}},\ d_i^+=d_i^-=0\ (i=1,\ 2,\ 3),\ \min f=0$$

（2）当约束右端项增加 $\Delta b=(0,\ 0,\ 5)^{\mathrm{T}}$ 时，因为

$$\begin{pmatrix}0\\ \frac{165}{8}\\ \frac{5}{8}\end{pmatrix}+\begin{pmatrix}\frac{1}{5} & -1 & 0\\ \frac{3}{20} & \frac{4}{5} & \frac{1}{16}\\ -\frac{1}{20} & 0 & \frac{1}{16}\end{pmatrix}\begin{pmatrix}0\\0\\5\end{pmatrix}=\begin{pmatrix}0\\ \frac{165}{8}\\ \frac{5}{8}\end{pmatrix}+\begin{pmatrix}0\\ \frac{5}{16}\\ \frac{5}{16}\end{pmatrix}=\begin{pmatrix}0\\ \frac{335}{16}\\ \frac{15}{16}\end{pmatrix}$$

所以满意解为：$x=\left(\frac{15}{16},\ \frac{335}{16},\ 0\right)^{\mathrm{T}}$，$d_i^+=d_i^-=0\ (i=1,\ 2,\ 3)$，$\min f=0$。

（3）若目标函数变为 $\min f=P_1\ (d_1^-+d_2^+)+P_3d_3^-$，则代入表 2-7-11，重新计算检验数，得表 2-7-12。

表 2-7-12

c_j							P_1		P_1		P_3
c_B	x_B	$B^{-1}b$	x_1	x_2	x_3	d_1^+	d_2^+	d_3^+	d_1^-	d_2^-	d_3^-
P_1	d_2^+	0	0	0	−11/5	−1/5	1	0	1/5	−1	0
0	x_2	165/8	0	1	5/4	−3/20	0	−1/16	3/20	0	1/16
0	x_1	5/8	1	0	9/20	1/20	0	−1/16	−1/20	0	1/16
c_j-f_j		P_1			11/5	1/5			4/5	1	
		P_3									1

所以满意解没有变化，仍为

$$x=\left(\frac{5}{8},\ \frac{165}{8},\ 0\right)^{\mathrm{T}},\ d_i^+=d_i^-=0\ (i=1,\ 2,\ 3),\ \min f=0$$

（4）若第二个约束右端项改为 45，则

$$\begin{pmatrix}0\\ \frac{165}{8}\\ \frac{5}{8}\end{pmatrix}+\begin{pmatrix}\frac{1}{5} & -1 & 0\\ \frac{3}{20} & 0 & \frac{1}{16}\\ -\frac{1}{20} & 0 & \frac{1}{16}\end{pmatrix}\begin{pmatrix}0\\25\\0\end{pmatrix}=\begin{pmatrix}0\\ \frac{165}{8}\\ \frac{5}{8}\end{pmatrix}+\begin{pmatrix}-25\\0\\0\end{pmatrix}=\begin{pmatrix}-25\\ \frac{165}{8}\\ \frac{5}{8}\end{pmatrix}$$

常数项出现负值，所得解不可行，代入前述所得最终单纯形表，用对偶单纯形法继续迭代，得表 2-7-13。

表 2-7-13

c_j							P_2		P_1		P_3
c_B	x_B	$B^{-1}b$	x_1	x_2	x_3	d_1^+	d_2^+	d_3^+	d_1^-	d_2^-	d_3^-
P_2	d_2^+	−25	0	0	−11/5	−1/5	1	0	1/5	[−1]	0
0	x_2	165/8	0	1	5/4	−3/20	0	−1/16	3/20	0	1/16
0	x_1	5/8	1	0	9/20	1/20	0	−1/16	−1/20	0	1/16
c_j-f_j		P_1							1		
		P_2			11/5	1/5			−1/5	1	
		P_3									1

（续）

c_j							P_2		P_1		P_3
c_B	x_B	$B^{-1}b$	x_1	x_2	x_3	d_1^+	d_2^+	d_3^+	d_1^-	d_2^-	d_3^-
比值				-1	-1				-1		
0	d_2^-	25	0	0	11/5	1/5	-1	0	-1/5	1	0
0	x_2	165/8	0	1	5/4	-3/20	0	-1/16	3/20	0	1/16
0	x_1	5/8	1	0	9/20	1/20	0	-1/16	-1/20	0	1/16
c_j-f_j		P_1							1		
		P_2					1			1	
		P_3									1

所以满意解为：$x=\left(\frac{5}{8}, \frac{165}{8}, 0\right)^{\mathrm{T}}$，$d_2^-=25$，其余 $d_i^+=d_i^-=0$（$i=1, 2, 3$），$\min f=0$。

10. 由目标规划的单纯形法得到最终表，如表 2-7-14 所示。

表　2-7-14

c_j			0	0	P_4	P_2	0	0	P_1	0	$5P_3$	$3P_3$
c_B	x_B	$B^{-1}b$	x_1	x_2	d_1^+	d_2^+	d_3^+	d_4^+	d_1^-	d_2^-	d_3^-	d_4^-
0	x_1	13/2	1	0	0	-1/2	-1/2	0	0	1/2	1/2	0
P_4	d_1^+	3	0	0	1	-1	0	0	-1	1	0	0
$3P_3$	d_4^-	3/4	0	0	0	1/4	-1/4	-1	0	-1/4	1/4	1
0	x_2	5/4	0	1	0	-1/4	1/4	0	0	1/4	-1/4	0
c_j-f_j		P_1							1			
		P_2				1						
		P_3				-3/4	3/4	3		3/4	17/4	
		P_4				1			1	-1		

（1）该目标规划问题的满意解为

$$x=\left(\frac{13}{2}, \frac{5}{4}\right)^{\mathrm{T}},\ d_1^+=3,\ d_4^-=\frac{3}{4},\ \text{其余 } d_i^+=d_i^-=0,\ \min f=\frac{9}{4}P_3+3P_4$$

（2）目标函数变化仅影响原解的最优性，即各非基变量的检验数，所以先计算各个检验数，再做适当处理。

对于目标函数 1)，得表 2-7-15。

表　2-7-15

c_j			0	0	P_3	P_2	0	0	P_1	0	$5P_4$	$3P_4$
c_B	x_B	$B^{-1}b$	x_1	x_2	d_1^+	d_2^+	d_3^+	d_4^+	d_1^-	d_2^-	d_3^-	d_4^-
0	x_1	13/2	1	0	0	-1/2	-1/2	0	0	1/2	1/2	0
P_3	d_1^+	3	0	0	1	-1	0	0	-1	[1]	0	0
$3P_4$	d_4^-	3/4	0	0	0	1/4	-1/4	-1	0	-1/4	1/4	1

（续）

c_j			0	0	P_3	P_2	0	0	P_1	0	$5P_4$	$3P_4$
$\boldsymbol{c}_B$	$\boldsymbol{x}_B$	$\boldsymbol{B}^{-1}\boldsymbol{b}$	x_1	x_2	d_1^+	d_2^+	d_3^+	d_4^+	d_1^-	d_2^-	d_3^-	d_4^-
0	x_2	5/4	0	1	0	−1/4	1/4	0	0	1/4	−1/4	0
c_j-f_j		P_1							1			
		P_2				1						
		P_3				1			1	−1		
		P_4				−3/4	3/4	3		3/4	17/4	
0	x_1	5	1	0	−1/2	0	−1/2	0	1/2	0	1/2	0
0	d_2^-	3	0	0	1	−1	0	0	−1	1	0	0
$3P_4$	d_4^-	3/2	0	0	1/4	0	−1/4	−1	−1/4	0	1/4	1
0	x_2	1/2	0	1	−1/4	0	1/4	0	1/4	0	−1/4	0
c_j-f_j		P_1							1			
		P_2				1						
		P_3			1							
		P_4			−3/4		3/4	3	3/4		17/4	

满意解为

$$\boldsymbol{x}=\left(5,\ \frac{1}{2}\right)^{\mathrm{T}},\ d_2^-=3,\ d_4^-=\frac{3}{2},\ 其余\ d_i^+=d_i^-=0,\ \min f=\frac{9}{2}P_4$$

对于目标函数2)，得表2-7-16。

表 2-7-16

c_j			0	0	P_4	P_2	0	0	P_1	0	w_1P_3	w_2P_3
$\boldsymbol{c}_B$	$\boldsymbol{x}_B$	$\boldsymbol{B}^{-1}\boldsymbol{b}$	x_1	x_2	d_1^+	d_2^+	d_3^+	d_4^+	d_1^-	d_2^-	d_3^-	d_4^-
0	x_1	13/2	1	0	0	−1/2	−1/2	0	0	1/2	1/2	0
P_4	d_1^+	3	0	0	1	−1	0	0	−1	1	0	0
w_2P_3	d_4^-	3/4	0	0	0	1/4	−1/4	−1	0	−1/4	1/4	1
0	x_2	5/4	0	1	0	−1/4	1/4	0	0	1/4	−1/4	0
c_j-f_j		P_1							1			
		P_2				1						
		P_3				$-w_2/4$	$w_2/4$	w_2		$w_2/4$	$w_1-w_2/4$	
		P_4				1			1	−1		

原满意解是否改变，取决于检验数 $w_1-\frac{w_2}{4}$。所以当 $w_1-\frac{w_2}{4}>0$ 即$\frac{w_1}{w_2}>\frac{1}{4}$时，原满意解不变，仍然为

$$\boldsymbol{x}=\left(\frac{13}{2},\ \frac{5}{4}\right)^{\mathrm{T}},\ d_1^+=3,\ d_4^-=\frac{3}{4},\ 其余\ d_i^+=d_i^-=0,\ \min f=\frac{9}{4}P_3+3P_4$$

当 $w_1-\frac{w_2}{4}<0$ 即 $\frac{w_1}{w_2}<\frac{1}{4}$ 时，原满意解改变，用单纯形法继续求解，如表 2-7-17 所示，可得新的满意解为

$$\boldsymbol{x}=(5,\ 2)^{\mathrm{T}},\ d_1^+=3,\ d_3^-=3,\ 其余\ d_i^+=d_i^-=0,\ \min f=3w_1P_3+3P_4。$$

表　2-7-17

c_j			0	0	P_4	P_2	0	0	P_1	0	w_1P_3	w_2P_3
$\boldsymbol{c}_B$	$\boldsymbol{x}_B$	$\boldsymbol{B}^{-1}\boldsymbol{b}$	x_1	x_2	d_1^+	d_2^+	d_3^+	d_4^+	d_1^-	d_2^-	d_3^-	d_4^-
0	x_1	5	1	0	0	−1	0	2	0	1	0	−2
P_4	d_1^+	3	0	0	1	−1	0	0	−1	1	0	0
w_1P_3	d_3^-	3	0	0	0	1	−1	−4	0	−1	1	4
0	x_2	2	0	1	0	0	0	−1	0	0	0	1
c_j-f_j		P_1							1			
		P_2				1						
		P_3				$-w_1$	w_1	$4w_1$		w_1		w_2-4w_1
		P_4				1			1	−1		

11. 设每周生产窗帘布用时 x_1，衣料布用时 x_2，则所求模型为

$$\min f=P_1d_1^-+P_2d_2^++P_3(5d_3^-+3d_4^-)+P_4d_1^+$$

$$\text{s. t.}\begin{cases}x_1+x_2+d_1^--d_1^+=80\\d_1^++d_2^--d_2^+=10\\x_1+d_3^-=70\\x_2+d_4^-=45\\x_1,\ x_2,\ d_i^-,\ d_i^+\geqslant 0\quad(i=1,\ 2,\ 3,\ 4)\end{cases}$$

12. 所求新模型为

$$\min f=P_1d_1^-+P_2(d_2^-+d_2^+)$$

$$\text{s. t.}\begin{cases}11x_1+3x_2\geqslant 25\\100x_1+50x_2+d_1^--d_1^+=1900\\10x_1+16x_2+d_2^--d_2^+=200\\x_i,\ d_i^+,\ d_i^-\geqslant 0\quad(i=1,\ 2)\end{cases}$$

13. 设每周产品 A 生产 x_1，产品 B 生产 x_2，则所求目标规划模型为

$$\min f=P_1d_1^-+P_2d_2^-+P_3(6d_3^-+4d_4^-+5d_5^-)$$

$$\text{s. t.}\begin{cases}340x_1+601x_2+d_1^--d_1^+=3000\\x_1+d_2^--d_2^+=7\\20x_1+d_3^-=160\\5x_1+8x_2+d_4^-=90\\3x_1+6x_2+d_5^-=40\\x_1,\ x_2,\ d_i^-,\ d_i^+\geqslant 0\quad(i=1,\ 2,\ 3,\ 4,\ 5)\end{cases}$$

14. 设安排商业广告节目的时间为 x_1，新闻节目的时间为 x_2，音乐文艺节目的时间为 x_3，则所求模型为

$$\min f=P_1(d_1^-+d_2^-+d_3^+)+P_2d_4^-$$

$$\text{s. t.}\begin{cases}x_1+x_2+x_3+d_1^-=12\\x_1+d_2^-=2.4\\x_2-d_3^+=2\\300\times60x_1-50\times60x_2-20\times60x_3+d_4^--d_4^+=720\times60\\x_1,\ x_2,\ x_3,\ d_1^-,\ d_2^-,\ d_3^+,\ d_4^-,\ d_4^+\geqslant0\end{cases}$$

15. 设 x_{ij}（$i=1,\ 2;\ j=1,\ 2,\ 3$）表示仓库 i 调运给工厂 j 的零部件数量，所求问题的目标规划模型为

$$\min f=P_1d_5^-+P_2(d_6^-+d_7^-)+P_3d_8^++P_4d_9^-+P_5(d_{10}^-+d_{10}^+)$$

$$\text{s. t.}\begin{cases}x_{11}+x_{12}+x_{13}+d_1^--d_1^+=3000\\x_{21}+x_{22}+x_{23}+d_2^--d_2^+=4000\\x_{11}+x_{21}+d_3^--d_3^+=2000\\x_{12}+x_{22}+d_4^--d_4^+=1500\\x_{13}+x_{23}+d_5^--d_5^+=4000\\x_{11}+x_{21}+d_6^--d_6^+=1500\\x_{12}+x_{22}+d_7^--d_7^+=1125\\10x_{11}+4x_{12}+12x_{13}+8x_{21}+10x_{22}+3x_{23}-d_8^+=0\\x_{21}+d_9^--d_9^+=1000\\3x_{11}-4x_{12}+3x_{21}-4x_{22}+d_{10}^--d_{10}^+=0\\x_{ij}\geqslant0\quad(i=1,\ 2;\ j=1,\ 2,\ 3)\\d_i^-,\ d_i^+\geqslant0\quad(i=1,\ 2,\ \cdots,\ 10)\end{cases}$$

第八章

练习题及解答

练习题

1. 判断下列说法是否正确：

（1）图论中的图是为了研究问题中有哪些对象及对象之间的关系，它与图的几何形状无关。

（2）一个图 G 是树的充分必要条件是边数最少的无孤立点的图。

（3）如果一个图 G 从 v_1 到各点的最短路是唯一的，则连接 v_1 到各点的最短路，再去掉重复边，得到的图即为最小支撑树。

（4）图 G 的最小支撑树中从 v_1 到 v_n 的通路一定是图 G 从 v_1 到 v_n 的最短路。

（5）$\{f_{ij}=0\}$ 总是最大流问题的一个可行流。

（6）无孤立点的图一定是连通图。

（7）图中任意两点之间都有一条简单链，则该图是一棵树。

（8）求网络最大流的问题总可以归结为求解一个线性规划问题。

（9）在图中求一点 v_1 到另一点 v_n 的最短路问题总可以归结为一个整数规划问题。

（10）图 G 中的一个点 v_1 总可以看成 G 的一个子图。

2. 用破圈法求图 2-8-1 的部分树：

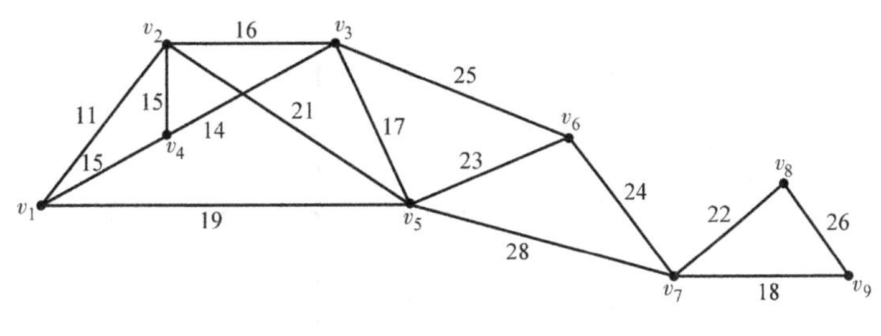

图 2-8-1

3. 写出图 2-8-2 和图 2-8-3 的顶点数、边数及顶点的次数，哪些是简单图。

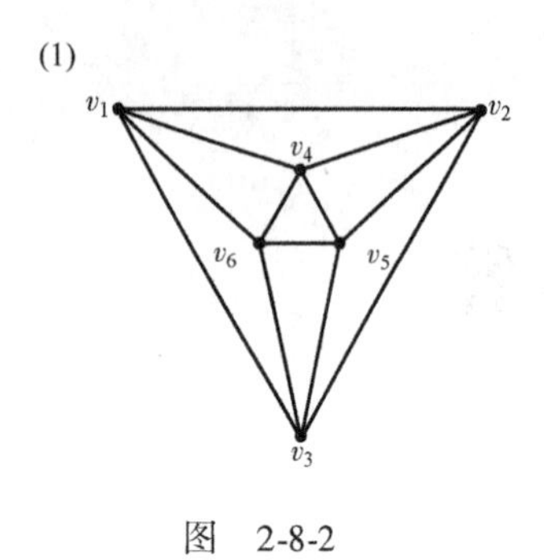

图 2-8-2

(2)

v_1 v_2 v_3 v_5 v_4

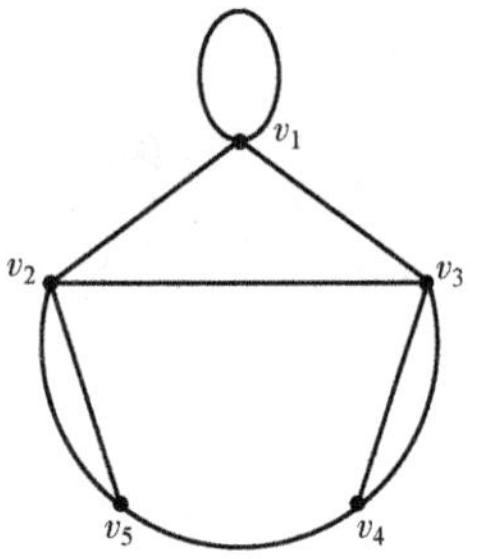

图 2-8-3

4. 完全图 K_n 有多少条边？

5. 求图 2-8-4 ~ 图 2-8-6 各图的最小支撑树。

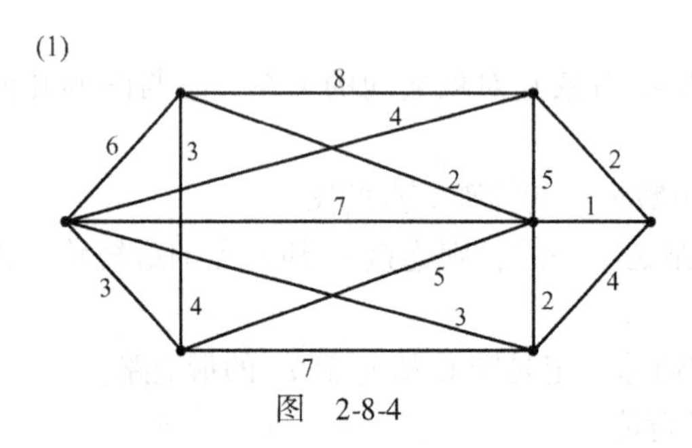

图 2-8-4

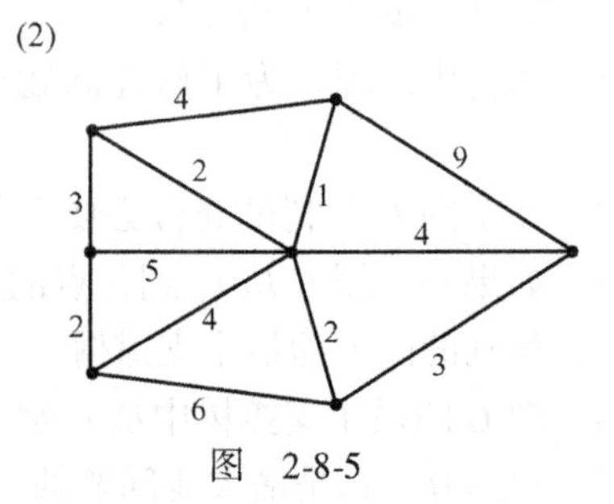

图 2-8-5

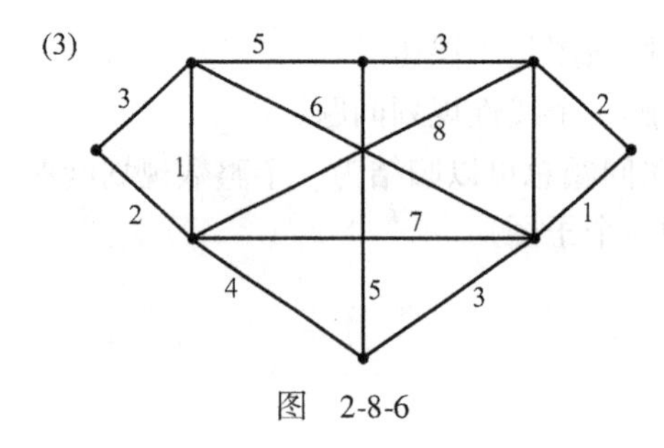

图 2-8-6

6. 用标号法求图 2-8-7 中从 v_1 到各顶点的最短距离。

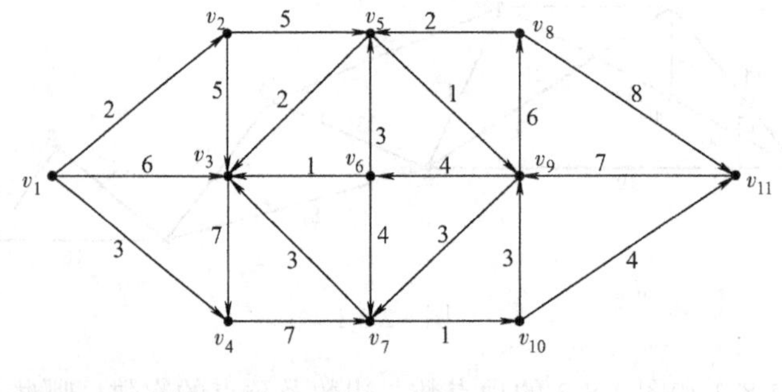

图 2-8-7

7. 在图 2-8-8 中用标号法求：

（1）从 v_1 到各顶点的最短距离。

（2）若从 v_1 到 v_9，则走哪一条路最短。

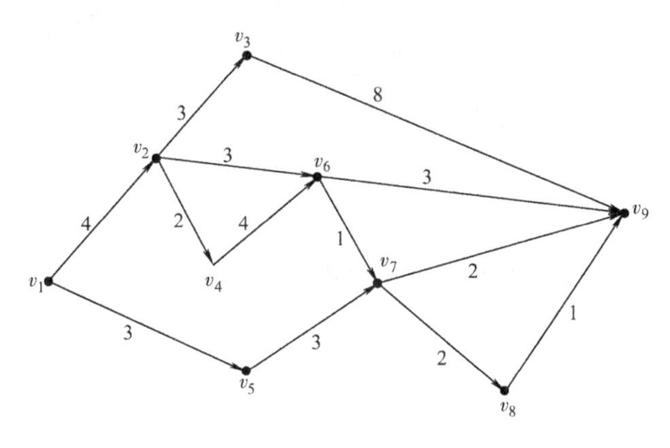

图　2-8-8

8. 已知 8 个村镇，相互间距离如表 2-8-1 所示。已知 1 号村镇离水源最近，为 5km，问从水源经 1 号村镇铺设输水管道将各村镇连接起来，应如何铺设使输水管道最短（为便于管理和维修，水管要求在各村镇处分开）。

表　2-8-1　　（单位：km）

从	到						
	2	3	4	5	6	7	8
1	1.5	2.5	1.0	2.0	2.5	3.5	1.5
2		1.0	2.0	1.0	3.0	2.5	1.8
3			2.5	2.0	2.5	2.0	1.0
4				2.5	1.5	1.5	1.0
5					3.0	1.8	1.5
6						0.8	1.0
7							0.5

9. 用标号法求图 2-8-9 中网络的最大流。

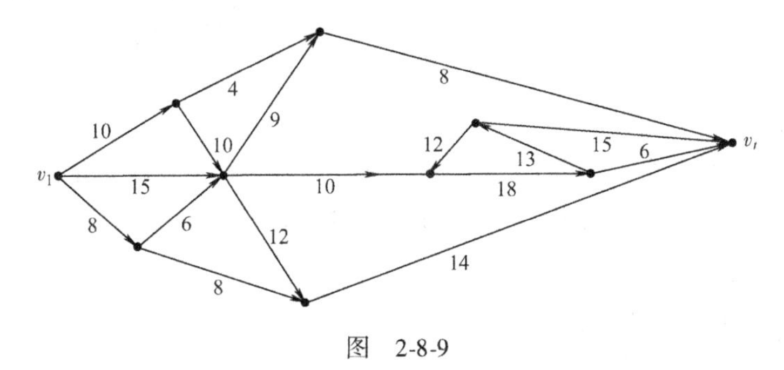

图　2-8-9

10. 用标号法求图 2-8-10 中网络的最大流。

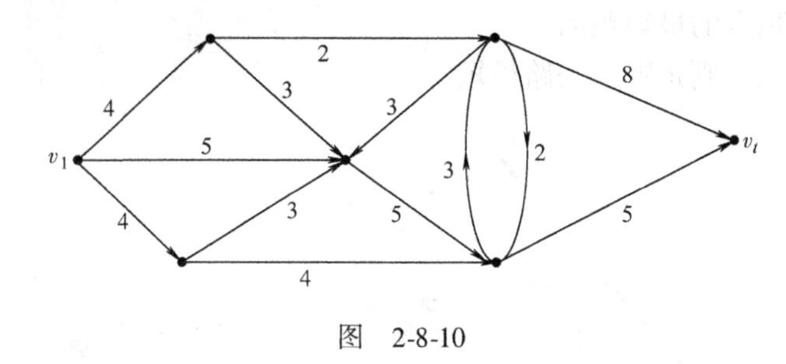

图 2-8-10

11. 求图 2-8-11、图 2-8-12 中网络的最小费用最大流（括号内的两个数字，前一个是单位流量的费用，后一个是该弧的流量）。

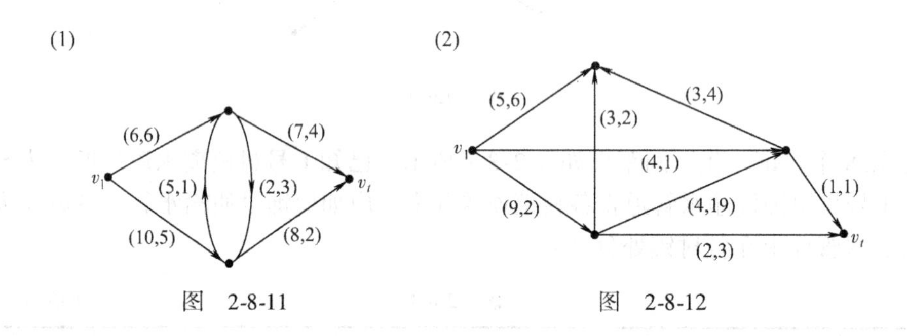

图 2-8-11　　图 2-8-12

练习题解答

1. （1）✓；（2）×；（3）✓；（4）×；（5）✓；（6）×；（7）×；（8）✓；（9）✓；（10）✓。

2. 结果如图 2-8-13 所示。

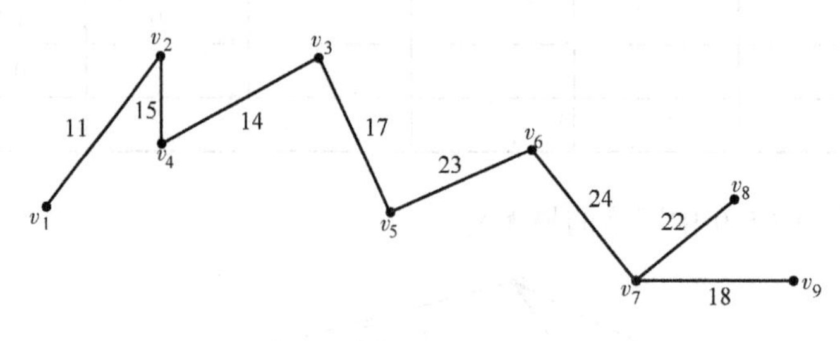

图 2-8-13

3. 图（1）顶点数 6 个；边数 12 条；每个顶点的次数都为 4 次，是简单图。

图（2）顶点数 5 个；边数 9 条；每个顶点的次数：v_4、v_5 为 3 次，其他各顶点都为 4 次，是简单图。

4. 完全图的边数为$\frac{n\ (n-1)}{2}$条。

5. （1）最小支撑树如图 2-8-14 所示，权重为 16。

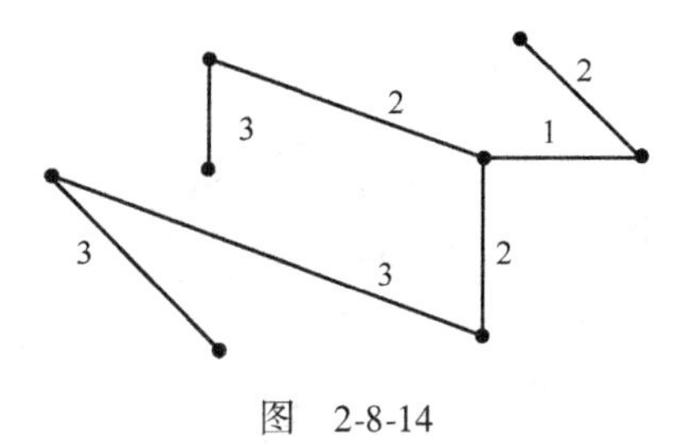

图　2-8-14

（2）最小支撑树如图 2-8-15 所示，权重为 13。

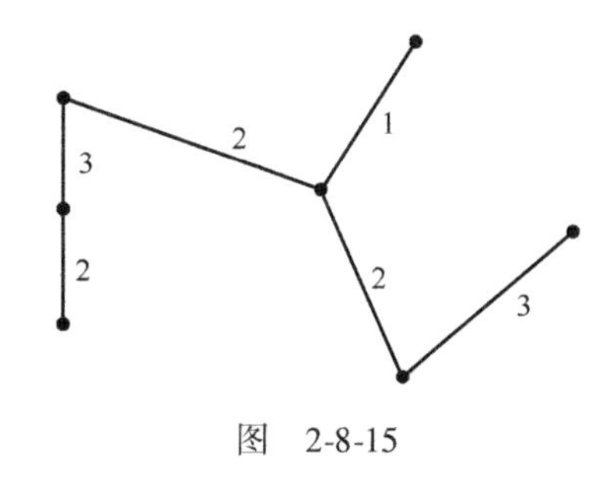

图　2-8-15

（3）最小支撑树如图 2-8-16 所示，权重为 16。

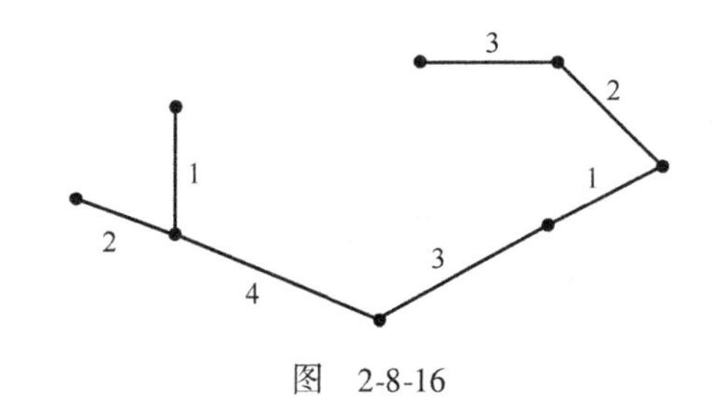

图　2-8-16

6. 结果如图 2-8-17 所示。

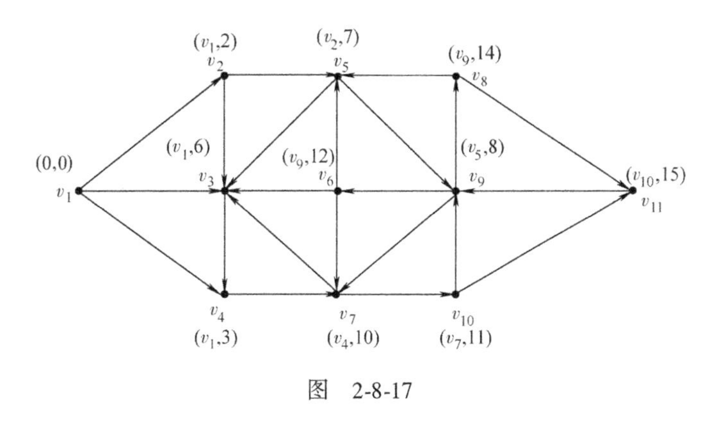

图　2-8-17

7. 结果如图 2-8-18 所示，从 v_1 到 v_9 的最短路为 $v_1 \to v_5 \to v_7 \to v_9$。

8. 此为最短路问题。铺设路线由图 2-8-19 给出，最短输水管道为 6. 5km。

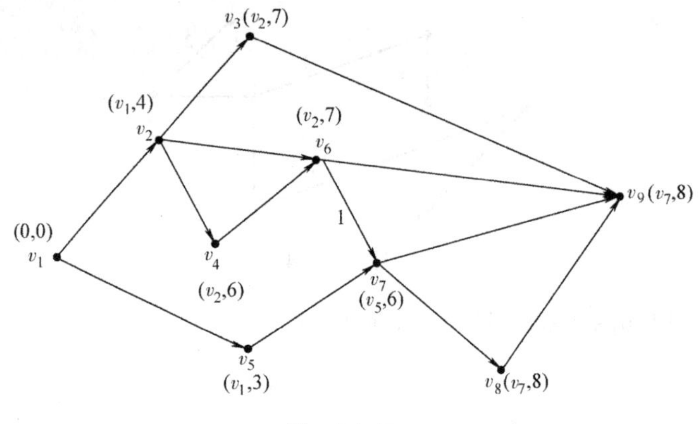

图 2-8-18

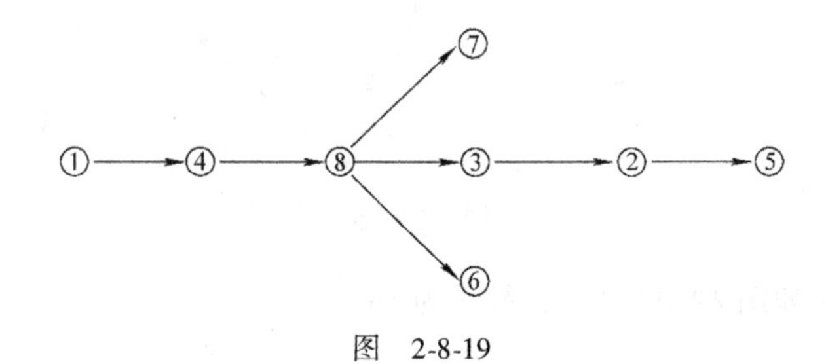

图 2-8-19

9. 最大流为32。

10. 最大流为10。

11.（1）最大流量为6，最小费用为84。

（2）最大流量为3，最小费用为27。

第九章

练习题及解答

练习题

1. 某单位每年使用某种零件10万件，每件每年的保管费为3元，每次订购费为60元，试求：

（1）经济订购批量。

（2）每次订购费为0.6元时，每次应订购多少件？

2. 某工厂每年需要某种备件400件，每件每年的存储保管费为14.4元，每次订购费为20元，不得缺货，试求经济订货批量。

3. 某厂每月需要购进某种零件2000件，每件150元。已知每件每年的存储费为成本的16%，每组织一次订货需1000元，订货提前期为零。

（1）求经济订货批量及最小费用。

（2）如果该种零件允许缺货，每短缺一件的损失费为5元，求经济订货、批量、最小费用及最大允许缺货量。

4. 设某工厂生产某种零件，每年需要量为18000个，该厂每月可生产3000个，每次生产的装配费为500元，每个零件每月的存储费为0.15元，求每次生产的最佳批量。

5. 某公司每年需要某种零件10000件，假定定期订购且订购后供货单位能及时供应，每次订购费为25元，每个零件每年的存储费为0.125元。

（1）不允许缺货，求最优订购批量及年订购次数。

（2）允许缺货，问单位缺货损失费为多少时，一年只需订购3次？

6. 某工厂某商品每年的销售量为15000件，在全年工作日内均衡生产，假设加工一件产品的原料费为48元，每件产品每年的原材料存储费为其成本的22%，每次的订购费为250元，订货提前期为零。

（1）求经济订货批量。

（2）若工厂一次订购三个月所需的原材料可给8%的优惠（存储费也相应降低），则该厂是否接受此优惠条件。

7. 设某单位每年需要某种零件360000个，每个零件每次购入价为50元，每次的订购费为500元，每年每件的存储费为购入价的20%，当订购零件批量较大时，可以享受如表2-9-1所示折扣。

表 2-9-1

订购批量/个	折扣率
0 ~ 9999	100%
10000 ~ 29999	98%
30000 ~ 39999	94%
≥40000	90%

若不允许缺货，且一订货就进货，试求最佳的订货批量。

8. 某工厂每年对一种零件的需求为 2000 件，订货提前期为零，每次订货费为 25 元，该零件每件成本为 50 元，年存储费为成本的 20%。如发生供应短缺，可在下批货到达时补上，但缺货损失费为每件每年 30 元。求：

(1) 经济批量订货及全年的总费用。

(2) 如不允许发生供应短缺，重新求经济批量订货并同 (1) 的结果进行比较。

9. 某商店经销 A 产品，进货单价为每件 73 元，年存储费为成本的 20%，年需求量为 3650 件，需求速度均匀。已知其订购费为每次 20 元，订货提前期为 7 天，求经济订购批量和最小平均费用。

10. 某商店经销商品 A，每年的需求量为 10000 件，每次订货费为 2000 元，采购价为每件 100 元，若每次采购 2000 件以上，则每件单价为 80 元，每件每年的存储费为采购价的 20%，则每次应采购多少件？

11. 设某货物的需求量为 17 ~ 26 件，已知需求量 r 的概率分布如表 2-9-2 所示。

表 2-9-2

需求量 r/件	17	18	19	20	21	22	23	24	25	26
概率 $P(r)$	0.12	0.18	0.23	0.13	0.10	0.08	0.05	0.04	0.04	0.03

已知其成本为每件 5 元，售价为每件 10 元，处理价为每件 2 元。问：

(1) 应进货多少，才能使总利润期望值最大？

(2) 若因缺货造成的损失为每件 25 元，则最佳经济批量又该为多少？

12. 某人经营某种杂志，每册进价 0.8 元，售价 1.0 元，如当期不能售出则削价处理，处理价为 0.5 元。根据以往经验，杂志销售量服从均匀分布，最高需求量 $b = 1000$ 册，最低需求量 $a = 500$ 册。问应进货多少，才能使获得的利润期望值最大？

13. 某公司使用某种原料，每箱进价为 900 元，订购费为 100 元，每箱货物存储一个周期的存储费为 400 元，缺货费为每箱 1200 元，初始库存为 10 箱，已知该原料的需求概率分布如表 2-9-3 所示。

表 2-9-3

需求量 r/箱	30	40	50	60
概率 $P(r)$	0.2	0.25	0.3	0.25

求该公司的 (s, S) 存储策略。

14. 某商店经销一种电子产品，每台进货价为4000元，单位存储费为60元，如果缺货，缺货费为4300元，每次订购费为5000元。根据资料分析，该产品销售量服从区间［75，100］内的均匀分布，即

$$f(r)=\begin{cases}\dfrac{1}{25}, & 75\leqslant r\leqslant 100\\ 0, & 其他\end{cases}$$

期初库存为零，确定（s，S）型存储策略中的s及S的值。

15. 某商店准备销售一批应季商品，已知每售出100件盈利为300元，如果季末没有售出，过季后就要削价处理，此时每100件就要损失400元。根据以往经验，市场需求情况如表2-9-4所示，求最佳订货量。

表　2-9-4　　（单位：百件）

需求量	4	5	6	7	8	9
概率	0.05	0.10	0.25	0.35	0.15	0.10

16. 某商店出售某种商品A，已知单位A商品成本为60元，售价为90元。如当日不能出售必须减价为40元，减价后一定可以出售。若已知销售量x服从泊松分布，即

$$f(x)=\frac{\lambda^{x}}{x!}e^{-\lambda}$$

根据以往经验，A商品每日平均售出数$\lambda=9$单位，问该商店每日应订购A商品多少单位？

17. 某厂对某种原料每月的需求量的概率如表2-9-5所示，每次订购费$C_3=800$元，原料每吨价格$K=1000$元，每吨原料每月存储费$C_1=70$元，每吨缺货损失$C_2=1600$元，该厂领导希望制订（s，S）策略，试求s及S的值。

表　2-9-5

需求量x_i/t	20	30	40	50	60	70	80
概率$P\{X=x_i\}$	0.05	0.10	0.20	0.25	0.25	0.09	0.06
$\sum_i P\{X=x_i\}$	0.05	0.15	0.35	0.60	0.85	0.94	1.00

18. 某商店存有某种商品5件，每件的进价费为4元，存储费为1.5元，缺货费为15元。已知该商品的需求量服从$\mu=22$，$\sigma=6$的正态分布，求商店对该商品的最佳订货量。

19. 某工厂对零件A的需求服从负指数分布，需求之间的间隔时期为20个单位，假如在一个时期内的存储费为2，缺货费为6，产品的单价为3，试找出下列条件的最佳订货批量：

（1）期初库存为5。

（2）期初库存为10。

20. 已知某产品的单位成本$K=4$，单位存储费$C_1=2$，单位缺货损失$C_2=6$，每次订货费$C_3=7$，需求量服从［6，26］上的均匀分布，设期初库存为零，试制订（s，S）策略并求s及S的值。

21. 某公司对某种商品每月的平均需求量为 90 件，一次订货费为 160 元，每件商品每月的存储费为40 元，每次订单发出5 天后到货，其间需求量 $X \sim N$（10，9）。计算库存量降到几件时订货，每次订货多少件才能保证不缺货的概率达到99.9%，并使费用最少。

练习题解答

1. (1)根据题意，$\lambda=10$ 万件/年，$h=3$ 元/年件，$A=60$ 元/次，所以

$$Q^*=\sqrt{\frac{2A\lambda}{h}}=\sqrt{\frac{2\times60\times100000}{3}}\text{件/次}=2000\text{ 件/次}$$

(2) 若 $A=0.6$ 元/次，则有：

$$Q^*=\sqrt{\frac{2A\lambda}{h}}=\sqrt{\frac{2\times0.6\times100000}{3}}\text{件/次}=200\text{ 件/次}$$

2. 根据题意，$\lambda=400$ 件/年，$h=14.4$ 元/(年·件)，$A=20$ 元/次，所以

$$Q^*=\sqrt{\frac{2A\lambda}{h}}=\sqrt{\frac{2\times20\times400}{14.4}}\text{件/次}=33.33\text{ 件/次}$$

3. 根据题意，$\lambda=2000$ 件/月，$k=150$ 元/件，$h=\frac{16\%k}{12}=\frac{24}{12}$元/月件 $=2$ 元/月件；$A=$ 1000 元/次，则有：

(1) $$Q^*=\sqrt{\frac{2A\lambda}{h}}=\sqrt{\frac{2\times1000\times2000}{2}}\text{件/次}=1414\text{ 件/次}$$

$$C^*=\sqrt{2hA\lambda}=\sqrt{2\times2\times1000\times2000}\text{元/月}=2828.4\text{ 元/月}$$

(2) $b=5$ 元/(月·件)

$$Q^*=\sqrt{\frac{2A\lambda(h+b)}{hb}}=\sqrt{\frac{2\times1000\times2000\times(2+5)}{2\times5}}\text{件/次}=1673\text{ 件/次}$$

$$C^*=\sqrt{\frac{2hbA\lambda}{h+b}}=\sqrt{\frac{2\times2\times5\times1000\times2000}{2+5}}\text{元/月}=2390.5\text{ 元/月}$$

$$B^*=\sqrt{\frac{2hA\lambda}{b(h+b)}}=\sqrt{\frac{2\times2\times1000\times2000}{5\times(2+5)}}\text{元/月}=478\text{ 元/月}$$

4. 根据题意，$\lambda=\frac{18000}{12}$个/月 $=1500$ 个/月，$P=3000$ 个/月，$h=0.15$ 个/月，$A=$ 500 元/次，则

$$Q^*=\sqrt{\frac{2A\lambda}{h}}\sqrt{\frac{P}{P-\lambda}}=\sqrt{\frac{2\times500\times3000\times1500}{0.15\times(3000-1500)}}\text{个}=4472\text{ 个}$$

或 $$t^*=\sqrt{\frac{2A}{h\lambda}}\sqrt{\frac{P}{P-\lambda}}=\sqrt{\frac{2\times500\times3000}{0.15\times1500\times(3000-1500)}}\text{月}=2.981\text{ 月}$$

$Q^*=\lambda t^*=1500$ 个/月 $\times2.981$ 月 $=4472$ 个

5. 根据题意，$\lambda=10000$ 件/年，$A=25$ 元/次，$h=0.125$ 元/年，则

(1) $$Q^*=\sqrt{\frac{2A\lambda}{h}}=\sqrt{\frac{2\times25\times10000}{0.125}}\text{件/次}=2000\text{ 件/次}$$

$$年订货次数=\frac{\lambda}{Q^*}=\frac{10000}{2000}次/年=5次/年$$

（2）允许缺货时，最佳订货批量为

$$Q^*=\sqrt{2A\lambda}\sqrt{\frac{1}{h}+\frac{1}{b}}=\sqrt{2\times25\times10000}\sqrt{\frac{1}{0.125}+\frac{1}{b}}$$

$$=\frac{10000}{3}$$

所以可以解得单位缺货损失费 $b=0.0703$ 元。

6.(1)根据题意，$\lambda=15000$ 件/年，$k=48$ 元/件，$A=250$ 元/次，$h=22\%k=(22\%\times48)$元/(年·件)$=10.56$ 元/(年·件)，则

$$Q^*=\sqrt{\frac{2A\lambda}{h}}=\sqrt{\frac{2\times250\times15000}{10.56}}件=843件$$

（2）若三个月订购一次，则

$$每次平均订购数量\ Q=\frac{\lambda}{4}=\frac{15000}{4}件=3750件$$

$$k'=92\%k=(92\%\times48)元/件=44.16元/件$$

$$h'=22\%k'=(22\%\times44.16)元/(年·件)=9.7152元/(年·件)$$

接受优惠总费用为

$$\lambda k'+4A+\frac{Q}{2}h'=\left(15000\times44.16+4\times250+\frac{3750}{2}\times9.7152\right)元/年$$

$$=681616元/年$$

原总费用为

$$\lambda k+A\frac{\lambda}{Q^*}+\frac{Q^*}{2}h=\left(15000\times48+250\times\frac{15000}{843}+\frac{843}{2}\times10.56\right)元/年$$

$$=728899元/年$$

所以可以看出,该厂可以接受此优惠条件。

7. 根据题意，$\lambda=360000$ 个/年，$k=50$ 元/件，$A=500$ 元/次，$h=20\%k=(20\%\times50)$元/(年·件)$=10$ 元/(年·件),则经济订货批量为

$$Q^*=\sqrt{\frac{2A\lambda}{h}}=\sqrt{\frac{2\times500\times360000}{10}}个=6000个$$

总费用:$C=\lambda k+A\frac{\lambda}{Q}+\frac{1}{2}Qh$，计算结果如表 2-9-6 所示。

表　2-9-6

单价 k/元	订购量 Q/件	年订购费/元	360000 个的费用/元	年存储费/元	年总费用/元
50	6000	30000	18000000	30000	18060000
49	10000	18000	17640000	49000	17707000
47	30000	6000	16920000	141000	17067000
45	40000	4500	16200000	180000	16384500

由于订购 40000 件的总费用最少，所以应每次订购 40000 个零件。

8.（1）根据题意，$\lambda=2000$ 件/年，$k=50$ 元/件，$A=25$ 元/次，$h=20\%k=10$ 元/（年·件），$b=30$ 元/（年·件），则

$$Q^*=\sqrt{\frac{2A\lambda(h+b)}{hb}}=\sqrt{\frac{2\times25\times2000\times(10+30)}{10\times30}}\text{件/次}=115.5\text{ 件/次}$$

$$C^*=\sqrt{\frac{2\times10\times30\times25\times2000}{10+30}}\text{元}=866\text{ 元}$$

（2）若不允许缺货,则

$$Q^*=\sqrt{\frac{2A\lambda}{h}}=\sqrt{\frac{2\times25\times2000}{10}}\text{件/次}=100\text{ 件/次}$$

$$C^*=\sqrt{2\times10\times25\times2000}\text{元}=1000\text{ 元}$$

9. 根据题意，$\lambda=3650$ 件/年，$k=73$ 元，$h=20\%k=14.6$ 元/（年·件），$A=20$ 元/次，则

$$Q^*=\sqrt{\frac{2A\lambda}{h}}=\sqrt{\frac{2\times20\times3650}{14.6}}\text{件/次}=100\text{ 件/次}$$

$$C^*=\sqrt{2hA\lambda}=\sqrt{2\times14.6\times20\times3650}\text{元}=1460\text{ 元}$$

由于提前 7 天订货，7 天内需要产品 70 件，所以当存储量降为 70 件时就要订货。

10. $\lambda=10000$ 件/年，$A=2000$ 元/次，设单价为 $k(Q)$，则

$$k(Q)=\begin{cases}100\text{ 元/件，}0\sim1999\text{ 件}\\80\text{ 元/件，}2000\text{ 件及其以上}\end{cases}$$

当 $k(Q)=100$ 元/件时，$h'=(100\times20\%)$元/（年·件）$=20$ 元/（年·件）

当 $k(Q)=80$ 元/件时，$h''=(80\times20\%)$元/（年·件）$=16$ 元/（年·件）

$$Q_1^*=\sqrt{\frac{2A\lambda}{h'}}=\sqrt{\frac{2\times2000\times10000}{20}}\text{件/次}\approx1414\text{ 件/次}<1999\text{ 件/次}$$

$$Q_2^*=\sqrt{\frac{2A\lambda}{h''}}=\sqrt{\frac{2\times2000\times10000}{16}}\text{件/次}\approx1581\text{ 件/次}<2000\text{ 件/次}$$

（不符合题意，因为 $h''=16$ 时，一次订购量应大于 2000 件，而 $Q_2^*<2000$ 件，所以应该舍去）。

平均每单位所需费用为

$$C_1(Q_1^*)=\frac{1}{2}h'\frac{Q_1^*}{\lambda}+\frac{A}{Q_1^*}+k(Q)=\left(\frac{1}{2}\times20\times\frac{1414}{10000}+\frac{2000}{10000}+100\right)\text{元/件}$$
$$=101.614\text{ 元/件}$$

$$C_2(Q_2^*)=\frac{1}{2}h''\frac{Q_2^*}{\lambda}+\frac{A}{Q_2^*}+k(Q)=\left(\frac{1}{2}\times16\times\frac{2000}{10000}+\frac{2000}{10000}+80\right)\text{元/件}$$
$$=81.8\text{ 元/件}$$

因为 $C_1(Q_1^*)>C_2(Q_2^*)$，所以 $Q^*=2000$ 件。

11.（1）由题意知，$k=5$，$h=3$，所以临界值为

$$N=\frac{k}{k+h}=\frac{5}{5+3}=0.625$$

$$\sum_{r=17}^{19}P(r)=0.12+0.18+0.23=0.53$$

$$\sum_{r=17}^{20} P(r) = 0.12 + 0.18 + 0.23 + 0.13 = 0.66$$

所以

$$\sum_{r=17}^{19} P(r) < 0.625 < \sum_{r=17}^{20} P(r)$$

因此,最佳订货批量 $Q^* = 20$ 件。

（2）已知 $b = 25$ 元/件，单位成本 $K = 5$ 元/件，单位售价 $p = 10$ 元/件，处理价 $q = 2$ 元/件，所以临界值为

$$N = \frac{b+p-K}{b+p-q} = \frac{10+25-5}{10+25-2} = 0.909$$

$$\sum_{r=17}^{23} P(r) = 0.12 + 0.18 + 0.23 + 0.13 + 0.10 + 0.08 + 0.05 = 0.89$$

$$\sum_{r=17}^{24} P(r) = 0.12 + 0.18 + 0.23 + 0.13 + 0.10 + 0.08 + 0.05 + 0.04 = 0.93$$

所以

$$\sum_{r=17}^{23} P(r) < 0.909 < \sum_{r=17}^{24} P(r)$$

因此，最佳订货批量为 $Q^* = 24$ 件。

12. $k = (1-0.8)$ 元/册 $= 0.2$ 元/册，$h = (0.8-0.5)$ 元/册 $= 0.3$ 元/册，则

$$f(x) = \begin{cases} \frac{1}{500}, & 500 < x < 1000 \\ 0, & 其他 \end{cases}$$

临界值为

$$N = \frac{k}{k+h} = \frac{0.2}{0.2+0.3} = 0.4$$

$$\int_{500}^{Q} f(x)\mathrm{d}x = \int_{500}^{Q} \frac{1}{500}\mathrm{d}x = \frac{Q-500}{500} = 0.4$$

因此 $Q^* = 700$ 册。

13. 已知缺货费 $b = 1200$ 元/箱，单位成本 $K = 900$ 元/箱，订购费 $A = 100$ 元/箱，存储费 $h = 400$ 元/箱，所以临界值为

$$N = \frac{1200-900}{400+1200} = \frac{300}{1600} = 0.1875 (去掉)$$

$S = 40$ 箱；$s = 30$ 箱

14. $S = 77$ 台；$s = 70$ 台

15. 解法 1：缺货损失：每 100 件商品 $k = 300$ 元

滞销损失：每 100 件商品 $h = 400$ 元

$$\frac{h}{h+k} = \frac{400}{300+400} = \frac{4}{7} = 0.57$$

$$P(700) + P(800) + P(900) = 0.35 + 0.15 + 0.10 = 0.60 > 0.57$$

$$P(800) + P(900) = 0.15 + 0.10 = 0.25 < 0.57$$

所以，最佳订货量应为 $Q^* = 700$ 件。

解法 2：总的期望损失值为

$$G(Q) = b\sum_{x=0}^{Q}(Q-x)P(x) + a\sum_{x=Q+1}^{\infty}(x-Q)P(x)$$

其中，$a=300$，$b=400$。

$G(4) = 300\times(0.1\times1+0.25\times2+0.35\times3+0.15\times4+0.1\times5)$元$=825$元

$G(5) = [400\times1\times0.05+300\times(0.25\times1+0.35\times2+0.15\times3+0.1\times4)]$元
$=560$元

$G(6) = [400\times(0.05\times2+0.1\times2)+300\times(0.35\times1+0.15\times2+0.1\times3)]$元
$=405$元

$G(7) = [400\times(0.05\times3+0.1\times2+0.25\times1)+300\times(0.15\times1+0.1\times2)]$元
$=345$元

$G(8) = [400\times(0.05\times4+0.1\times3+0.25\times2+0.35\times1)+300\times0.1\times1]$元
$=570$元

$G(9) = 400\times(0.05\times5+0.1\times4+0.25\times3+0.35\times2+0.15\times1)$元$=900$元

由此可得最佳订货量应为 $Q^*=700$ 件。

16. 缺货损失：每单位商品 $k=(90-60)$元$=30$元

滞销损失：每单位商品 $h=(60-40)$元$=20$元

$$\frac{k}{k+h}=\frac{30}{30+20}=0.6$$

令 $F(Q)=\sum_{x=0}^{Q}P(x)$，当 $\lambda=9$ 时，查表可知：

当 $Q=9$ 时，$F(9)=0.5874$；当 $Q=10$ 时，$F(10)=0.706$，则有 $F(9)<0.6<F(10)$，所以 A 商品的订货量应为每日 10 单位，则利润期望值最大。

17. 临界值为：$N=\dfrac{C_2-K}{C_2+C_1}=\dfrac{1600-1000}{1600+70}=0.3593$

因为 $P(20)+P(30)+P(40)=0.35<0.3593$，$P(20)+P(30)+P(40)+P(50)=0.60>0.3593$，所以 $S=50$。

因为 $s\leqslant S=50$，所以 s 只可能取 20、30、40、50。将 50 代入下式

$$Ks+\sum_{r\leqslant s}C_1(s-r)P(r)+\sum_{r>s}C_2(r-s)P(r)$$
$$\leqslant C_3+KS+\sum_{r\leqslant s}C_1(s-r)P(r)+\sum_{r>s}C_2(r-s)P(r)$$

的右端，得

$800+1000\times50+70\times(30\times0.05+20\times0.1+10\times0.2)+$
$1600\times(10\times0.25+20\times0.09+30\times0.06)=60945$

将 40 作为 s 代入上式的左端，得

$1000\times40+70\times(20\times0.05+10\times0.1)+1600\times(10\times0.25+20\times0.25+30\times$
$0.09+40\times0.06)=60300<60945$

将 30 作为 s 代入上式的左端，得

$1000\times30+70\times10\times0.05+1600\times(10\times0.35+20\times0.25+30\times0.25+$
$40\times0.09+50\times0.06)=66195>60945$

所以 $s=40$。即该厂应采用(40, 50)策略，即库存上限为50t，下限为40t。

18. 由题设，$K=4$ 元，$h=1.5$ 元，$b=15$ 元，$r\sim N(22,6^2)$，则临界值为

$$\frac{b-K}{h+b}=\frac{11}{1.5+15}=0.6667$$

则

$$F(Q)=\frac{1}{\sqrt{2\pi}}\int_0^{\frac{Q-22}{6}}\mathrm{e}^{-\frac{t^2}{2}}\mathrm{d}t=0.6667$$

即　$\Phi\left(\frac{Q-22}{6}\right)=0.6667$。查表得$\frac{Q-22}{6}=0.434$，则 $Q=24.604$。

应购进25件，考虑到已有的5件，本期最佳订货量为20件。

19. 临界值$\frac{b-K}{h+b}=\frac{3}{2+6}=0.375$，因为 $\theta=20$，所以

$$f(r)=\begin{cases}0.05\mathrm{e}^{-0.05r} & r>0\\ 0 & r\leqslant0\end{cases}$$

所以

$$F(Q)=\int_0^Q 0.05\mathrm{e}^{-0.05r}\mathrm{d}r=0.375$$

即

$$1-\mathrm{e}^{-0.05Q}=0.375$$

解得 $Q=9.472$。

(1) 应订 $9.472-5=4.472\approx5$。

(2) 当期初库存为10时不订货。

20. 临界值 $N=\frac{b-K}{h+b}=\frac{6-4}{2+6}=0.25$，需求量 r 的密度函数为

$$f(r)=\begin{cases}\frac{1}{20}, & 6\leqslant r\leqslant26\\ 0, & \text{其他}\end{cases}$$

所以

$$\int_0^Q f(r)\mathrm{d}r=\int_6^Q\frac{1}{20}\mathrm{d}r=\frac{Q-6}{20}=0.25$$

则 $Q=11$，即 $S=11$。

再由不等式

$$Ks+\int_6^s h(s-r)f(r)\mathrm{d}r+\int_s^{26}b(r-s)f(r)\mathrm{d}r$$
$$\leqslant A+Ks+\int_6^s h(S-r)f(r)\mathrm{d}r+\int_s^{26}b(r-S)f(r)\mathrm{d}r$$

求 s。将 $s=11$ 代入不等式的右边，得

$$7+4\times11+\int_6^{11}2(11-r)\frac{1}{20}\mathrm{d}r+\int_{11}^{26}6(r-11)\frac{1}{20}\mathrm{d}r=86$$

不等式左边代入有关数字，积分得

$$4s+\int_{6}^{s}2(s-r)\frac{1}{20}\mathrm{d}r+\int_{s}^{26}6(r-s)\frac{1}{20}\mathrm{d}r=0.2s^{2}-7.4s+103.2$$

所以，所求 s 应满足不等式：$0.2s^{2}-7.4s+103.2\leqslant 86$。

取等式解得：$s=5.1$ 或 16.9，因为 16.9 已超过 S 的值 11，显然不合理，所以应取 $s=5.1$。

21. 根据题意，$\lambda=90$ 件／月，$h=40$ 元／月件，$A=160$ 元，$L=5$ 天 $=\frac{1}{6}$ 月，则 $X\sim N(10,9)$，设 B 为保险库存量，则

$$Q^{*}=\sqrt{\frac{2A\lambda}{h}}=\sqrt{\frac{2\times 160\times 90}{40}}\text{件}=27\text{件}$$

因为

$$P\left\{X<B+\frac{1}{6}\times 90\right\}\geqslant 99.9\%$$

而 $X\sim N(10,9)$，所以

$$P\left\{\frac{X-10}{3}<\frac{B+\frac{1}{6}\times 90-10}{3}\right\}\geqslant 99.9\%$$

则 $\frac{B+\frac{1}{6}\times 90-10}{3}\geqslant 3$，即 $B\geqslant 4$，即取保险库存 B 为 4 件。

$$B+L\lambda=\left(4+\frac{1}{6}\times 90\right)\text{件}=19\text{件}$$

即当库存量为 19 件时发出订单，订货量为 27 件。

第十章

练习题及解答

练习题

1. 判断下列说法是否正确：

（1）不管决策问题如何变化，一个人的效用曲线总是不变的。

（2）具有中间型效用曲线的决策者，对收入的增长和对金钱的损失都不敏感。

2. 考虑表2-10-1所示的利润矩阵（表中数字矩阵为利润），分别用以下四种决策准则求最优策略：

（1）等可能准则。

（2）悲观主义准则。

（3）折中主义准则（取 $\lambda=0.5$）。

（4）后悔值准则。

表 2-10-1

方案	状态				
	E_1	E_2	E_3	E_4	E_5
s_1	12	8	2	-2	18
s_2	3	16	10	9	2
s_3	1	15	14	10	-3
s_4	17	22	10	12	0

3. 某种子商店希望订购一批种子。据以往经验，种子的销售量可能为500kg、1000kg、1500kg、2000kg。假定每千克种子的订购价为6元，销售价为9元，剩余种子的处理价为每千克3元。要求：

（1）建立损益矩阵。

（2）分别用悲观主义准则、乐观主义准则及等可能准则决定该商店应订购的种子数。

（3）建立后悔矩阵，并用后悔值准则决定商店应订购的种子数。

4. 根据以往的资料，一家超级市场每天所需面包数（当天市场需求量）可能是下列当中的某一个：100个、150个、200个、250个、300个，但其概率分布不知道。如果一个面包当天卖不掉，则可在当天营业结束前以每个0.5元处理掉。新鲜面包每个售价1.2元，进价 0.9 元，假设进货量限制在需求量中的某一个。要求：

（1）建立面包进货问题的损益矩阵。

（2）分别用处理不确定型决策问题的各种方法确定进货量。

5. 有一个食品店经销各种食品，其中有一种食品进货价为每个 3 元，出售价为每个 4 元，如果这种食品当天卖不掉，每个就要损失 0.8 元。根据以往的销售情况，这种食品每天销售 1000 个、2000 个、3000 个的概率分别为 0.3、0.5、0.2，用期望值准则给出食品店每天进货的最优策略。

6. 一季节性商品必须在销售之前就把产品生产出来。当需求量是 D 时，生产者生产 x 件商品的利润（单位为元）为

$$f(x)=\begin{cases}2x, & 0\leqslant x\leqslant D\\ 3D-x, & x>D\end{cases}$$

设 D 有五个可能的值：1000 件、2000 件、3000 件、4000 件和 5000 件，并且它们的概率都是 0.2。生产者也希望商品的生产量是上述五个值中的某一个。问：

（1）若生产者追求最大的期望利润，他应生产多少产品？

（2）若生产者选择遭受损失的概率最小，他应生产多少产品？

（3）生产者欲使利润大于或等于 3000 元的概率最大，他应生产多少产品？

7. 某决策者的效用函数可由下式表示：

$$U(x)=1-e^{-x},\quad 0\leqslant x\leqslant 10000$$

如果决策者面临表 2-10-2 所示两份合同（表中数字为获利 x 的值），问决策者应签哪份合同？

表 2-10-2（单位：元）

合同	概率	
	$p_1=0.6$	$p_2=0.4$
A	6500	0
B	4000	4000

8. 计算下列人员的效用值：

（1）甲失去 500 元时效用值为 1，得到 1000 元时的效用值为 10，有肯定得到 5 元与发生下列情况对他无差别：以概率 0.3 失去 500 元和概率 0.7 得到 1000 元，问甲 5 元的效用值为多大？

（2）乙 −10 元的效用值为 0.1，200 元的效用值为 0.5，他自己解释肯定得到 200 元与以下情况无差别：以 0.7 的概率失去 10 元和以 0.3 的概率得到 2000 元，问乙 2000 元的效用值为多大？

（3）丙 1000 元的效用值为 0，500 元的效用值为 −150，并且对以下事件效用值无差别：肯定得到 500 元或以 0.8 的概率得到 1000 元和以 0.2 的概率失去 1000 元，问丙失去1000元的效用值为多大？

（4）丁得到 400 元的效用值为 120，失去 100 元的效用值为 60，有肯定得到 400 元与发生下列情况对他无差别：以 0.4 的概率失去 100 元和以 0.6 的概率得到 800 元，问丁得到

800 元的效用值为多大？

9. 甲先生失去 1000 元时效用值是 50，得到 3000 元时效用值是 120，并且对以下事件效用值无差别：肯定得到 100 元或以 0.4 的概率失去 1000 元和以 0.6 的概率得到 3000 元。乙先生在失去 1000 元与得到 100 元的效用值和甲先生相同，但他在以下事件上态度无差别：肯定得到 100 元或以 0.8 的概率失去 1000 元和以 0.2 的概率得到 3000 元。问：

（1）甲先生 1000 元的效用值为多大？

（2）乙先生 3000 元的效用值为多大？

（3）比较甲先生和乙先生对待风险的态度。

10. 有一投资者，想投资建设一个新厂。建厂有两个方案，一个是建大厂，另一个是建小厂。根据市场对该厂预计生产的产品的需求的调查，需求高的概率是 0.5，需求一般的概率是 0.3，需求低的概率是 0.2，而每年的收入情况如表 2-10-3 所示。

表　2-10-3　　（单位：万元）

方案	状态	E_1（高）	E_2（一般）	E_3（低）
	概率	$P(E_1)=0.5$	$P(E_2)=0.3$	$P(E_3)=0.2$
s_1（建大厂）		100	60	-20
s_2（建小厂）		25	45	55

（1）按利润期望值准则，应取哪一个方案？

（2）投资者认为按利润期望值准则进行决策风险太大，改用效用值准则进行决策。在对决策者进行了一系列询问后，得到以下结果：损失 20 万元的效用值为 0，获得 100 万元的效用值为 100，且对以下事件效用值无差别：

- 肯定得到 25 万元或以 0.5 的概率得到 100 万元和以 0.5 的概率失去 20 万元。
- 肯定得到 60 万元或以 0.75 的概率得到 100 万元和以 0.25 的概率失去 20 万元。
- 肯定得到 45 万元或以 0.6 的概率得到 100 万元和以 0.4 的概率失去 20 万元。
- 肯定得到 55 万元或以 0.7 的概率得到 100 万元和以 0.3 的概率失去 20 万元。

要求建立效用值表，且由效用值期望值法确定最优策略。

11. 某甲 3000 元的效用值为 100，600 元的效用值为 45，-500 元的效用值为 0。试找出概率 p，使以下情况对他来说无差别：肯定得到 600 元或以概率 p 得到 3000 元和以概率 $(1-p)$ 失去 500 元。

12. 某人有 2 万元，可以拿出其中的 1 万元去投资，有可能全部丧失掉或第二年获得4 万元。

（1）用期望值法计算当全部丧失掉的概率最大为多少时该人投资仍然有利。

（2）如该人的效用函数为 $U(M)=\sqrt{M+50000}$，重新计算全部丧失掉的概率最大为多少时该人投资仍然有利。

13. 某公司有 10 万元多余资金。如用于开发某个项目，估计成功率为 95%，成功时一年可获利 15%，一旦失败，有全部丧失资金的危险。如把资金存放到银行里，则可稳得年利 4%。为获得更多的信息，该公司求助于咨询公司，咨询费为 800 元，但咨询意见只是提供参考。咨询公司过去对类似 200 例的咨询意见及实施结果如表 2-10-4 所示，试用决策树方法分析：

（1）该公司是否值得求助于咨询公司？

（2）该公司多余资金该如何使用？

表 2-10-4

咨询意见	实施结果		
	投资成功	投资失败	合　计
可以投资	150 次	6 次	156 次
不宜投资	22 次	22 次	44 次
合　计	172 次	28 次	200 次

练习题解答

1. （1）×；（2）✓。

2. 最优策略为：

（1）等可能准则采取方案 s_4。

（2）悲观主义准则采取方案 s_2。

（3）折中主义准则采取方案 s_4。

（4）后悔值准则采取方案 s_1。

3. （1）损益矩阵如表 2-10-5 所示。

表 2-10-5　（金额单位：元）

订购/kg	销售/kg			
	s_1 500	s_2 1000	s_3 1500	s_4 2000
A_1 500	1500	1500	1500	1500
A_2 1000	0	3000	3000	3000
A_3 1500	-1500	1500	4500	4500
A_4 2000	-3000	0	3000	6000

（2）悲观主义准则：A_1，订购 500kg；乐观主义准则：A_4，订购 2000kg；等可能准则：A_2 或 A_3，订购 1000kg 或 1500kg。

（3）后悔矩阵如表 2-10-6 所示。

表 2-10-6　（单位：元）

	s_1	s_2	s_3	s_4	最大后悔值
A_1	0	1500	3000	4500	4500
A_2	1500	0	1500	3000	3000
A_3	3000	1500	0	1500	3000
A_4	4500	3000	1500	0	4500

按后悔值准则商店应取决策 A_2 或 A_3，即订购 1000kg 或 1500kg。

4. (1) 损益矩阵如表 2-10-7 所示。

表 2-10-7 (金额单位：元)

进货/个	销售/个				
	s_1 100	s_2 150	s_3 200	s_4 250	s_5 300
A_1 100	30	30	30	30	30
A_2 150	10	45	45	45	45
A_3 200	-10	25	60	60	60
A_4 250	-30	5	40	75	75
A_5 300	-50	-15	20	55	90

(2) 悲观主义准则：A_1，订购 100 个；乐观主义准则：A_5，订购 300 个；折中主义准则（取 $\lambda=0.5$）：A_1 或 A_2，订购 100 个或 150 个；等可能准则：A_3，订购 200 个；后悔值准则：A_3，订购 200 个。后悔矩阵如表 2-10-8 所示。

表 2-10-8 (单位：元)

	s_1	s_2	s_3	s_4	s_5	最大后悔值
A_1	0	15	30	45	60	60
A_2	20	0	15	30	45	45
A_3	40	20	0	15	30	40
A_4	60	40	20	0	25	60
A_5	80	60	40	20	0	80

5. 先求损益矩阵，如表 2-10-9 所示。

表 2-10-9 (金额单位：元)

	s_1 1000 个	$s_2$2000 个	$s_3$3000 个	期望值 $E(s)$
$p(s)$	0.3	0.5	0.2	
A_1 1000 个	1000	1000	1000	1000
A_2 2000 个	200	2000	2000	1460*
A_3 3000 个	-600	1200	3000	1020

最优进货策略为 A_2，每天进货 2000 个，利润期望值为 1460 元。

6. 损益矩阵如表 2-10-10 所示。

表 2-10-10 (金额单位：元)

生产量/件	需求量/件					期望值 $E(s)$
	s_1 1000	s_2 2000	s_3 3000	s_4 4000	s_5 5000	
A_1 1000	2000	2000	2000	2000	2000	2000
A_2 2000	1000	4000	4000	4000	4000	3400
A_3 3000	0	3000	6000	6000	6000	4200
A_4 4000	-1000	2000	5000	8000	8000	4400*
A_5 5000	-2000	1000	4000	7000	10000	4000

（1）应选择 A_4：生产 4000 件。

（2）生产 1000 件、2000 件、3000 件商品时，各种需求量条件均不亏本，损失的概率为 0，均为最小。

（3）由表 2-10-10 可以看出，应生产 2000 件或 3000 件。

7. 应签合同 B。

8. (1) $U(5)=0.3U(-500)+0.7U(1000)=7.3$。

(2) $U(200)=0.7U(-10)+0.3U(2000)$, $U(2000)=1.433$。

(3) $U(500)=0.8U(1000)+0.2U(-1000)$, $U(-1000)=-750$。

(4) $U(400)=0.4U(-100)+0.6U(800)$, $U(800)=160$。

9.

(1) 甲先生：$U(100)=0.4U(-1000)+0.6U(3000)$, $U(1000)=92$。

(2) 乙先生：$U(100)=0.8U(1000)+0.2U(-3000)$, $U(3000)=260$。

(3) 乙先生比甲先生更喜欢冒险。

10. (1) $E(s_1)=[0.5\times100+0.3\times60+0.2\times(-20)]$万元$=64$ 万元。

$E(s_2)=(0.5\times25+0.3\times45+0.2\times55)$万元$=37$ 万元。

用利润期望值准则决策应建大厂。

(2) 建立效用值表，如表 2-10-11 所示。

表 2-10-11 （单位：万元）

M	$U(M)$	M	$U(M)$
-20	0	55	70
25	50	60	75
45	60		

求效用值期望值：

$E(s_1)=(0.5\times100+0.3\times75+0.2\times0)$万元$=72.5$ 万元

$E(s_2)=(0.5\times50+0.3\times60+0.2\times70)$万元$=57$ 万元

由效用值期望值法可知，最优策略为建大厂。

11. $U(600)=pU(3000)+(1-p)U(-500)$ ，故 $p=0.15$。

12. (1) $-10000p=(1-p)\times30000$，$p=0.75$，即全部丧失掉的概率不超过 0.75 时该人投资仍然有利。

(2) $U(-1000)=2000$ ，$U(30000)=200\sqrt{2}$，$p\times U(-1000)=(1-p)\times U(30000)$ ，故 $p=0.586$，即全部丧失掉的概率不超过 0.586 时该人投资仍然有利。

13. 多余资金用于开发某个项目成功时可获利 15000 元，存入银行可获利 4000 元。设 s_1：咨询公司意见可以投资；s_2：咨询公司意见不可以投资；E_1：投资成功；E_2：投资不成功。

由题意知：$P(s_1)=0.78$，$P(s_2)=0.22$，$P(E_1)=0.95$，$P(E_2)=0.05$。

因为 $P(E|s)=P(Es)/P(s)$，又因为 $P(s_1E_1)=0.75$，$P(s_2E_1)=0.11$，$P(s_1E_2)=0.03$，$P(s_2E_2)=0.11$，故得

$P(E_1|s_1)=0.962$，$P(E_2|s_1)=0.038$

$P(E_1|s_2)=0.5$， $P(E_2|s_2)=0.5$

决策树如图 2-10-1 所示。

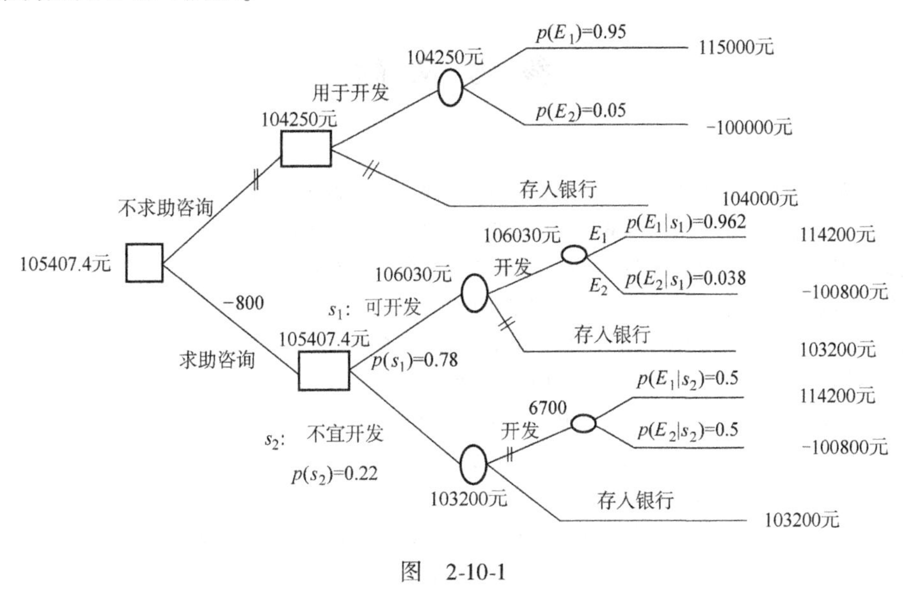

图　2-10-1

结论：

（1）该公司应去求助于咨询公司。

（2）多余资金去开发项目。

参 考 文 献

[1] 运筹学教材编写组. 运筹学［M］. 4版. 北京：清华大学出版社，2012.
[2] 吴祈宗. 运筹学与最优化方法［M］. 2版. 北京：机械工业出版社，2013.
[3] 韩伯棠. 管理运筹学［M］. 5版. 北京：高等教育出版社，2020.
[4] 徐光辉. 运筹学基础手册［M］. 北京：科学出版社，1999.
[5] 胡运权. 运筹学基础及应用［M］. 7版. 北京：高等教育出版社，2021.
[6] 杨超. 运筹学［M］. 5版. 北京：科学出版社，2004.
[7] 韩大卫. 管理运筹学：模型与方法［M］. 2版. 北京：清华大学出版社，2009.
[8] RONALD L. 运筹学：原书第2版［M］. 肖勇波，梁湧，译. 北京：机械工业出版社，2018.
[9] 徐士钰. 运筹学［M］. 南京：东南大学出版社，1990.
[10] 徐玖平，胡知能，李军. 运筹学：Ⅱ类［M］. 2版. 北京：科学出版社，2008.
[11] 塔哈. 运筹学基础：第10版·全球版［M］. 刘德刚，朱建明，韩继业，译. 北京：中国人民大学出版社，2018.